KB069198

인천, 대륙의 문화를 탐하다

이 도서는 2009년도 정부(교육과학기술부)의 재원으로 한국연구재단의 지원을
받아 출판되었음(NRF-2009-362-A00002).

2015년 인천대학교 자체 특성화사업의 재원으로 출판되었음.

중국문화답사기 ❶

인천,
대륙의 문화를 탐하다

국립인천대학교 중국학술원·중어중국학과 공동기획

권기영·이정희 편

學古房

책머리에

이 책은 인천대학교 중어중국학과와 중국학술원이 학교의 특성화사업과 교육부 인문한국사업의 지원을 받아 수행한 중국문화탐방과 인천 차이나타운에 대한 조사보고를 엮은 것이다. 중국문화탐방은 중어중국학과 학부생들이 중심이 되어 수행했으며, 차이나타운에 대한 조사는 중국학과 학생 외에도 인천대에 재학 중인 중국인유학생과 중국에 관심을 가진 인천대학교 타 학과 학생들도 함께 참여했다. 중국문화탐방이 중국 자체에 대한 이해를 위한 것이라면 차이나타운에 대한 조사는 이웃인 중국이 우리 안에서 형성한 중국사회에 대한 이해를 위한 것이다. 동시에 그것을 통해 중국 내부의 중국과 중국 외부의 중국에 대한 비교 이해도 가능하다.

중어중국학과 특성화사업의 일환으로 진행된 중국문화탐방은 중국의 전략적 발전 방향의 중심이자 향후 한중간 협력의 핵심 영역이 될 수 있는 문화산업에 중점을 두었다. 그것을 통해 변화하는 중국에 대한 학생들의 이해를 심화시킬 뿐만 아니라 미래에 대한 전망을 찾는 실마리를 제공했으면 하는 바램으로 인한 것이었다. 베이징(北京)과 텐진(天津)을 우선적으로 선택한 것은 베이징, 텐진, 허베이성(河北省)을 포함하는 '징진지(京津冀)'지역이 향후 중국의 핵심발전지역임과 동시에 본교가 소재하고 있는 인천과 텐진의 지리적·역사적 유사성으로 인한 것이었다. 중국문화탐방은 향후 칭다오(青島), 항저우(杭州) 등 중국에서 문화산업이 발달한 다른 지역으로도 확대할 계획이다.

중국학술원에서 수행한 인천 차이나타운에 대한 조사는 원래는 인문

5

한국사업의 일환으로 수행중인 인천화교자료에 대한 정리 작업을 보완하는 작업으로 기획되었다. 인천화교들의 현재를 조사함으로써 역사자료와의 비교를 통해 변화 상황을 이해하고자 하는 목적이었다. 동시에 학생들에게 성장하는 거대한 중국뿐만 아니라 우리 안에서 공존하는 중국에 대한 이해를 심화시키고 또 한중 학생들이 함께 작업을 수행함으로써 상호에 대한 이해와 우의를 쌓게 하고자 하는 목적도 있었다.

중국문화탐방은 중어중국학과의 권기영 교수, 인천차이나타운 조사는 중국학술원의 이정희 교수의 지도하에 진행되었다. 권 교수는 인천대에 부임하기 전 문화콘텐츠진흥원 베이징사무소 대표를 10년간 역임했다. 문화탐방의 사전 준비 과정에서 권 교수는 그 동안 쌓은 경험을 기초로 학생들에게 사전교육을 실시했다. 또한 중국학술원에서 차이나타운에 대한 조사사업을 진행하고 있는 송승석 교수의 지도로 인천의 차이나타운과 아트플랫폼, 조계지 등을 답사하면서 문화탐방을 위한 학생들의 비교 문화적 문제의식을 배양했다.

인천차이나타운에 대한 조사를 지도한 이정희 교수는 일본의 세이비(成美)대학에서 16년간 재직하다 2014년 인천대 중국학술원으로 온 화교연구의 전문가이다. 이 교수도 차이나타운조사를 위해 학생들에게 여러 차례의 사전교육을 실시했다. 뿐만 아니라 조사 결과는 2015년 1월 중국학술원에서 주최한 화교관련 국제학술대회에서 발표했는데, 본서에 수록된 글은 그것을 다시 수정한 것이다. 조사가 이 교수의 지도하에 이루어졌다면, 그러한 조사가 이루어진 조건은 송승석 교수가 만들었다고 해도 과언이 아니다. 송 교수는 수년간의 노력을 통해 화교사회와 인천대학교 나아가서는 인천의 협력과 이해를 심화시키는 교량의 역할을 했다. 그러한 노력이 바탕이 되었기에 화교사회가 인천대학교 학생들의 조사에 기꺼이 마음을 열었다고 할 수 있다.

처음 이 책을 출판하는 데에는 주저함도 많았다. 아무래도 아직은 미숙한 학부생들이 중심이 되어 준비한 탓에 미흡한 부분을 피할 수 없기 때문이다. 그럼에도 이 책을 출판하기로 한 무엇보다 우선적인 이유는 활자화된 성과를 통해 학생들이 느끼게 될 성취감 때문이다. 그것을 통해 학생들이 살아가는데 힘이 될 수 있는 소중한 기억과 동력을 만들어 갈 수 있다고 믿었다. 그러나 그것이 유일하거나 가장 중요한 이유인 것은 아니다. 많은 중국에 대한 안내서나 소개서가 있지만 자신의 눈높이에서 중국을 보는 것은 많지 않다. 그렇기 때문에 학부생들이 본 중국에 대한 조사보고서를 정리해 출판하게 된 것이다. 중국에 관심을 가진 학생들에게 동급생들의 중국 읽기가 많은 참고가 될 수 있을 것이라 기대해본다.

이 책은 인천대학교의 특성화사업과 한국연구재단의 인문한국사업의 지원이 없었다면 불가능했을 것이다. 또한 문화탐방 과정에서는 인천국제교류재단의 이선아 과장의 많은 도움을 받았다. 이선아 과장과 『경인일보』 정진오 부장은 이번 탐방에 직접 참여해 여러 가지 도움을 주었다. 또한 문화탐방 과정에서 주중한국대사관 문화원, 한국콘텐츠진흥원 중국사무소, CJ E&M 중국지사 등과 중국의 많은 방문 기관들의 도움을 받았다. 이 자리를 빌려 다시 한 번 심심한 감사를 표하는 바이다.

마지막으로 중국학술원에 대한 화교사회의 지원과 협력에도 감사를 드린다.

2015년 5월 12일
중어중국학과 학과장 안치영
중국학술원 중국·화교문화연구소 소장 장정아

목 차

제1부

차이나스펙트럼,
우리 눈에 비친 색깔들

- 총론
- 중국 문화산업 탐방 기록
- 탐방후기

중국의 지역균형 발전전략과 문화산업[1]

권기영

들어가며

개혁개방 이후, 특히 21세기 중국의 놀랄만한 경제 성장 이면에 내재해 있는 지역 간 불균형의 문제는 중국 경제 구조의 취약성과 국가적 잠재 위기를 거론할 때 항상 지적되는 핵심적인 문제 가운데 하나였다. 실제로 딩쉐량丁學良은 개혁개방 이후 중국의 급속한 경제발전을 가능하게 했던 '4대 자본'의 하나로 '상대적으로 착취당한 약자'를 지목했다. 그의 연구에 따르면 이른바 '중국모델'이 지난 20여 년간 거두었던 주목할 만한 성취는 상대적으로 약한 집단·약한 지역·약한 영역에 대한 지속적인 착취 내지 수탈을 통해 이루어졌다. 특히 지역별로 보자면 중국의 내륙지역은 연해지역을 위해 지속적으로 착취당했고, 연해지역에 저렴한 노동력과 농산품 그리고 공업원료를 제공하는 경제 주

---

1) 이 글은 필자의 논문 「중국의 지역 균형 발전과 지역 문화산업 육성 전략」, 『중국현대문학』 제69집(2014)을 본 책의 성격에 맞게 수정 보완한 것임.

변지대로 전락했다.[2] 중국의 이러한 특징은 일반적으로 후발국의 경제 추격(catch-up) 과정에서 흔히 볼 수 있는 현상인데 우리나라 역시 예외는 아니다.

잘 알려진 바와 같이 개혁개방 이후 덩샤오핑鄧小平 정부는 동부 연해 지역의 우선 발전을 포함하는 이른바 '선부론先富論'이라는 불균형 발전 전략을 채택함으로써 동·서 간 경제 격차는 갈수록 심화되었고, 이로 인한 서부지역의 인적·물적 자원의 유출 및 내수시장의 위축 등은 중국의 지속적인 발전에 심각한 장애 요소로 부각되었다. 물론 중국 정부 역시 이러한 문제를 인식하고 1990년대 초반부터 지역 발전을 위한 다양한 노력을 기울였다. 예컨대 1992년 중공 제14차 전국대표대회는 지역경제의 불균형 해소를 위해 '지역경제 협조 발전'이라는 새로운 지역 개발정책을 채택했고, 1995년 9차 5개년 계획(1996~2000)에서는 지역경제 협조 발전을 위해 5개의 정책 과제를 수립하기도 했으며, 2000년에는 주룽지朱鎔基 총리를 조장으로 하는 '서부지역개발영도소조西部地区开发领导小组'를 국무원에 설립하고 서부대개발의 본격적인 추진을 공식 선언하기도 했다. 2006년 후진타오胡錦濤 정부가 제기한 '화해사회和諧社會' 역시 개혁개방으로 파생된 불균형의 문제를 적극 해소하여 균형발전을 추구하겠다는 중국 정부의 통치이념이었다.

2000년 중국 정부의 공식 문건에 처음 등장하면서 본격적으로 추진되기 시작한 중국의 문화산업정책은 바로 이러한 국가 발전 전략과 밀접한 관련 속에서 형성된 것이며, 따라서 중국 정부의 문화산업 발전계획에는 초기부터 지역 발전과 관련한 문화산업의 역할과 기능이 지속적으로 강조되어 왔다. 그럼에도 불구하고 지난 10여 년간 중국 정부가

---

2) 丁學良, 『辯论"中国模式"』(社会科学文献出版社, 2011), 115-116쪽.

지역 발전을 위해 추진했던 다양한 정책들은 적어도 지역 간 격차 해소의 측면에서 보자면 별다른 성과를 거두지 못한 것으로 보인다. '국가발전과 개혁위원회國家發展和改革委员会'의 국토개발 및 지역경제연구소 까오궈리高國力 주임은 12차 5개년 계획 기간(2011~2015) 중국 지역경제 발전의 문제점으로 날로 늘어나는 지역 간 격차와 도·농 간 격차, 환경오염, 중복건설에 따른 악성경쟁, 지역분할 등을 지적했다.[3] 이러한 사실은 적어도 지난 10년 간 추진되어 온 지역문화산업정책이 중국 정부의 기대, 즉 지역 발전을 통한 국가의 불균형 해소 측면에서는 많은 문제점을 내포하고 있다는 점을 말해준다.

물론 중국 정부가 문화산업정책을 추진한 목적이 지역 불균형 해소에만 있는 것은 아니다. 중국에서 문화산업의 전략적 의미는 국가 산업구조의 혁신, 소프트파워의 강화, 문화정체성, 국가이미지, 문화외교와 문화안보 등 다양한 측면에서 거론될 수 있다. 더구나 통계가 보여주는 바와 같이 지난 10여 년간 중국의 문화산업은 GDP 성장을 훨씬 능가하는 성장률을 보여주었고, 이러한 성장은 지역 발전에도 상당한 공헌을 한 것으로 나타났다. 이러한 측면에서 문화산업 육성을 위한 중국 정부의 역할은 적어도 중국이 문화산업 초기단계였다는 점을 감안하면 충분히 긍정적으로 평가할 수 있다. 그러나 지역 간 격차 문제의 해소라는 측면에서 보자면 중국의 지역 문화산업 육성 전략과 그 추진 과정에는 표면적으로 드러나는 양적 성장과 달리 심각한 문제점을 보여주는 많은 사례들이 발견된다. 필자는 중국의 이러한 특징이 근본적으로는 중국 정부의 정책으로부터 비롯된 것이라고 보는데 본 논문에서는 그것을 중국 정부가 제정한 문화산업 분류체계 그리고 지역 자원에 의존한 문화

---

3) 高國力, 「중국 지역경제 발전 현황, 문제 및 추세」, 『중국의 발전전략 전환과 권역별 경제동향』(대외경제정책연구원, 2011), 44-45쪽.

산업 육성 전략이라는 두 가지 측면에서 규명해 보고자 한다.

중국의 지역문화산업 육성전략

21세기 중국의 문화산업정책은 총체적 국가 발전 전략의 프레임 속에서 그 위상과 역할이 규정된 것인데, 이러한 측면에서 문화산업정책은 지역 간 격차의 해소를 통해 궁극적으로 국가의 균형·협조 발전을 실현하고자 하는 국가적 과제와 긴밀하게 연관된 것이었다. 그렇다면 지역 발전과 문화산업을 연계시키는 근거는 무엇인가? 지역 발전과 관련하여 문화산업이 주목을 끌게 되었던 이유는 다음과 같은 문화산업의 특징 때문이었다.

첫째는 무엇보다 지역의 경제 발전, 즉 경제적 효과와 관련된 것이다. 문화산업은 문화적·경제적 파급효과가 매우 큰 산업이며, 자체의 성장으로 인한 고용창출 효과뿐만 아니라 문화상품 개발의 원천이 되는 문화·예술 활동의 활성화와 여타 산업의 문화화를 가져와 간접적인 고용유발 효과와 창업효과가 크기 때문에 지역경제의 발전에도 많은 도움을 주게 된다. 둘째는 문화산업이 창작을 중심으로 구성되기 때문에 제조업에 비해서 상대적으로 산업기반을 형성하는데 용이할 수 있고 지역의 차별화된 문화적 자산이 문화산업 발전을 위한 주요한 자원으로 활용될 수 있다는 점이다. 셋째, 문화산업은 문화적인 특징 때문에 지역의 정체성 확립을 위해 기여할 수 있고 지역의 이미지와 브랜드 효과를 증진시킬 수 있기 때문에 지역의 장기적 이익에 공헌할 수 있다.[4] 이러한 특징 때문에 도시 재개발 혹은 낙후된 지역의 발전 전략을 모색하는 과정에서 문화산업이 중요한 역할을 할 수 있을 것으로 기대되었다.

　물론 문화산업의 이러한 효과는 낙후된 지역이나 소위 쇠락한 도시에만 적용되는 것은 아니다. 오히려 문화산업은 대도시 지향성을 강하게 드러낸다. 창조적 예술과 문화콘텐츠 영역에서 핵심적인 역할을 수행하는 주체들은 대도시로 집적하는 경향이 있는데 이는 문화산업 발전에서 가장 중요한 자원이라고 할 수 있는 전문 인력과 자본 그리고 관련 인프라가 대도시에 풍부하기 때문이며, 문화산업의 특징이라고 할 수 있는 OSMU(One Source Multi Use) 전략의 활용 또한 대도시가 유리하기 때문이다. 무엇보다 규모가 큰 시장을 보유하고 있다는 점은 대도시가 문화산업의 주체들을 유인하는 결정적 요소라고 할 수 있다. 따라서 지역발전을 위해 문화산업을 활용하고자 할 때에는 두 가지 과제, 즉 문화산업을 통해 지역발전을 도모함과 동시에 지역에서 문화산업 자체가 발전할 수 있도록 해야만 한다. 중국의 경우 이러한 두 가지 과제를 해결하기 위한 방안은 지역에 '문화산업 클러스터'를 구축하는 형태로 나타났다.[5] 그리고 중국 정부는 문화산업 클러스터를 지역별·분야별로 차별화하는 전략을 수립했다.

지역문화산업 차별화전략

　중국의 지역 문화산업 발전 전략은 '지역별 차별화 전략'으로 요약될

---

4) 『문화산업 클러스터 지형도 작성을 통한 지역문화산업 육성방안』(한국문화콘텐츠진흥원, 2006), 67-99쪽.

5) 클러스터(Cluster)란 비슷한 업종의, 다른 기능을 하는 관련 기업·기관들이 한 지역에 모여 있는 것을 의미한다. 즉 기업뿐 아니라 연구개발 기능을 담당하는 대학 및 연구소, 생산 기능을 담당하는 대기업 및 중소기업, 각종 지원 기능을 담당하는 컨설팅기관과 벤처캐피털 등의 기관이 한 군데에 모여 있어 시너지효과를 내는 것과 관련이 있다. 한국문화콘텐츠진흥원(2003: 7) 참조

수 있는데, 중국 정부의 이러한 차별화 전략은 다음과 같은 두 개의 영역에서 구체적으로 나타난다.

첫째, 거시적 측면에서 중국 정부는 국토 전체를 동부·중부·서부로 구분하고 각각의 지역에 차별화된 문화산업 분야를 집중 배치하는 전략을 수립했다. 2006년 9월에 발표된 「국가 11차 5개년 계획 시기 문화발전계획 강요」에 따르면 동부지역은 문화산업의 선도적 발전을, 중부지역은 신속한 문화산업의 굴기를, 그리고 서부지역은 지역적 특색과 자원의 결합을 통해 문화산업의 자가발전 능력을 증강할 것을 주요한 정책 방향으로 삼았다. 이러한 정책 기조는 12차 5개년 계획 시기에 보다 구체화 되는데, 예컨대 동부지역은 동만動漫·게임, 창조디자인, 인터넷문화, 디지털문화서비스 등의 업종을 발전시켜 궁극적으로는 과학기술형 문화산업을 육성하고, 중서부지역은 현지의 풍부한 문화자원을 기반으로 공연, 문화관광, 예술품, 공예미술, 명절축제 등의 문화산업을 중점적으로 발전시킨다는 전략을 수립했다.

둘째, 동·중·서부의 구분이 국토 전체를 대상으로 한 것이었다면 이와는 별도로 중국 정부는 국토를 권역별로 구분하고 이를 도시와 농촌으로, 도시는 다시 대도시와 중소도시로 구분하여 차별화된 문화산업 발전 전략을 수립했다.

|표1| 중국의 도농 간 문화산업 차별화전략

구분	대도시	중소도시	농촌
활용 자원	기술·인재·자금의 우세 이용	도시문화자원 이용	농촌 문화자원 이용
중점 업종	과학기술과 결합한 신흥 문화산업 업종	창의설계·공연·전시·축제·문화관광 등	수공예품·민간공연·향촌 문화관광 등
발전 방향 및 역할	① 국제적 영향력이 있는 문화창의 중심도시 ② 전국 문화중심 시범역할	① 문화소비 인프라 개선 ② 특색의 문화자원 개발	① 문화산업 특색촌 ② 농촌취업과 농민 소득 증대

중국 정부의 이러한 전략은 무엇보다 중국의 지역별 특성과 지역 자원 분포의 차이성에 기반 한 것으로 나름대로 현실적인 근거를 갖고 있는 것이었다. 예컨대 청두成都시와 시안西安시의 경우는 비록 서부 지역에 있는 도시지만 각각 서남부와 서북부를 아우르는 핵심 거점 도시들로써 자체의 경제 수준도 상당히 높고, 풍부한 역사문화자원과 상당한 규모의 소비시장도 보유하고 있어 문화산업 발전 가능성의 측면에서 동부지역의 대도시에 결코 뒤지지 않는다. 동부지역의 대도시 역시 도시 산업구조의 혁신을 통한 산업고도화 및 미래지향적인 도시 건설을 모색하고 있는 상황에서 문화산업은 매력적인 전략 산업으로 부상했다.

중앙정부의 지역 문화산업 육성 정책에 따라 중국의 지방정부 역시 적극적으로 호응했는데 동부지역의 대도시들은 중앙정부의 정책 방향에 맞추어 문화와 과학기술이 결합한 신흥문화산업에 대한 발전 정책들을 추진했다.

개혁개방의 상징이라고 할 수 있는 선전深圳시는 10차 5개년 계획 기간(2001~2005)부터 '문화입시文化立市'를 도시 발전전략으로 수립하면서 전통적으로 강세를 보여 왔던 인쇄, 미디어, 디자인, 문화오락, 문화관광 등의 영역 이외에 동만(애니메이션·캐릭터·만화), 온라인게임, 디지털콘텐츠, 소프트웨어 등 소위 과학기술형 문화산업 육성에 많은 노력을 기울였다.

상하이上海시 역시 '문화창의산업'을 전략산업으로 선정하고 미디어, 예술, 공업설계, 건축설계, 인터넷 정보, 소프트웨어 및 컴퓨터 서비스, 컨설팅 서비스, 광고 및 전시 서비스, 레저오락 서비스, 문화 및 창의 관련 산업 등 10대 중점 문화산업 육성 전략을 수립했다.[6]

비슷한 맥락에서 베이징北京시는 문예공연, 출판발행과 판권무역, 방송프로그램 제작과 교역, 동만과 온라인게임 개발·제작, 광고전시, 골동품·예술품 교역, 창조디자인, 문화관광 등을 8대 중점 문화창의산업으로 지정하고 발전 정책을 수립했다.[7]

동부지역과 달리 중서부지역의 도시들은 지역이 보유하고 있는 자원을 최대한 활용하는 문화산업정책을 추진했다. 우한武漢시는 '중국중부문화산업박람회' 개최를 핵심 플랫폼으로 삼고 지역의 역사문화자원에 대한 개발과 함께 중부 지역의 미디어 중심 도시 구축을 주요 방향으로 설정했으며, 정저우鄭州시·창사長沙시 등도 같은 대열에 합류했다.

특히 서부지역의 윈난성雲南省과 광시성廣西省은 소수민족의 풍부한 문화적 자원을 활용한 지역 문화상품 생산과 소수민족 전통공연, 문화관광 등 지역 특색의 문화산업을 중점적으로 개발했다. 예컨대 장이모우張藝謨가 연출한 대형 공연 〈인상 류싼지에印象劉三姐〉와 〈인상 리장印象麗江〉은 그 지역만이 지니는 독특한 자연의 절경과 소수민족의 문화를 잘 조화시켜 지역 경제 발전에 많은 공헌을 한 것으로 평가를 받았다. 이 밖에도 칭다오靑島시는 '해양문화산업'을, 항저우杭州시는 '동만의 도시動漫之都'를 표방하면서 지역적 특색을 갖춘 문화산업 발전 전략을 추진하고 있고, 청두시와 시안시는 역사문화자원의 활용 이외에도 온라인게임이나 모바일콘텐츠 등 과학기술형 문화산업 발전에도 정책적 지원을 아끼지 않고 있다.

6) 「上海市文化創意産業分類目錄」(2011.9.22) 참조.
7) 「北京市促進文化創意産業發展的若干政策」(2006) 참조

인천, 대륙의 문화를 탐하다 - 제1부 차이나스펙트럼, 우리 눈에 비친 세상들

지역문화산업 클러스터전략

중국의 중앙정부나 지방정부 모두 지역 문화산업 발전 전략은 주로 지역의 '문화산업 클러스터'를 중심으로 추진되었다. 중국의 정책 문건을 살펴보면 중국 정부가 문화산업 클러스터를 육성하려는 목적은 크게 3가지로 요약되는데, 첫째는 클러스터가 문화산업의 인큐베이터 역할을 하도록 하는 것, 둘째는 클러스터를 통해 각종 자원의 합리적 배치와 산업간 분업을 촉진하도록 하는 것, 그리고 셋째는 클러스터를 통해 문화산업의 규모화·집약화·전문화 수준을 향상시키고자 하는데 있다.[8] 중국에서 이런 문화산업 클러스터는 다양한 형태와 명칭으로 나타나는데 대체적으로는 다음과 같은 3가지 형태로 정리될 수 있다.

|표2| 중국 문화산업 클러스터 형태

구 분	문화산업벨트 (文化产业带)	문화산업원구 (文化产业园区)	문화산업기지 (文化产业基地)
개 념	문화산업의 시장 요소와 자원 배치 및 지역 분업을 기반으로 형성된 것	정부가 계획적으로 조성. 문화산업을 중심 산업으로 하여 관리시스템, 공공서비스 시스템을 갖추고 R&D, 교육, 인큐베이터, 제작, 전시, 교역 등의 기능을 수행하는 전문적인 클러스터	핵심기업의 선도 효과에 기대어 지역 문화산업의 분업과 집적을 견인함으로써 문화산업의 성장을 추진하는 것
주요 지역 및 명칭	장강삼각주, 주강삼각주, 환발해, 운남성(昆曲高端文化商旅经济带), 경진기(京津冀) 등	西安曲江新区、深圳华侨城集团公司、山东省曲阜新区、沈阳市棋盘山开发区、开封宋都古城文化产业试验园区、张江文化产业园区 등	국가문화산업시범기지, 국가동만게임산업진흥기지, 국가문화산업창신과 발전연구기지, 국가동화산업기지, 국가온라인게임동만산업발전기지, 국가동만산업발전기지 등

(출처) 齐骥·宋磊·范建华(2011: 181-185) 재정리

8) 「国家"十一五"时期文化发展规划纲要」(2006), 「文化产业振兴规划」(2009) 참조.

위의 클러스터 형태를 보면, '문화산업벨트'는 대체적으로 동부지역의 핵심 경제권역을 거시적으로 아우르는 지역적 개념이고, '문화산업기지'는 문화산업의 선도 역할을 담당하는 핵심 기업을 대상으로 한 것이어서 엄밀한 의미에서의 클러스터와는 거리가 있다. 또한 각 지역에 구축된 문화산업 클러스터는 중국의 중앙 정부에서 선정한 것이 있는가 하면 성정부나 시정부에서 자체적으로 선정한 것들도 있다. 예컨대 선쩐시는 2006년에 10개의 문화산업원구를 구축하기 시작하여 2011년에는 이미 48개에 이르렀고, 베이징시의 경우에는 국가급 문화산업 클러스터 16개와 시정부에서 비준한 30개의 '문화창의산업 클러스터文化創意産業集聚區'가 있으며, 상하이시에는 12개의 국가급 문화산업 클러스터와 함께 시정부가 비준한 '창의산업 클러스터' 75개가 존재한다. 광조우시 역시 각종 명칭의 창의산업원創意産業園이 60여 개나 존재한다. 이처럼 2004년부터 본격적으로 추진된 문화산업 클러스터 구축은 담당 행정부처의 경쟁뿐만 아니라 각 지역에서도 경쟁적으로 추진되면서 심각한 과열 양상을 보여주었다.

이러한 문제점을 해결하기 위해 중국 정부는 2010년 관련 정책을 새롭게 수립함으로써 문화산업기지와 문화산업원구에 대한 선정 표준을 명확히 하고, 클러스터 내에 공공자원의 배치를 조정함과 동시에 문화산업 '기지'와 '원구'의 수량을 엄격히 통제하여 문화산업 클러스터에 대한 맹목적 투자와 중복 건설 등의 폐해를 예방하고자 하였다. 또한 같은 해 발표한 「국가급 문화산업시범원구 관리방법」은 국가급 문화산업시범원구의 자격조건을 규정하고 있는데, 가장 눈에 띄는 것은 ①'원구' 내에 문화와 관련이 없는 상업적 혹은 기타 부속 면적이 총면적의 20%를 초과할 수 없고, ②'원구'내의 문화기업 수가 총 기업 수의 60% 이상이 되어야 한다는 점을 규정하고 있는 점이다. 이것은 과거 대다수 문화산업 클러스터가 문화기업을 중심으로 한 문화산업보다는 다른 상업적 목적으로 더 많이 활용되었다는 사실을 말해준다. 이 밖에도 '원구'는 공공서비스 시스템을 갖추고 입주한 기업들에게 인큐베이팅, 융자 중개, 기술, 정보, 교역, 전시 등을 제공해야 한다는 점을 명시하고 있다. 그리고 중국 정부는 이런 규정에 따라 지정된 국가급 문화산업원구에게 재정, 금융, 세수, 토지, 공공서비스 등 각종 혜택과 지원을 제공함으로써 문화산업의 발전을 독려했다.

문화산업의 제조와 창조

홍미로운 사례 하나를 살펴보자. 『2011년 중국 문화산업 연도발전보고』에 따르면 상하이시의 문화산업 발전 현황은 |표3|과 같다. 여기서 특별히 지역 총생산에서 문화산업이 차지하는 비중에 주목해 보자.

|표3| 상하이 문화산업 총생산, 부가가치 기본현황

연 도	총생산 (억 위안)	부가가치 (억 위안)	전년대비 성장 (%)	지역 총생산 점유 비중 (%)
2005년	2081.01	509.23	13.20	5.51
2006년	2349.51	585.93	13.40	5.54
2007년	2897.45	700.60	16.40	5.61
2008년	3315.38	782.54	11.00	5.56
2009년	3555.68	847.29	9.50	5.63

(출처) 上海市統計局(葉朗主編), 『2011中國文化産業年度發展報告』(北京大學出版社, 2011), 280쪽.

그런데 2012년 1월 북경대학에서 개최된 '중국 문화산업 신년포럼中國文化産業新年論壇'에서 중국문화부 문화산업사文化産業司 사장 류위주劉玉

珠는 2010년 말 중국의 도시 가운데 문화산업이 진정으로 그 도시의 지주산업, 즉 지역 총생산의 5% 이상을 점유하는 도시는 오직 베이징시 뿐이라고 언급했다. 그렇다면 |표3|에 나타난 상하이시의 통계는 어떻게 된 것일까? 사실 이러한 상황은 비단 상하이시에만 국한되지 않는다. 이러한 현상의 주된 원인은 문화산업에 대한 중앙 정부의 통계 지표와 지방정부의 통계 지표가 다른 데에 기인한 것인데 2004년에 중국 국가통계국이 발표한『문화산업 및 관련 산업 분류』에 따르면 중국 중앙 정부는 9개 산업 80개 업종을 문화산업으로 규정하고 있다.

|표4| 국가통계국『문화 및 그 관련 산업 분류』

대분류	소 분 류	
(1) 뉴스서비스	뉴스서비스	①뉴스업
(2) 출판발행과 판권 서비스	도서 · 신문 · 간행물 출판 발행	①도서출판 ②신문출판 ③간행물 출판 ④기타 출판 ⑤도서 · 신문 · 간행물 인쇄 ⑥포장 및 기타 인쇄 ⑦도서 도매 ⑧도서 소매 ⑨신문간행물 도매 ⑩신문간행물 소매
	음상 및 전자출판물 출판 발행	①음상제품 출판 ② 음상 제작 ③전자출판물 출판과 제작 ④음상 및 전자출판물 복제 ⑤음상제품 및 전자출판물 도매 ⑥음상제품 및 전자출판물 소매
	판권 서비스	①지적재산권 서비스
(3) 방송 · TV · 영화 서비스	방송TV 서비스	①라디오방송 ②TV방송
	방송 · TV 전송	①유선방송 전송서비스 ②무선방송 전송서비스 ③위성전송서비스
	영화 서비스	①영화 제작과 발행 ②영화 상영
(4) 문화예술 서비스	문예창작 · 연기 · 공연장소	①문예창작과 연기 ②예술공연장
	문화보호와 문화시설	①문물 및 문화 보호 ②박물관 ③열사능 · 기념관 ④도서관 ⑤당안관
	군중문화서비스	①군중 문화활동
	문화연구와	①사회인문과학연구 ②전문성 사회단체

대분류	소 분 류	
(5) 인터넷 문화 서비스	문화단체	
	기타 서비스	①기타 문화예술
	인터넷정보 서비스	①인터넷정보서비스:인터넷뉴스,인터넷출판,인터 넷전자공고,기타 인터넷정보 서비스
(6) 문화레저오 락 서비스	관광문화서비스	①여행사 ②자연명승지 관리 ③공원관리 ④야생 동식물보호 ⑤기타 유람구 관리
	오락문화서비스	①실내오락 ②놀이공원 ③레저헬스 ④기타 컴퓨 터 서비스(PC방) ⑤기타 오락활동
(7) 기타 문화서 비스	문화예술 비즈니스 대리 서비스	①문화예술 매니지먼트 대리 ②기타 비즈니스 서 비스; 모델 서비스,연기자·예술가 매니지먼트, 문 화활동 조직·기획 서비스
	문화산품 임대와 경매	①도서 및 음상제품 임대 ②무역 매니지먼트와 대 리 (예술품·소장품 경매 서비스)
	광고와 전시 문화 서비스	①광고업 ②회의 및 전람 서비스
(8) 문화용품· 설비 및 관련 문화산품 생 산	문화용품 생산	①문화용품제조 ②악기제조 ③완구제조 ④오락용 품제조 ⑤기계용 제지 및 지판 제작 ⑥수공제지 제조 ⑦정보화학품 제조 ⑧사진기 및 기재 제조
	문화설비 생산	①인쇄전용설비 제조 ②방송설비 제조 ③영화기 계 제조 ④가정용 시청설비 제조 ⑤복사와 현상설 비 제조 ⑥기타 문화·사무용 기계 제조
	관련 문화산품 생산	①공예미술품 제조 ②촬영서비스 ③기타 전문기 술 서비스
(9) 문화용품· 설비 및 관련 문화산품의 판매	문화용품 판매	①문구용품 도매 ②문구용품 소매 ③기타 문화용 품 도매 ④기타 문화용품 소매
	문화설비 판매	①통신 및 방송설비 도매 ②사진기재 소매 ③가정 용 전기제품 도매 ④가정용 전기제품 소매
	관련 문화산품 판매	①장식·공예품 및 소장품 도매 ②공예미술품 및 소장품 소매

위 표에서 보는 바와 같이 중국 정부가 규정한 문화산업의 범위는
대단히 광범위하다. 문화콘텐츠의 생산, 유통, 판매와 관련된 산업뿐만
아니라 문화와 관련된 각종 제조업과 문화와 직접적 관련이 없는 제조
업(예컨대 가정용 전기제품, 사진기재와 같은 것)들도 포함되어 있으

며, 심지어 사회인문과학연구나 사회단체들도 문화산업으로 간주되고 있다. 이러한 광범위한 분류 체계는 중국 문화산업의 발전 단계 및 지역별 자원 분포를 포함한 현실적 수요를 반영한 것이기도 하지만 결과적으로 중국 문화산업의 규모 및 발전의 양적 지표에 결정적으로 영향을 미치게 된다.

문화산업이 신흥 미래산업으로 부상하게 된 데에는 그것이 일반 제조업과는 달리 '창조성'과 밀접한 관련이 있기 때문이다. 트로스비(David Throsby)는 문화산업을 범주화 하는 과정에서 창조적 예술(음악, 무용, 극장, 문학, 시각예술, 조각, 비디오 예술, 행위예술, 컴퓨터와 멀티미디어 예술 등)을 문화산업의 핵심층에 배치함으로써 '창조성'을 무엇보다 강조했다.[9] 한국의 경우에도 문화산업정책 초기부터 '문화콘텐츠(cultural content)'에 역점을 두었는데 여기서 '문화콘텐츠'는 창의력과 상상력을 원천으로 문화적 요소들이 콘텐츠로 재구성되고 유통되면서 경제적 부가가치를 창출하는 상품의 의미로 사용되었다.

그런데 중국의 경우에는 문화산업에 관련된 업종을 트로스비의 동심원 모델을 차용하여 문화산업 핵심층·외연층·관련층으로 구분하고 문화산업 관련층에 문화산업의 제조업을 배치하고 있다. 그리고 이러한 문화산업의 제조업에는 문구, 사진장비, 악기, 완구, 오락기제, 종이, 필름, 테이프, CD, 인쇄설비, 방송설비, 영화설비, 가정용 시청설비, 공예품 생산 판매 등의 업종을 포함시켰다. 이러한 분류의 근거는 도대체 무엇이며, 중국의 문화산업 발전에 어떤 영향을 미치고 있을까?

9) 데이비드 트로스비, 성제환 역, 『문화경제학』(한울아카데미, 2009), 166-167쪽.

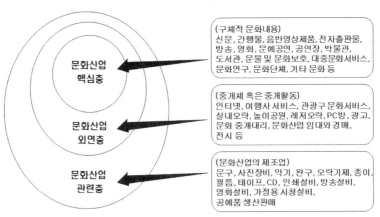

|표5| 중국의 문화산업 분류

문화산업 핵심층

(구체적 문화내용)
신문, 간행물, 음반영상제품, 전자출판물,
방송, 영화, 문예공연, 공연장, 박물관,
도서관, 문물 및 문화보호, 대중문화서비스,
문화연구, 문화단체, 기타 문화 등

문화산업 외연층

(중개체 혹은 중개활동)
인터넷, 여행사 서비스, 관광구 문화서비스,
실내오락, 놀이공원, 레저오락, PC방, 광고,
문화 중개대리, 문화산업 임대와 경매,
전시 등

문화산업 관련층

(문화산업의 제조업)
문구, 사진장비, 악기, 완구, 오락기제, 종이,
필름, 테이프, CD, 인쇄설비, 방송설비,
영화설비, 가정용 시청설비,
공예품 생산판매

통계에 따르면 중국의 문화산업 부가가치는 2004년 3,440억 위안에서 2010년 1조1,052억 위안으로 연평균 23.6%의 성장을 보여주었다. 이런 놀랄만한 성장은 문화산업 진흥을 위한 중국 정부의 적극적인 육성 정책 및 다양한 기업과 자본의 문화산업 영역으로의 진입, 그리고 경제 성장에 따른 문화시장의 급격한 확대 등 종합적인 산업 발전의 결과이기도 하지만, 또한 상술한 바와 같은 문화산업의 분류 체계에 따라 중국이 전통적으로 강세를 보여 왔던 제조업 분야가 문화산업의 통계에 포함됨으로써 결과적으로 문화산업 총생산과 부가가치가 증가되었기 때문이기도 하다. 몇 가지 사례를 살펴보자.

산동성의 문화산업은 중국 내에서도 주목할 만한 성장을 보여 왔는데 2010년 산동성 문화산업 부가가치 총액은 1,230억 위안으로 전국 문화산업 부가가치 총량의 1/8에 해당하는 것이었다. 그 가운데 특별히 주목받는 도시 중의 하나가 칭다오青島시라고 할 수 있다.[10] 통계에 따

---

10) 칭다오시에는 현재 문화산업원구 28개, 특색 문화거리 18개, 매출액 1억 위안을 넘는 대형 문화기업 83개가 있다. 특히 국가급 문화산업 시범기지 3개, 국가급 문

르면 2010년 칭다오시의 문화산업 부가가치는 산동성 전체의 1/3 (463.3억 위안)로 이는 전년 대비 18%가 성장한 것이었으며, 지역 GDP의 7.7%에 해당하는 것으로 나타났다. 그런데 칭다오시의 문화산업 부가가치를 문화산업 핵심층·외연층·관련층으로 구분해 보면 그 비율은 각각 16.6%(49.4억 위안), 21%(62.4억 위안), 62.4%(185.9억 위안)로 나타난다. 즉 칭다오시 문화산업 생산에 있어서 외연층과 관련층이 83.4%를 차지하고 있는 것이다. 더욱 흥미로운 사실은 산동성 동잉東營시의 경우 중국의 500대 기업에 속하는 화타이제지그룹華泰紙集團의 신문지 생산이 동잉시 문화산업 부가가치의 80% 이상을 점유하고 있는 것으로 나타났다.[11] 그러니까 동잉시 문화산업 발전의 핵심은 신문지 생산이라는 셈이다.

닝보寧波시 역시 일찍부터 문화산업 육성을 도시 발전 중점 사업의 하나로 추진했는데 핵심 산업은 문구文具산업이었다. 현재 닝보시의 문구제조 기업은 약 2,700여 개가 있으며 그 가운데 문구를 수출하는 기업은 약 300여 개 정도가 된다. 그런데 닝보시는 문화산업과 관계없이 본래부터 중국의 문구제조업 중심 도시였다. 광동성의 동관東莞시는 전통적으로 중국의 대표적인 완구 생산기지였다. 완구산업은 동관시 제조업의 핵심 산업으로 동관시의 완구상품 수출(주로 저렴한 노동비에 의존한 OEM 방식이다)은 이미 전 세계 완구시장의 20%를 점유하고 있었다. 이것이 문화산업 영역으로 포함되면서 동관시의 문화산업 부가가치를 급격히 증대시킨 것이다. 그리고 이러한 사례들은 무수히 많다.

주지하는 바와 같이 중국은 공업상품 제조의 대국이다. 물론 여기에

화산업연구센터 1개, 성급 문화산업시범기지 8개, 성급 문화산품 브랜드 연구기지 1개가 있어 산동성 문화산업의 핵심 도시로 부상하고 있다.

11) 張勝冰, 『文化産業與城市發展』(北京大學出版社, 2012), 185쪽.

는 문화상품 제조도 포함되는데 중국 정부가 문화상품 제조업을 문화산업 범주에 포함시킴으로써 문화상품 제조업은 이제 중국의 문화산업에서 상당한 비중을 차지하게 되었다. 문화산업의 수출에 있어서도 문화상품 제조가 많은 비중을 차지하는 것으로 나타난다. 그리고 이러한 현상은 주로 중국의 중소 공업도시에서 흔히 발견된다. 문제는 중국 문화산업의 양적 성장, 즉 외연적 발전(extensive development)의 실제적 내용을 구성하는 이러한 특징이 지역 발전을 통한 지역 불균형 해소에 있어서 어떤 역할을 할 수 있느냐 하는 점에 있다.

앞에서 살펴본 바와 같이 중국 문화산업의 경쟁력은 문화산업 핵심층이 아니라 많은 부분 문화산업 관련층(제조업)에 집중되어 있고, 중국의 문화상품 제조업 경쟁력은 대부분 저렴한 노동력과 원재료 가격에 따른 낮은 생산 원가에 의존하고 있다. 그리고 이렇게 제조된 문화상품들은 자체적으로 개발한 브랜드를 보유하고 있는 것이 아니라 주문자 생산방식(OEM)이 주를 이룬다. 더구나 문화산업 제조업에 포함된 업종 가운데에는 실제로는 문화산업과 관련이 없는 것들도 많다. 이러한 상황이라면 도시의 문화산업은 지표상으로는 급속한 양적 성장을 이룰 수는 있겠지만 도시 재개발 혹은 산업 고도화를 통한 도시의 지속적 발전을 위한 역할은 기대하기 어려워 보인다. 실제로 2011년 인건비 상승과 노동자 복지 정책으로 인해 동관시의 많은 제조 기업이 파산하거나 이전했을 때 상당수의 완구제조 기업도 여기에 포함되어 있었다. 다시 말해 문화산업이 제조업의 쇠락에 따른 도시 공동화에 대한 대안산업으로서의 역할을 하지 못하고 오히려 제조업의 쇠퇴와 운명을 같이하는 결과를 초래했던 것이다.

문화상품의 제조업은 문화산업의 발전에 있어서 결코 소홀히 할 수 없는 영역이다. 그러나 그것은 |그림1|에 나타난 바와 같이 문화산업

핵심층, 즉 창조성과 긴밀히 결합되었을 때 적극적인 의미를 지닐 수 있다. 그렇지 못할 경우 그것은 그저 제조업 혹은 가공업에 불과 하며, 따라서 그렇게 생산된 문화상품에는 경제적 가치 이외에 다른 문화적 가치를 발견하기 어렵게 될 것이다. 문화산업이 기타 산업과 구별되면서 미래산업으로 주목받는 핵심적인 이유의 하나는 그것이 경제적 가치와 더불어 문화적 가치를 동시에 생성하고 있기 때문이다.

문화자원의 개발을 통한 지역 발전

상술한 바와 같이 중국 정부의 지역 문화산업 육성 전략은 지역 자원의 비교우위에 근거한 차별화 전략을 특징으로 한다. 동부지역의 비교적 발달한 대도시들은 문화산업의 핵심층, 특히 하이테크에 기반한 이른바 과학기술형 문화산업의 육성을 독려한 반면 상대적으로 낙후된 중서부 지역의 경우에는 지역이 보유하고 있는 문화적 자원에 대한 개발을 통해 문화산업의 외연층과 관련층 분야의 산업을 발전시키고자 했다. 특히 중서부 지역의 이러한 전략은 문화산업의 가치사슬을 구성하는 요소와 관련 인프라가 절대적으로 부족한 현실적 조건을 고려한 것이었다. 어찌 보면 정부가 강제적 정책수단을 동원하여 특정 지역에 특화된 문화산업을 육성하지 않는 한 이들 지역이 자체적으로 문화산업을 발전시킬 수 있는 유일한 자원이라고는 보유하고 있는 전통문화유산과 자연환경 정도에 불과했다. 이러한 자원의 개발은 기술조건과 지식요소에 대한 요구가 그리 높지 않고 문화자원이 직접 문화산업으로 전환되어 비교적 쉽게 산업 가치를 실현시킬 수 있다는 장점도 있었다. 때문에 중국 정부가 문화산업을 국가 중점산업으로 발전시킬 것을 천명하자 각 지역에서는 문화자원의 개발을 문화산업 육성의 우선

순위에 놓기 시작했다.

이러한 문화산업 발전 전략의 특징 가운데 하나는 그것이 주로 관광산업과의 직접적인 연관 속에서 추진된다는 점이다. 가장 대표적인 사례는 운남성인데, 운남성 정부는 중앙 정부가 문화산업정책을 추진한 초기부터 문화산업에 주목하고 성의 중점 사업으로 추진했다. 본래 운남성의 관광산업은 연초업 다음으로 성 재정수입의 중요한 내원이 되는 지주산업이었는데 운남성 정부는 문화산업이 이러한 관광산업의 발전을 더욱 촉진할 것으로 기대했던 것이다. 앞서 언급한 바 있는 〈인상 리장〉(2006)은 현지 16개 지역의 19개 민족 500여 명이 배우로 출현하는 대형 프로젝트로 통계에 따르면 2008년 625만 명의 관광객이 리장을 방문했으며, 약 69억 5천만 위안에 달하는 관광수입을 벌어들인 것으로 집계되었다.[12]

그러나 이러한 지역 문화자원의 개발은 많은 문제점을 드러내기도 했다. 귀주성貴州省의 푸이족먀오족자치현布依族苗族自治縣은 푸이족의 문화를 집중적으로 전시함으로써 더 많은 관광객을 유치할 목적으로 나콩푸이족민속촌納孔布依族民俗村을 조성하고 대량의 전통 주거 건축물을 건설했지만 대단히 조잡하고 문화적 가치가 결핍되어 푸이족의 독특한 건축문화를 체험하기 어렵다는 비판에 직면해야 했다. 강소성江蘇省의 화시촌華西村은 문화테마파크라는 이름으로 세계의 유명한 문화유적 축소판을 조성했는데, 사실 이러한 테마파크는 이미 다른 지역에도 많이 존재하는 것이었다. 베이징의 '세계공원世界公園', 창사의 '세계의 창世界之窓', 선전의 '세계의 창世界之窓' 등이 그러한 것들인데 대부분 복제품의 인공 건축물로 주로 토목 혹은 부동산 개발과 관련된 것들이었다.

---

12) 〈인상 리장〉의 총 투자 규모는 2.5억 위안이었다.

실제로 중국에서 상당수 문화자원의 개발은 부동산 투자와 밀접하게 결합되어 진행되었다. 문화산업 영역에 민간 자금을 적극적으로 유인하려는 중국 정부의 정책에 따라 다양한 부동산 투자 프로젝트가 문화자원 개발과 결합되었는데 이러한 양상은 무엇보다 부동산 개발회사의 자금을 끌어들임으로써 정부의 재정 부담을 줄일 수 있다는 장점이 있었다. 물론 그 대가로 지역 정부는 토지에 대한 각종 혜택과 프로젝트에 대한 지원을 제공함으로써 기업의 투자에 대한 리스크를 감소시켜 주었다. 기업 자체로서도 이러한 프로젝트를 통해 문화적 의식을 기업에 융합함으로써 기업의 이미지 제고와 더불어 기업의 지속적인 발전에 도움이 될 수도 있다. 선전의 화교성華僑城이나 항저우레저박람원杭州休閑博覽園 등이 대표적인 성공 사례로 거론되기도 했다.

그러나 부동산 투자와 결합된 문화자원의 개발 프로젝트들은 종종 개발회사들의 문화에 대한 이해 부족과 과도한 상업적 이익의 추구에 따라 현지 문화생태환경의 파괴, 혹은 자연경관의 파괴와 같은 심각한 문제를 발생시키기도 했다. 성공사례의 하나로 위에서 언급한 바 있는 〈인상 리장〉 프로젝트의 경우에도 경제적 이익을 떠나 그 지역의 자연환경 및 나시족納西族 고유의 전통문화가 파괴되고 있다는 비판이 나시족의 민간음악 전수자와 민족문화학자들로부터 격렬하게 제기되었다. 사실 이러한 문제, 즉 문화산업 발전 전략을 수립하는 과정에서 전통문화유산에 대한 '보호'와 '개발' 사이에는 많은 갈등이 벌어지기도 한다. 예컨대 전통문화유산을 문화자본으로 간주할 경우 그것이 산출하는 경제적 가치와 문화적 가치는 어떤 관계에 있으며, 그 가치는 또 누가 평가할 수 있는가의 문제가 제기될 수 있다. 이럴 경우 정부의 정책은 문화유산에 대한 태도에 결정적인 영향을 미치게 된다. 상술한 바와 같이 중국 정부의 지역 문화산업정책이 지역 경제 활성화라는 목표와 긴밀한 연관 속에서 수립되고, 그것이 지역 문화자원의 비교우위를 바탕으로 추진됨에 따라 문화유산의 '보호'보다는 '개발'의 논리가 우위를 점하게 되었다.

이 밖에도 중국의 각 지역에 구축되는 많은 문화산업 클러스터들은 부동산 개발 사업과 결합되면서 클러스터 구축 본래의 목적, 즉 산업의 집적효과를 실현하지 못하고 있는 것으로 보인다. 부동산 개발회사들은 지역 정부로부터 저렴한 가격에 토지를 불하받음으로써 개발 후의 시세차익을 거둘 수 있었고, 입주 기업들에 대한 서비스 인프라 구축(각종 상업시설과 주거시설 등)을 통해서도 다양한 형태의 임대료 수익을 챙길 수 있었다. 지방 정부가 지원하는 각종 혜택은 기업의 입주를 유인하는 적절한 수단으로 활용되었다. 지방 정부 역시 문화산업 클러스터의 조성은 도시 재개발 혹은 외각 지역의 신개발 사업을 추진할 수 있는 좋은 명분이 되었으며, 정부 실적을 위해서도 필요한 일이었다. 정부가 보증하는 개발 사업에 금융권이 마다할 이유도 전혀 없었다. 이러한 과정에서 문화산업 클러스터의 효과적인 운영 및 입주 기업에 대한 실질적 지원 프로그램은 주요 관심사가 되지 못하는 경우가 많았다. 중국문화부 류위주의 조사에 따르면 2005년 말 전국에 2,500개가 넘는 '문화산업원구'가 존재했지만 그 가운데 실제 이익을 내고 있는 '문화산업원구'는 전체의 10% 정도에 불과한 것으로 파악되었다.[13]

---

13) 向勇 주편, 『面向2020, 中國文化产业新十年』(金城出版社, 2011), 157-158쪽.

맺으며

상술한 바와 같이 본 논문은 중국 문화산업정책의 특징과 문제점을 지역 균형발전의 측면에서 살펴보았다. 물론 정책에 대한 평가는 정책 수립의 배경과 목표, 그리고 정책 수단의 활용에 따라 다양한 각도에서 진행될 수 있으며, 이에 따라 평가의 결과 역시 극명한 차이를 보일 수 있다. 예컨대 양적 측면에서 보자면 중국의 문화산업은 지난 10여 년간 놀랄만한 성장을 보여주었고, 국가 경제발전에 대한 공헌도 역시 대단히 높게 나타난다. 국가 이미지 제고와 소프트파워 강화를 목표로 중국 정부가 강력하게 추진하고 있는 문화상품 해외진출走出去 전략에 따라 2012년 중국의 문화상품 수출은 186.9억 달러(전년대비 22.2% 성장)로 174억 달러(약 18조원)의 무역 순이익을 기록했다. 중국의 경제발전 방식의 전환 혹은 산업구조 혁신과 소비 진작의 측면에서도 문화산업은 긍정적인 역할을 하고 있는 것으로 평가되고 있다. 그러나 다른 각도, 즉 지역 균형발전의 측면에서 접근하면 평가는 달라질 수 있으며, 이를 둘러싸고 발생한 문제들은 후발국가들의 문화산업 진흥정책에 많은 시사점을 던져주기도 한다.

중국 정부가 선택한 지역 문화산업 차별화 전략은 지역의 경제 수준 및 역사문화자원의 특성에 기반 한 것으로 적절한 선택이라고 할 수 있다. 일반 산업과 달리 문화산업에서는 지역적 특색의 문화자원이 핵심적인 '자본(문화자본)'의 역할을 수행할 수 있기 때문이다. 그럼에도 불구하고 중국 정부의 이러한 전략은 그 실행 과정에서 다음과 같은 문제점들을 노출시켰다.

첫째, 상술한 바와 같이 중국 정부는 문화산업 범주를 대단히 광범위하게 설정했다. 중국 정부가 문화산업을 국가 전략산업으로 규정하고 각종 지원 정책을 추진하는 과정에서 문화산업 범주에 포함된 각종 업종들은 정부의 지원 대상에 포함되게 된다. 중앙 정부의 정책 방향이 설정됨에 따라 지방 정부는 경쟁적으로 문화산업 육성에 뛰어들게 되었고, 단시간에 실적을 거두기 위해서 가장 손쉬운 방법들을 선택했다. 다시 말해 많은 지역의 문화산업 육성 정책은 문화산업 핵심층이 아니라 외연층이나 관련층에 집중하는 경향을 보였고, 이런 결과로 제조업 분야에서 강세를 보였던 공업도시들이 문화산업 분야에서도 급속한 성장을 이룬 것으로 나타났던 것이다.

둘째, 중국 정부가 추진한 지역별 문화산업 차별화 전략은 각 지역이 보유하고 있는 문화자원에 대한 '개발' 열풍을 몰고 왔는데, 문제는 이러한 문화자원의 개발이 대부분 부동산 개발 프로젝트와 연계되어 진행되었다는 점이다. 2004년 이후 중국 전역에 급속도로 증가한 소위 '문화산업 클러스터'나 테마파크는 상당부분 지방정부 및 부동산 개발 회사의 이익과 맞물려 추진되었고, 개발 후에는 곧바로 운영난에 봉착하기 시작했다. 문화자원의 개발 과정에서 전통문화유산의 훼손이나 자연환경의 파괴가 동반되기도 했다.

셋째, 중국 중앙정부의 문화산업정책은 지방정부에게 새로운 지역 발전의 임무를 부여하면서 지역 간에 과다한 경쟁을 촉발시켰다. 특히 2011년 중공17기6중전회에서 '사회주의 문화강국 건설'을 국가 비전으로 설정하고 '문화산업을 국민경제 지주산업으로 육성'한다는 전략을 수립하면서 지방정부의 경쟁은 더욱 과열되었다. 2012년 중국문화부에서 '12차 5개년 계획 기간(2011~2015)에 문화산업을 국민경제 지주산업이 되도록 추동한다'는 중앙정부의 계획은 이 기간 동안에 지주산업을 이루겠다는 것이 아니며, 국가 차원에서 보자면 2020년에 이르러서야 문화산업이 국가 지주산업이 될 수 있을 것이라고 강조한 것도 이러한 지방정부의 과다한 목표 설정과 경쟁을 경계한 것이었다.

그럼에도 불구하고 지역의 자원 우세에 의존한 중국의 지역 문화산업 육성 정책은 적어도 지역 불균형의 해소라는 측면에서 보자면 실효성을 거두기 어려워 보인다. 무엇보다 중앙정부가 특정 지역에 강력한 정책 수단, 특히 예산을 집중적으로 배정하지 않는 상황이라면 지역의 문화산업은 자유 경쟁 체제로 돌입하게 될 것이고, 따라서 문화산업과 관련된 자원, 즉 인재·자본·기술·산업규모·시장 등에 있어서 절대적 우위를 보이고 있는 동부지역이 훨씬 유리할 것이기 때문이다. 실제로 문화산업 관련 기업과 종사인원을 살펴보면 동부지역이 전국의 2/3를 차지하고 있고, 생산한 문화산업 부가가치는 동부지역이 전국의 3/4를 점유하고 있는 것으로 나타났다.[14]

이러한 중국 정부의 정책은 우리나라와도 선명한 대조를 이룬다. 예컨대 한국의 경우 지역별로 2개의 문화산업단지(청주, 춘천)와 9개의 문화산업진흥지구(부산, 대구, 대전, 부천, 전주, 천안, 제주, 인천, 고양)를 지정하고 각 지역의 중점 육성 분야를 지정했으며, 2000년부터 2010년까지 총 6,000억 원을 투입했다. 또한 지역 균형발전을 위해서 한국 정부는 공기업과 공공기관을 지방으로 강제 이전시키는 방법을 사용했다. 그러나 중국 정부는 한국보다 훨씬 많은 정책 수단을 보유하고 있음에도 불구하고 이를 지역 문화산업정책에 반영하지 않았다.[15] 결국 이러한 정책이라면 문화산업에 있어서도 동·서 간 격차는 더욱 벌어질 가능성이 높다.

---

14) 向勇·趙佳琛 주편, 『文化立國, 我國文化發展新戰略』(北京聯合出版公司, 2012), 164쪽.
15) 중국의 경우 문화사업의 핵심인 미디어, 출판 등의 기업이 대부분 국유기업이고 금융권에 대해서도 중국 정부는 강력한 통제권을 갖고 있다.

|표6| 중국 30대 문화기업 지역분포

	동부	중부	서부	동북
제1차 중국 30대 문화기업 지역분포	17	6	6	1
제2차 중국 30대 문화기업 지역분포	21	7	1	1
제3차 중국 30대 문화기업 지역분포	23	5	1	1

(출처) 齐骥·宋磊·范建华, 『中国文化产业50问』, 光明日报出版社, 2011. 188쪽.

한편 문화산업과 관련된 정책은 단순한 '개발'의 논리가 아니라 이른 바 '지속가능한 발전(Sustainable Development)'이라는 개념과 관련하여 구상될 필요가 있다.[16] 문화산업의 지속가능한 발전을 위한 근본적인 동력은 창의성과 혁신에 있으며, 따라서 국가의 정책은 바로 이러한 창 의성과 혁신이 문화산업의 가치사슬 전반에서 발현될 수 있는 기회를 지속적으로 창출하는데 역점을 두어야 할 것이다. 그것은 지역 문화산 업정책에 있어서도 동일하게 적용될 수 있다. 그리고 이런 과정에서 지 역의 문화적 자원은 문화산업정책의 핵심 요소로 작용할 것이다.

결국 이러한 정책기조의 전환을 위해서는 무엇보다 문화산업의 특성 에 부합하는 새로운 정책 평가모델이 개발될 필요가 있다. 왜냐하면 정 책의 수립과 추진이 정책 평가로부터 절대적인 영향을 받는다고 할 때, 투입과 산출의 명확한 예측을 전제로 한 소위 산업정책에 대한 평가모

---

16) 1972년 로마클럽(The Club of Rome)의 보고서 『성장의 한계(The Limits to Growth)』 에서 환경과 개발에 관한 강한 우려를 표명하면서 제기된 '지속가능한 발전'의 개념은 그 후 '환경과 개발에 관한 세계위원회(WCED)가 1987년에 발표한 보고서 『우리의 미래(Our Common Future)』에서 공식화 되었는데, 이 보고서는 지속가능한 발전을 "미래 세대가 자신의 욕구를 충족시킬 수 있는 가능성을 손상시키지 않는 범위에서 현재 세대의 욕구를 충족시키는 개발"이라고 정의했다.

델을 문화산업에 그대로 적용시킬 경우 문화산업의 특성을 반영한 정책의 수립과 추진은 사실상 불가능하기 때문이다.

무한한 문화 저 너머로!

이동렬

21세기로 넘어오면서 문화의 시대가 시작되고 있다. 십여 년 전만 하더라도 문화산업이라는 단어의 개념은 모호하고 낯설었지만 2015년을 살고 있는 우리에게 문화산업이란 단어는 이제 더 이상 낯설지 않게 다가온다. 우리의 이웃나라 중국 역시 21세기에 들어서면서 문화산업 분야에서 많은 변화와 발전을 보여주고 있다. 세계에서 4번째 큰 국가, 13억이라는 인구에 힘입어 중국의 문화산업 시장규모는 130조 원으로 한국 문화산업 시장규모가 50조 원인 것에 비하여 엄청난 규모를 보여준다. 뿐만 아니라 중국은 문화산업을 소프트파워(soft power)의 핵심가치 중 하나로 간주하고 국가 차원에서 전략산업으로 육성하고 있다.

중국은 세계 4대 문명 발생지 중 하나로 오랜 역사와 문화를 갖고 있는 나라다. 이러한 문명을 바탕으로 중국 곳곳은 자연스레 자신들만의 독특한 문화가 스며들

중국식당 출입문 앞에 있는 관우상

어 있다. 도시 구석구석에 있는 식당들 입구에는 군신으로 숭배 되었다가 이제는 재물신이 된 관우關羽상도 심심치 않게 볼 수 있고, 빨간색을 좋아하는 중국답게 여기저기 빨간 간판, 빨간 연등, 빨간 현수막 등으로 빨갛게 물든 도시를 만날 수 있다. 그렇다면 중국은 유구한 역사를 중심으로 수많은 문화적 자원을 보유한 채 과거부터 약 700여 년간 수도로 군림했던 북경北京과 그 옆 항구 도시 천진天津의 문화를 어떻게 활용하여 이익을 창출해 내고 있는 것일까?

자금성紫禁城? 자금성紫金城!

개혁개방 이후 중국의 경제발전에 따라 중국의 요우커遊客들은 전 세계로 나아가고 있으며, 동시에 수많은 외국 관광객들 역시 중국으로 들어오고 있다. 2014년에는 중국을 방문한 외국인이 2,636만 명으로 집계되었다. 그 중 북경을 방문하는 외국인들이 가장 많이 가보는 곳은 단연코 중국 문화유적 가운데 첫 번째로 세계문화유산에 등재된 북경의 '랜드마크' 자금성과 그 앞에 자리 잡은 천안문광장天安門廣場일 것이다.

우리 일행도 자금성을 보기 위하여 천안문광장 앞에 버스를 세웠다. 필자가 이곳 자금성을 방문한 것은 두 번째였다. 처음 방문했던 10여 년 전에는 아무 것도 모르는 상황에서 아무런 감흥 없이 이곳을 지나갔지만 지금은 자금성을 향해 천안문광장을 가로지르며 걸으니 현대 중국의 상징인 천안문광장과 고대 중국의 상징인 자금성이 멋지게 조화를 이루고 있다는 생각과 함께 주변의 여러 건물들도 새로운 느낌으로 다가왔다.

이 곳 천안문 광장은 모택동이 1949년 10월 1일 중국공산당의 승리를 자축하면서 현대 중국의 시작을 알리는 중화인민공화국의 탄생을

인천, 대륙의 문화를 탐하다 - 제1부 차이나스페트럼, 우리 눈에 비친 색깔들

40

선포했던 한 곳이다. 문화대
혁명文化大革命 시기에는 수많
은 홍위병들이 이곳에 모여
모택동을 환호하기도 했었
다. 그러나 또한 이 광장은
시위와 민주화 운동의 중심
지이기도 했다. 우리에게 널
리 알려진 1989년 6월 4일

천안문광장 지하보도에서 고궁으로 들어가는
사람들을 검문, 검색하는 군인들

천안문사건의 발생지였고, 인민의 군대라 자부하던 인민해방군이 자신
의 인민들을 탱크로 진압했던 역사의 장소이기도 하다.

지금도 광장 한 가운데에는 오성홍기가 펄럭이고 있으며 맞은편 자
금성 입구에서 모택동의 초상화가 이 오성홍기를 무심히 바라보고 있
다. 개혁개방 이후 중국의 모습을 천안문광장의 모택동은 어떤 느낌으
로 바라보고 있을까! 나란히 서서 경비하는 군인들, 그리고 광장과 궁
으로 들어가는 사람들을 검문, 검색하는 것을 보면서 아직도 모택동은
중국의 영원한 지도자로 군림하고 있다는 느낌을 지울 수가 없었다.

광장을 지나 자금성을 보고 있노라면 우선 무엇보다 자금성의 규모
에 위압감을 느끼게 된다. 자금성 앞 끝이 보이지 않는 도로와 낮은 건
물들은 자금성의 규모를 더욱 도드라지게 하면서 대국의 위용을 자랑
하는 것만 같았다. 그러나 자금성의 규모에 어느 정도 익숙해진 뒤에
가만히 안을 들여다보면 자금성을 찾는 관광객 수와 그들이 입장료로
벌어들이는 수입의 규모에 다시 한 번 입을 다물지 못하게 된다.

2014년 자금성을 찾은 내외국인 관광객은 모두 1천525만 명에 달하
는 것으로 집계되었다. 그러니까 1년 동안 대한민국 인구의 1/3의 달하
는 대규모 인원들이 자금성을 보기 위하여 움직였던 것이다. 자금성의

자금성 매표소

입장료는 60위안 (한화 약 10,000원)인데 단순히 계산해본다고 하더라도 1년 동안의 입장료 수입만 1500억 원에 달하는 것이다. 자신들의 문화재를 단순히 보존, 관리, 개방하는 것만으로도 북경은 막대한 경제적 이익을 얻고 있었다.

지리地理가 돈이다!

그렇다면 중국은 자금성처럼 문화유적지의 입장료만으로 경제적 이익을 내고 있을까? 당연히 그럴 수가 없다. 유태인조차 혀를 내두른다는 중국인의 상술이 있지 않은가!

천진은 중국 4대 직할시 중 하나로 북경 옆에 위치한 최대 항구 도시인데 중국은 이곳에 항구의 특징을 살린 해양문화 테마파크를 건설하였다. 천진에 있는 해양문화 테마파크 '천진 해창극지 해양세계天津海昌极地海洋世界'가 바로 그것이다. 여느 관광지나 마찬가지로 이곳도 입장료를 기본으로 경제적 이익을 창출하고 아쿠아리움이라는 이름에 걸맞게 해양과 관련된 다양한 생물들을 활용한 상품들을 판매하고 있다.

하지만 독특한 점이 있다면 한국의 기념품 판매점이 보통 관광코스의 마지막에 위치하는 것과는 상이하게 관과 관을 연결하는 사이사이마다 기념품 매장이 위치하여 방문자의 동선을 강압적으로 상품매장으로 이끌어 구매를 유도하고 있었다. 또한 방금 관람을 한 생물과 관련된 상품을 진열함으로써 이곳을 지나치는 관람객의 구매욕을 더욱 자극시키고 있었다.

해양세계 안의 상품 매장

이처럼 중국은 입장료만 이 아니라 상품을 개발하 고 관람객을 유도하는 상 술까지 유감없이 발휘하고 있었다. 한 가지 재미있었던 점은 입장료를 받는데 단체 입장료 값을 내려니 여권을 보여 달라고 해서 다시 차에 가서 여권을 가져온 것이다. 내가 생각하기에 단체입장과 국적은 상관 없는 것이라 생각했는데 그런 것이 아니었나 보다.

왕부정王府井? 왕부정王富井!

다른 예로는 왕부정王府井거리를 볼 수 있다. 평소에 왕부정하면 다 양한 먹거리, 중국 최대의 번화가 등을 떠올릴 텐데 왕부정의 유래는 이름에서 보듯 우물에서 비롯되었다. 중국은 깨끗한 물을 구하는 것이 큰 문제였다. 북경 또한 마찬가지였는데 왕부가王府街 근처에 있는 우물 은 황실 저택의 우물이었던 터라 물이 매우 달고 깨끗해 사람들이 많 이 찾게 되면서 오늘날의 왕부정으로 유명해지게 되었다고 한다.

북경 최대 번화가 왕부정 거리를 방문해보면 다양한 각도의 문화산 업으로 경제적 이익을 창출해내는 모습을 볼 수 있다. 우선 '네 발 달린 것 중에는 책상 빼고, 날아다니는 것 중에는 비행기 빼고는 다 먹는다' 는 말이 있는 중국의 먹거리 문화를 볼 수 있다. 북경의 대표음식 북경 오리부터 이제는 한국에서도 흔하게 접할 수 있는 양꼬치, 이 지역에서

왕부정 야시장 상인

볼 수 있는 식재료인 해마, 전갈, 뱀 등의 식재료는 이곳만의 독특한 음식 문화이다.

흥미로운 것은 중국인들의 손으로 만들어내는 우리의 음식인 떡볶이를 파는 모습도 볼 수 있다는 점이다. 한국 관광객이 많다보니 한국 관광객을 겨냥하여 한국음식을 파는 것이다. 다시 말해 왕부정은 중국의 전통문화 거리이면서도 중국 것만 고집하는 것이 아니라 손님을 위한 것이면, 또 장사만 된다면 무엇이든 만들어 팔고 있다. 타국에서 마주한 한국음식은 매우 반가웠지만 떡볶이가 한국음식이라는 것을 모르는 외국인들이 이곳에서 떡볶이를 먹고 삼성이 일본기업이라고 생각하는 사람들이 있는 것처럼 떡볶이가 중국음식인 줄 아는 것은 아닌지 불안한 마음도 들었다.

물론 왕부정의 문화산업이 음식에만 있는 것은 아니다. 골목 구석구석을 지나다보면, 섬세한 중국인들의 손재주가 느껴지는 전통공예품들을 볼 수 있다. 왕부정 거리에는 이런 공예품들과 함께 최근 유행하는 각종 완구들과 물품들이 즐비하게 판매되고 있으며, 만주족들의 전통복장에서 지금은 중국의 전통복장이 된 치파오가 곡선미를 뽐내며 이곳저곳 걸려있다. 이렇게 왕부정 거리는 왕부정 거리를 방문하는 사람들에게 중국의 음식문화부터, 복장, 공예, 미술 등 온갖 전통문화를 고스란히 보여주는 역할을 하고 있는 셈이다.

잡기雜技로 돈 잡기!

　그럼 문화산업은 문화재, 음식, 완구, 전통공예 같은 모습으로만 실현되는 것인가? 그것은 아니다. 한 가지 좋은 예로 중국의 무형문화인 잡기, 즉 서커스를 얘기할 수 있다. 중국의 잡기는 전통적인 중국의 무예와 익스트림 스포츠가 혼합된 무형문화라고 할 수 있다. 잡기는 북경에서 경극과 함께 매일 상시공연을 할 정도로 인기 있는 공연인데 관람객의 대부분은 우리와 같은 외국인이었다. 관람객의 대부분이 외국인이지만 잡기의 장점은 언어가 필요 없다는 것이다. 언어가 필요 없이 누군가와 소통하고 교감을 할 수 있다는 것 또한 문화산업의 큰 장점 중 하나라 할 수 있을 것이다.

　공연을 보며 서커스 중 가장 유명한 태양의 서커스가 떠올랐다. 1984년 캐나다에서 소수의 인원으로 시작한 태양의 서커스는 2014년 투어를 모두 합해 전 세계에 걸쳐 모두 19개의 팀이 활동하고 있는데, 이를 통해 이 회사가 1년 동안 벌어들이는 돈은 자그마치 10억 달러(한화 약 1조680억 원)에 이르며 지금까지 공연을 본 사람만 1억 명이 넘는다고 한다.

　사실 중국의 공연도 해외에서 많은 환영을 받고 있다. 대표적인 사례로는 천창공사天創國際演藝制作交流有限公司가 2004년에 제작한 〈쿵푸전기功夫傳奇〉를 들 수 있다. 이 작품은 기획 단계부터 브로드웨이 공연 모델을

〈공부전기〉 런던 공연 포스터

도입하여 세계시장을 겨냥한 것이었는데, 2007년에는 미국의 브로드웨이 감독에게 직접 위탁하여 국제 시장의 요구에 맞도록 대폭 수정하고, 2009년에는 캐나다와 합작으로 영국의 런던대극장에서 27회의 연속 공연을 성공적으로 진행하였다. 그러니까 중국의 전통문화를 소재로 세계시장을 겨냥한 기획과 제작, 국제적으로 검증된 전문가를 영입하여 글로벌 시장에 맞도록 수정, 세계 주류 공연시장인 영국 진출을 위한 캐나다와의 합작, 그리고 세계 주류시장에서의 상업적 성공 등을 이끌어냈던 것이다. 더구나 천창공사는 여기에 만족하지 않고 2009년에는 미국발 금융위기로 인해 부동산 가격이 급락한 기회를 타고 미국 브랜슨시에 있는 대형극장 화이트하우스(The White House Theatre)를 650만 달러를 투자하여 구매하고 매일 자신들이 창작한 공연을 무대에 올리고 있다.

우리나라에도 태양의 서커스를 꿈꾸는 동춘서커스가 있는데 필자도 동춘서커스를 본 적이 있다. 동춘서커스의 공연내용과 관람객 수는 중국의 잡기 못지않았지만, 필자가 느끼기에 중국의 잡기와 동춘서커스의 가장 큰 차이점은 바로 관람객의 국적이라고 느꼈다. 잡기 관람객의 대부분이 외국인이라면 동춘서커스는 내국인이었다. 한국의 동춘서커스도 중국의 잡기보다 못하지 않아서 내국인뿐 아니라 해외 관광객 층을 타겟팅하고 해외인지도를 쌓아서 해외진출을 한다면 세계적인 문화공연으로 키울 수 있지 않을까 하는 생각도 해 보았다.

돈! 돈! 돈!

그렇다면 중국의 문화산업이 좋은 점만 있는 것일까? 그렇지만은 않은 것 같다. 한 예로 북경 고궁故宮에서 발생한 이른바 '클럽하우스會所

門' 사건을 얘기할 수 있을 것이다. 앞서 말한 것과 같이 자금성은 중국의 국가중점문물보호 대상이자 중국에서 첫 번째로 세계문화유산에 등재한 중국 문화의 상징과도 같은 건물이다. 2011년 5월

건복궁을 세계적 재벌들을 위해 호화 클럽하우스로 조성한 모습

11일 중앙방송(CCTV)의 앵커 레이청강芮成鋼이 웨이보(微博; Weibo)에 폭로한 바에 따르면 고궁 산하의 북경고궁궁정문화발전유한공사北京古宮宮庭文化發展有限公司는 2009년 고궁박물관과 합작하여 건복궁建福宮의 운영에 참여하면서 건복궁을 글로벌 정상급 재벌들을 위한 호화로운 클럽하우스로 조성하고 입회비 100만 위안의 회원권 500개, 즉 총 5억 위안(약 800억 원)의 회원권을 판매했다고 한다. '클럽하우스' 사건은 과도한 상업적 이익의 추구가 문화유산을 얼마나 심각하게 훼손시킬 수 있는지를 보여주는 대표적인 사례라고 할 수 있다. 경제적인 이익을 위해 문화재의 위험이 가는 행동 또한 서슴지 않고 저지르고 있는 것이다.

또한 처음 언급한 중국의 수도 북경의 상징물 중 하나인 자금성에도 문제가 발생하고 있다. 상업적 이익을 위해 지나치게 많은 관광객을 받아들이면서 현재 자금성의 보호와 관람 환경에 악영향을 주고 있으며 잠재적인 안전사고 위험까지 제기되는 상황까지 이르렀다고 한다. 때문에 이르면 2015년 여름부터 입장객 수를 8만 명으로 제한하는 조치를 시행할 예정이라는 소식도 들려온다. 단문상單雯翔 고궁박물원 원장은 최근 하루 입장객 수 제한, 인터넷 예매 유도(50% 할인), 관광가이드의 마이크 사용 금지 등의 내용을 골자로 한 새로운 운영규칙을 도

입할 계획이라고 한다.

고궁 이외에 다른 곳에서도 문제점을 찾아볼 수 있다. 바로 중화민족문화원이다. 중국은 거대한 영토 크기만큼 수많은 민족이 함께 어우러져 이루어진 국가로 이러한 각 소수민족들의 문화를 담은 건축물과 문화를 전시해 놓은 장소가 바로 중화민족문화원이다. 중화민족문화원은 중국 전역의 소수민족 문화를 국가의 수도 북경에 전시하여 내국인과 외국인의 방문을 유도하고 있었다.

그러나 우리가 방문했던 중화민족문화원은 중국의 다양한 민족과 그 특성을 보기 위해 찾아온 방문객을 더 없이 황량한 모습으로 맞아 주었다. 입구에서 사람을 맞이하는 커다란 나무와는 상반되게 내부는 볼만한 것이 별로 없었다. 관리하는 사람들도 보이지 않았고 그저 오리 몇 마리만이 우리를 맞이해 줄 뿐이었다. 건물들에서도 각 민족들의 특징을 도드라지게 느끼지는 못했다. 오히려 이곳에서 가장 인상 깊었던 것은 민족문화원 높은 곳에서 담장 너머로 바라보는 북경올림픽 경기장이었다.

이처럼 이곳은 사람들을 이끄는 매력적인 요소가 별로 담겨 있지 않았다. 여름에는 여러 민족을 중심으로 한 다양한 프로그램이 진행된다고는 하나 우리의 일정은 겨울이었고 아무런 프로그램도 찾아볼 수 없었다. 하지만 여름과 겨울의 입장료는 같으니 왠지 손해 보는듯한 느낌이 들었다. 겨울철에 제대로 된 관리도 할 수 없으면서 이런 식으로 운영하는 것은 민족문화원에 대한 좋은 인상이 남지 않을뿐더러, 더욱이 문화대국에서 문화강국으로 나아가려는 입장인 중국이 장기적인 문화산업 보다는 눈 앞 입장료 몇 푼에 급급해 하는듯한 모습으로 느껴졌다. 문화대국에서 문화강국으로 나아가고 있는 중국이 눈앞의 이익인 입장료 몇 푼에 급급해 장기적인 문화산업을 놓치는 것처럼 보였다.

또 한 가지 흥미로운 사례의 하나는 북경시 치엔먼대가前門大街 개발 프로젝트와 같은 것이다. 본래 치엔먼 거리는 북경 문화가 농후한 대표적인 전통문화 상업 지역이었다. 그러나 왕부정, 서단西單 등 핵심 상권의 발달로 인해 점차 쇠퇴하기 시작하자 북경 정부는 2007년 소위 '중점문화유산 개조공정重點文化遺産改造工程'을 추진하기로 결정하고 약 80억 위안(약 1조 3천억 원)의 자금을 이 개발 프로젝트에 투입했다.

2008년 8월 북경올림픽에 맞춰 개방된 치엔먼 거리에는 모두 103개의 상점이 입주했는데 중국 국내브랜드 상점이 71%, 국제적 브랜드 상점이 29%를 차지했으며, 중국 브랜드 상점 가운데 소위 전통적인 상점老字號은 14개로 14%에 불과했다. 다시 말해 이 지역의 상점은 대단히 현대적인 것들로 채워졌으며, 거리는 전통건축물을 모방하여 계획적으로 정돈하였으나 실제로는 더 이상 전통문화의 맛을 느낄 수 없게 되었던 것이다.

집계에 따르면 이 거리를 개방한지 1년 동안 이곳을 찾은 관람객은 약 5,000만 명 정도로 매일 평균 15만 명에 달하는 것으로 나타났다. 그러나 이들은 대부분 사진만 찍는 관광객이었고 상점에서 물건을 구매하는 사람은 극히 적었다. 상대적으로 치엔먼 거리 뒤편에 있는 따스란大柵欄의 경우에는 북경의 전통이 그대로 간직된 상점, 음식점들이 집중되어 있는데 치엔먼 거리에 왔던 많은 관광객은 오히려 여기로 들어와 물건을 구입하고 있었다. 이러한 사례는 지역의 문화관광

치엔먼 대가

산업 활성화 전략이 장기적 관점에서 경제적 이익과 문화적 가치 모두에게 긍정적 영향을 주는 방향으로 설정되어야 한다는 점을 상기시켜준다.

FLY CULTURE!

살펴본바와 같이 문화는 여러 가지 가치를 지니고 있다. 지역에 맞는 문화요소를 활용하여 경제적 이익을 발생시키고, 지역 또는 도시를 브랜드화 시켜 가치를 상승시킨다. 이로 인해 그 지역에 살고 있는 주민들의 자부심 또한 한층 더 격상된다. 풍부한 역사를 바탕으로 만들어지는 스토리 있는 문화산업을 중심으로 북경과 천진은 중국 도시 브랜드화의 중심에 자리 잡고 있다. 700백여 년 수도의 중심인 자금성, 지리의 이점을 활용하는 아쿠아리움, 우물가였던 왕부정 거리, 여러 민족이 모여 있는 민족문화원, 그리고 전통 무예가 녹아있는 잡기 등의 문화산업은 그 지역의 이야기를 담아 지역에서 지역으로, 국가에서 국가로, 과거에서 미래로 이어주는 매개체 역할을 하고 있다.

인천도 인천이라는 도시를 세계적으로 부각시키기 위해 도시브랜드 개발 방안으로 2006년 도시 슬로건을 'Fly Incheon'으로 만들었다. 지금 시대는 무조건 눈앞의 이익만을 바라보고 발전하는 사회가 아니다. 문화산업은 과거에도 현재에도 미래에도 지속가능한 발전을 도모하는 산업이며 따라서 눈앞의 이익과 함께 미래의 지속가능한 발전까지도 고민해야 하는 시대의 산업이다. 문화산업은 또한 과거와 현재가 공존하여 가치를 만들어내는 산업이다. 과거의

인천, 대륙의 문화를 탐하다 - 제1부 차이나스페트럼, 우리 눈에 비친 색깔들

문화만 가지고 만든다거나 현재의 문화만 가지고 쉽사리 만들어지는 것이 아니다. 과거를 제대로 뒤돌아보고 현재를 잘 파악하며 미래를 내다보는 문화산업을 창조하여 'Fly Incheon'이라는 인천의 슬로건처럼 인천도 이것들을 발판 삼아 미래를 향해 훨훨 날아가길 바란다. 모두가 떨어지는 사과를 보았어도 오직 뉴턴만이 다른 시선으로 중력을 발견 했듯이 우리 모두는 문화라는 거대한 사과와 함께 살아가고 있지만 그것을 다른 시선으로 바라보는 창의적 시각이 필요하지 않을까 생각한다.

혼을 넣어다오, 더 많은 변화를!

이현창

베이징 그 심장부에서

세계적으로 명성을 얻고 있는 798예술구를 문화산업 탐방의 목적으로 방문을 한 2015년 1월 30일의 중국 북경의 아침은 무척이나 쌀쌀했다. 긴 통로를 따라 걸으며 좌우에 자리한 예술가들의 작품을 보며 걸어가니 어느새 798예술구의 한편에 도착했다. 하지만 이른 아침의 방문이었을까? 거리엔 활동하는 사람들이 그리 많지는 않았다. 단체로 온 듯 보이는 관광객들이 곳곳에서 사진을 찍고 있었고, 특이한 모양을 가진 건물들에 들어선 각각의 갤러리를 지키고 있는 사람들만이 798예술구 안을 채우고 있을 뿐이었다. 아침 특유의 가라앉으면서도 조용한 분위기의 거리가 눈앞에 펼쳐져 있었다. 798예술구의 모습에서 처음 받는 느낌은 사진에서 보던 것과는 조금 달랐다. 조금은 정적이면서도 그러나 '흥미로운 것들이 주변에 있으니 한 번 찾아봐' 라는 식의 조형물들이 다소곳이 숨어있는 듯 했다. 마치 숨바꼭질을 같이 하자는 것처럼.

인천, 대륙의 문화를 탐하다 - 제1부 차이나스펙트럼, 우리 눈에 비친 색깔들

아침의 한적한 798 거리, 하지만 익살스런 조형물들은 곳곳에서 관람객을 맞이하고 있다.

    798예술구의 역사는 다소 복잡하다고 할 수 있을 것이다. 1945년 항일전쟁의 승리 후 곧바로 내전에 돌입한 중국은 결국 압도적인 군사적 열세에도 불구하고 광범위한 중국 국민들의 지지 하에 공산당의 승리로 막을 내리게 되었다. 이념으로 갈려서 미국 주도의 자유주의 진영과 소련 중심의 소비에트 진영 사이에서 중국은 이제 급변하는 세계에 맞춰 자신들을 지키고자 하는 행동을 시작하게 된다. 1949년 천안문 광장에서 새로운 국가의 탄생을 국내외에 선포한 중국은 새롭게 재편되고 있는 국제관계의 구도 속에서 아편전쟁 이후 뼈아픈 굴욕의 역사에 종지부를 찍고 위대한 중화의 영광을 재현하기 위한 국가 건설에 매진하게 된다. 무엇보다도 이제 더 이상 외세의 침략을 받지 않겠다는 일념으로 중국은 소련을 중심으로 한 동부 사회주의 국가들의 지원 하에 군수산업에 박차를 가하였고, 798공장은 바로 이러한 배경 하에서 탄생하게 되었다.

    798 공장지대는 위와 같은 일환으로 베이징 동북방 따산즈大山子 지역에 위치한 전자공업 공장구역인데 이 공장지대는 동독에서 기술자들

이 직접 파견되어 건설을 하였으며, 이러한 798 공장구역의 건축물들은 20세기 초 독일에서 탄생한 바우하우스(Bauhaus) 양식에 따라 지어졌다. 현대 공업생산과 수요에 맞추어 건축물의 기능·기술·경제적 효율을 강조했던 바우하우스 건축의 이념을 반영했던 798공장은 높고 넓은 실내 공간, 활모양의 천정, 경사진 유리창, 간단하고 소박한 스타일의 특징을 보여주고 있는데 특히 충분한 채광을 고려하고 태양의 직사광선을 피하기 위해 반아치형 천장의 북쪽에 비스듬한 유리창을 설치함으로써 흐린 날이나 심지어 비가 오는 날에도 조명을 받을 수 있도록 설계하였다고 한다. 이러한 독특한 풍격風格의 바우하우스 건축물은 실제로도 세계에 얼마 남지 않은 것으로 알려져 있다. 그리고 그 얼마 남지 않은 공장의 모양이 유럽과는 멀리 떨어진 중국이라는 특이한 장소에 있는 것 역시 재미있는 일이다.

과거 798공장

현 798예술구(바우하우스 양식)

중국의 수도라 할 수 있는 베이징은 중국의 지난 수백 년의 세월동안 역사·정치·경제의 중심부로 그 역할을 다하고 있었던 황제의 도시였다. 이런 베이징에서 신중국 건설과 함께 군수품 생산을 담당하던

798공장은 개혁개방 이후 베이징 도심이 확장되고 본래의 기능 또한 상실하면서 1990년대 중반에는 폐허와 다름없던 황량한 자리를 지키고 있을 뿐이었다.

하지만 21세기에 들어서면서부터 베이징에 거주하고 있는 많은 예술가들이 싼 임대료에 이끌려 798공장으로 들어오기 시작했고, 방치되어 있던 공장과 창고들은 예술가들의 작업실, 화랑, 예술센터 등으로 변모하기 시작했다. 그런데 798공장은 바우하우스라는 모더니즘 건축의 흔적만을 지니고 있는 것이 아니었다. 이 공장은 1980년대 이전까지 중국의 공업화 건설의 흔적과 문화대혁명 시기의 역사적 흔적까지 고스란히 간직하고 있었다. 현대예술을 지향하는 중국의 젊은 예술가들에게 이러한 사회주의 역사의 흔적은 묘한 회고의 정서와 더불어 작품 창작에도 적절히 활용될 수 있는 매력을 가져다줬다. 특히 서구인들의 눈에 비친 이러한 풍경은 세계 어느 곳에서도 찾아볼 수 없는 독특한 것이었다. 해외의 유명 화랑들이 다투어 798공장으로 들어왔고, 이제 이 공장은 예술구로서의 새로운 명소로 전 세계에 알려지기 시작했다. 이것이 중국의 심장 베이징에서 일어난 문화적 변화였다.

798예술구를 돌아다니면서 느꼈던 점은 이곳이 방송에서 보는 것과 조금은 다른 느낌을 주고 있었다는 것이었다. 방송에서는(방송을 위해 약간의 설정 등은 필요하겠지만) 수많은 사람들이 798예술구를 자유롭게 왕래하는 모습, 거리에서 예술가들이 행위 예술과 같은 활동을 하는 모습, 그리고 이들 예술가들에게 관심을 갖고 모여든 많은 사람들을 위주로 보여주었다. 하지만 우리가 갔던 30일의 아침에는 그런 영상과는 전혀 다른 모습의 798예술구가 펼쳐져 있었다. 798예술구를 찾는 사람은 많았지만 모두가 곳곳에 있는 기념품을 구입하거나 갤러리에 들어가 작품을 감상하면서 시간을 보내고 있었다. 예술이라는 것이 그저 고

상한 취미가 아니라 곳곳에 모여 자신들만의 추억을 만들어가고 있는 모습으로 나타나고 있었으며, 그 안에서 웃음과 즐거움이 뿜어져 나오고 있었다.

또한 거리를 걸어가고 있노라면 들리는 언어도 각양각색이었다. 선글라스를 멋지게 쓴 노란 머리와 큰 코의 서양인이 저희들끼리 이야기하고 있는가 하면 검은 머리에 까무잡잡한 피부를 가지고 일본어나 동남아시아의 다른 언어를 쓰는 사람도 있었다. 웃을 때의 흰 이가 두드러져 더욱 매력적으로 보이는 검은 피부의 사람들 역시 서로 카메라를 들이대고 있었다. 물론 그 안에는 한국인의 모습도 보였다. 이렇듯 각국의 사람들이 중국의 특정한 장소에 모여서 중국인이 만든 예술 작품이나 기념품 등을 이리저리 살펴보고 사진을 찍으며 자신들만의 추억을 채워가는 모습은 인상적이었다. 그리고 이를 통해 798예술구는 확실히 방송에서와는 또 다른 모습을 지니고 있다는 느낌을 갖게 되었다.

한적했던 798거리의 모습
(이 그림을 그린 예술가는 어디에 있을까?)

인천, 변화의 시작

　19세기 중엽, 동아시아는 비로소 세계무대에 등장을 하였지만 이는 자발적인 등장이 아닌 서양의 세력에 의한 강압적인 등장이었다. 조선 역시 이런 흐름을 피해 갈 수는 없었다. 서양에 의해 먼저 문을 연 일본에 의해 조선의 문호도 개방되었고, 그 중심지가 바로 인천이었다. 세계 각국은 인천에 이제 자신들의 주거 지역을 만들게 되었고 인천은 조선의 땅만이 아닌 세계 각국의 사람들이 모인 장소로 변하게 되었다.

　조선 정부는 이러한 외세의 진출을 될 수 있는 한 개항장에 국한 시키고자 하였고, 개항장이 된 인천에는 각국의 영사관과 조계지역이 설치되면서 각국의 상공업 시설과 종교, 교육, 문화 시설 등도 빠르게 설립되었다. 인천에 들어온 외국인들은 자신들이 조차한 곳에 자신들 만

인천차이나타운 근처의 외국 건축 양식
(서양식 교회와 일본의 건축양식이 눈에 들어온다.)

의 독특한 양식으로 건축물들을 꾸미기 시작하였고 개항장이었던 인천은 조선 안의 작은 세계로 변해갔다.

　하지만 이러한 개항은 인천에게는 커다란 시련을 가져오기도 했다. 특히 조선을 식민지화하려는 일본의 메이지明治 정부는 청일전쟁과 러일전쟁을 통해 조선에서의 이권을 확보하고 인천과 서울을 잇는 철도와 도로의 부설, 그리고 항만의 확장을 추진하게 된다. 이것은 무엇보다 인천이 서울로 가는 관문의 역할을 갖고 있기 때문이었다. 본격적으로 일제 강점이 시작되면서 인천은 일본이 조선에서 확보한 식량과 공업 원료를 일본으로 실어 나르는 출구가 되었고, 더 나아가 일본의 전쟁을 지원하는 군수기지, 병참기지로서의 역할까지도 담당하게 되었다. 우리나라 최초의 개항도시이자 근대화의 출발점이었던 인천은 이처럼 피식민지의 억압과 수탈의 아픔 역시 고스란히 간직해야만 했다.

개항 당시 인천의 모습을 만든 미니어처
(창고로 보이는 건물이 나란히 세워져 있고 옆에는 외국으로 나갈 물품들이 쌓여있는 것을 볼 수 있다.)

이런 역사를 가지고 있는 인천의 한 장소에 중국의 798예술구와 같은 새로운 문화 공간이 탄생하게 되었다. 바로 아트 플랫폼이 자리한 해안동 일대가 그곳이다. 본래 이곳은 1899년에 매립된 지역으로 개항 이후 물류 업무의 증가로 인해 물자를 보관하던 창고가 있던 자리였다. 하지만 이제는 과거의 산업문화유산을 활용하여 지역 예술인들이 창작 활동을 하고 다양한 문화 행사를 체험 할 수 있는 복합적인 문화 공간으로 탈바꿈하게 된 것이다. 이렇게 보면 인천의 아트 플랫폼은 중국 베이징의 798예술구와 비슷한 맥락의 문화 공간이라고도 할 수 있을 것이다.

아트 플랫폼을 처음 가보았을 때의 느낌은 의외로 이런 장소도 있구나 하는 놀라움이었다. 각각의 건물에 다양한 방식으로 전시물이 있었고, 관람객과 소통을 할 수 있는 예술작품도 눈길을 사로잡았다. 특히 아트 플랫폼의 위치는 무척이나 흥미로웠다. 그 곳은 화교들이 모여 있는 차이나타운이 근처에 있으며, 또 신포시장과 같은 전통시장이 주위에 자리하고 있다. 게다가 그 주변은 과거 조계지역으로서 외국 양식의 건축물들 역시 자리하고 있다. 이런 점들을 보면 이 지역을 관광자원으로서 활용하는 것도 가능할 것이라는 생각이 든다. 지역의 건물 외형부터가 한국의 건물들과는 다른, 특별하게 생긴 모양을 가지고 있는 것들이 곳곳에 자리하고 있기에 만약 관광을 하러 오는 사람들이 있다면 그들의 관심을 끌기에는 부족함이 없어 보인다.

중국 문화산업 탐방을 가기 전, 인천의 차이나타운에 대한 조사를 위해 견학을 하고 있을 당시 그 주위의 '동화 마을'에 갔을 때의 일이다. 동화마을은 그 골목에 다닥다닥 모여 있는 조그만 집들의 외벽을 형형색색의 캐릭터와 아기자기한 동물로 꾸며놓아 마치 동화에 나올듯한 광경으로 만들어 놓은 곳이었다. 마을이 위치한 지역은 과거에 조계지역으로서 외국인들이 많이 들어와 살고 있었다고 한다. 그 곳을 걸어가며 교수님으로부터 여러 설명을 듣고 있었는데 갑자기 이상하게 소란스러워지면서 몇몇 사람들이 우리들의 통행을 통제하였다. 알고 보니 드라마 촬영이 그 곳에서 진행되고 있었다. 이처럼 동화마을에는 많은 사람들이 모여들고 있었고, 이런 동화마을을 필요로 하는 사람들이 존재했다. 그리고 이렇게 사람들을 불러 모으기 위해 동화마을은 많은 노력과 변화를 겪었을 터였다. 인천 아트 플랫폼 역시 이러한 변화의 과정에 있을 것이라 생각된다.

그런데 인천 아트 플랫폼을 돌아다니면서 본 것은 798 예술구와는 조금 다른 느낌이었다. 사람을 끌어 모으기 보다는 그저 "여기서 우린 이러한 행사를 하고 있어요, 보러오세요."라고 말을 하는 것과 같은 느낌을 주고 있었다. 단순히 아트 플랫폼의 바깥 부분만을 보았을 때는 정말 멋지다고 생각했다. 잘 정리된 길과 넓게 마련된 갤러리, 그리고 아이들이 뛰어다닐 수도 있는 여유 공간 등 외형적인 면에서는 무척이나 만족스러운 공간이었다. 하지만 이렇게 조성된 공간 안에서 이것저것 많은 것들을 전시하고 있었지만 그 전체를 관통하는 무엇인가 부족하다는 느낌을 강렬하게 받았다. 흡사 상추쌈을 먹는데 쌈장을 바르지 않고 그냥 상추만 싸 먹은듯한 느낌이랄까!?

인천 아트 플랫폼의 외관은 나쁘지 않다. 특히 이 지역의 주변이 대개 개항기에 외국인들이 한국이라는 타지에서 자신들의 고향의 느낌을 향유하기 위해 만든 것들이어서 대단히 이국적인 느낌을 주고 있다. 이러한 것들은 그 어떤 것보다도 관광지로서의 가치를 창출할 수 있는 자원이라고 할 수 있다. "과거 당신들의 할아버지, 아버지가 와서 만든 이 지역을 한 번 보러 오세요"라고 말을 할 수 있는 그런 자원을 가진 것이 바로 이 지역이라고 할 수 있을 것이다. 798예술구의 예전 모습이 동독 공장의 모습이었다면 인천 아트 플랫폼의 예전 모습은 개항기의 창고였다. 그런데 798예술구는 지금은 세계적인 예술거리로서 명성을 날리고 있는 반면 인천 아트 플랫폼은 그렇지 못하고 있다. 무엇이 문제일까?

예술과 장소, 그 멋진 조합

한국과 중국은 모두 아픈 근대사를 지니고 있다. 비슷한 시기에 모두 외세에 의해 강제적으로 문호를 개방하였으며 각각 식민지와 반식민지의 경험을 가지고 있다. 하지만 2차 세계대전이 끝나면서 양국은 전혀 다른 길을 걷기 시작했다. 한국은 자본주의 국가의 길로, 그리고 중국은 사회주의 국가의 길로 접어들면서 양국은 군사적 충돌과 함께 오랜 기간 단절의 역사를 보내게 되었다. 이러한 과정에서 베이징에는 군수산업을 위한 공장들이 세워졌고, 인천에는 항구도시라는 이점으로 인해 많은 공장들이 세워졌다. 그리고 이런 공장들은 과거에는 모두 유용하게 쓰이다가 현재에 와서는 그 역할을 더 이상 수행하지 않게 되었다.

인천항의 과거의 모습과 현재의 인천항의 모습
(상전벽해桑田碧海란 말이 떠오른다.)

이런 변화는 예정된 것이라고도 할 수 있다. 도시가 발달하고 이에 따라 그 도시의 역할이 달라지는 것은 그리 이상한 일이 아니다. 산업화 시대의 많은 외국의 공장들이 그러했고 지금의 많은 국가들 역시 비슷한 처지에 놓여 있다. 한국 역시 고도의 성장을 목표로 줄달음을 치던 1960년대 이후부터 제조업의 발달로 수출입이 용이했던 인천에 공장지대를 많이 세웠다. 그러나 산업이 발달하고 도시가 변하면서 현재는 많은 공장들이 다른 개발도상국으로 이전했으며, 이에 따라 공장들은 비워지고 그 자리에는 쓸쓸히 건물만 남아있는 경우도 왕왕 존재한다.

이런 장소들은 한때 그 어떤 곳보다도 활기차고 수많은 사람들이 움직이는, 마치 거대한 생명을 가진 존재가 꿈틀거리는 것 같은 그런 장소였을 것이다. 하지만 시대가 변함에 따라 서서히 그 존재는 변해갔고 사람들에게서 잊히기도 했다. 결국은 버려진 장소로서 그저 쓸쓸히 과거의 모습을 간직하고 있을지도 모를 일이었다. 하지만 지금, 이런 장소가 새로운 한 가닥의 바람을 맞이하여 변화를 하고 있다는 점은 무척이나 흥미로운 일이다. 그리고 그 변화가 일어난 곳의 공통점은 위에서 이야기 한 바와 같이 과거에는 유용하게 쓰였을지 몰라도 오늘날에 와서는 쓰이지 않는 천덕꾸러기와 같은 장소였다는 점이다. 그런데 이런 장소에 자유로운 영혼을 가진 이들이 그 혼을 다시 불어 넣음으로써 전혀 어울리지 않은듯 하지만 전혀 상상하지 못했던, 그리고 전혀 다른 역할을 가진 곳으로의 부활을 시도했고, 그렇게 불어넣어진 혼은 마침내 새로운 생명을 일으켰다. 그들은 예술가였고 예술은 이런 장소를 변화시켰다.

중국의 발전을 위해서 전자공업단지로서의 역할을 수행했지만 차츰 베이징이 커지고 또 산업단지들이 이전을 하면서 버려진 798의 장소와 개항시기 당시에 수많은 물자들의 쉬어가는 창고로서의 역할을 수행하다가 천천히 도시가 발달함에 따라 창고로서의 역할이 더 이상 필요로 하지 않게 된 인천 아트 플랫폼의 장소. 이들 모두는 버려진 천덕꾸러기에서 혼을 가진 새로운 예술의 장으로서 그 변신을 시도하고 있었다.

창고의 모습인 인천 아트 플랫폼
(예술의 혼이 들어가면서 변화를 일으키고 있다.)[17]

그리고 이런 예술을 통해 변화한 장소에 대해서 많은 사람들이 관심을 가지고 연구를 하고 있다는 것도 흥미로운 일이다. 실제로도 이 798예술구와 관련하여 우리나라에서도 많은 연구가 진행되고 있다. 미술관의 조명 디자인 제안에 관한 연구가 있는가 하면, Loft 공간을 이용한 예술 공간디자인에 관한 연구, 도시의 흔적과 기억의 공간 등 798예술구의 변화에 대해서 많은 사람들이 주목을 하고 있다. 또한 외국의 잡지 등에도 798예술구와 함께 현재 중국에서 새롭게 부상하고 있는 예술가들에 대한 소개도 빈번하게 일어나고 있다. 이것은 798예술구가

___
17) 인천아트플랫폼, http://www.inartplatform.kr/artplatform/architecture.php

차이나타운 내 한 건물 외벽의 장
식물(이들에겐 이런 모습이 자연스
러운 것이 아닐까?)

단지 중국에만 머물러 있는 것이 아니
라 세계와 소통을 하면서 변화를 일으
키고 있다는 점으로 이해를 할 수 있을
것이다.

　이미 언급한 바와 같이 인천 아트
플랫폼 역시 798예술구와 그 특성은
비슷하다. 하지만 인천 아트 플랫폼의
경우 798예술구와는 달리 세간의 많은
주목을 받고 있는 것은 아니다. 실제로
아트 플랫폼에 갔을 때 주변에 이런저
런 볼거리들을 꾸미려고 한 흔적들을
찾을 수 있었다. 하지만 그 내용에 있

어서 뭔가 부족하다는 느낌을 지울 수 없었던 것이 사실이다. 그리고
이 뭔가의 느낌을 지우는 것이 앞으로 인천 아트 플랫폼이 해야 할 일
이 아닌가 하는 생각이다. 단순히 그 모양만을 멋지게 꾸미기만 할 것
이 아닌 그 내용물에 있어서 많은 개선이 필요할 지도 모른다.

능히 스승이 될 수 있다

　798예술구와 인천 아트 플랫폼은 비슷하다. 그 형성의 배경이라든가
그것을 통해서 새로운 개념을 제시했다는 점도 비슷하다. 다만 중국의
798예술구의 경우는 아트 플랫폼과는 달리 세계의 주목을 받았다고 할
수 있는데 여기에는 중국의 특별한 역사적 흐름과 변화가 예술가들의
저항정신과 맞물려 더욱 큰 효과를 나타내게 되었다고 생각한다. 바로
이런 점들에 외국의 언론들이 주목을 했고, 중국의 예술가들 역시 비판

정신을 살려 중국에 대한 자신들만의 생각을 예술 작품을 통해 이야기 했던 것이다.

하지만 인천 아트 플랫폼의 경우는 조금 다르다고 생각한다. 인천 아트 플랫폼은 798예술구를 모방하면서 그 모습을 변화시켰지만, 그 장소에 대한 사람들의 생각은 798예술구와는 다르다고 생각된다. 그리고 그 핵심에는 그 장소의 주체의 역할이 대단히 중요하다고 생각한다. 중국의 798예술구에는 중국의 특별한 역사적 경험과 이를 예술로 표현하는 예술가들

공장지대에 전시된 할리우드영화 로봇과 서양풍 그림
(사회주의라는 독특한 역사를 가진 중국에서 798예술구는 자유로운 혼이 담겨있는 새로운 소통의 장이 되어 있었다.)

이 있었다. 그렇다면 인천 아트 플랫폼의 경우에는 이제 인천만의 유산을 자원으로 그 특색을 살리고 또 변화시킬 수 있는 원동력과 혼을 찾아야 할 것이다.

논어에 "溫故而知新, 可以爲師矣" 라는 구절이 있다. 옛것을 익혀서 새로운 것을 알면 스승이라 할 수 있다는 뜻이다. 이는 다시 이야기 하자면 새로운 것을 무작정 찾기 보다는, 또 새로운 것만을 만들려고만 하기 보다는 기존의 있는 것을 이용해 그 가치를 알고, 이를 통해 재창출하는 방식 등을 찾아보라는 뜻으로도 해석될 수 있을 것이다. 굳이 새로운 장소를 만들고, 새로운 건물을 세우고, 새로운 의미를 부여하려고 하는 것보다 주변의 천덕꾸러기 신세가 된 장소들을 찾아서 새로운 가치를 부여하고 이를 통해서 지역 발전을 이룬다면 새로운 창조경제의 모습으로 갈 수 있을 것이라 생각을 한다.

새로운 혼을 불어 넣어 다시 꿈틀거릴 수 있는 기회를 주는 것은 쉽지 않은 일이다. 하지만 798예술구는 그러한 방식을 잘 보여줬다고 생각한다. 예술을 통한 장소의 부활! 이는 멋진 일이다. 아무 쓸모없는 존재에 대한 새로운 인식은 새로운 가치를 부여하게 되고 이를 통해 사람들로 하여금 다시 찾게 만드는 마법을 가지게 된다. 인천의 중구에 위치한 아트 플랫폼 역시 이런 방식을 통해 다시금 생명을 일으키고 있는 것이라 생각한다.

그런데 798예술구의 주변과는 달리 인천 아트 플랫폼은 주위를 조금만 둘러본다면 이 지역이 무척이나 특색 있는 지역이라는 점을 알게 된다. 근현대의 역사를 보내면서 인천만큼 역동적인 역사를 겪은 지역을 찾기란 쉽지 않을 것이며 또 인천만큼 근현대의 영향이 지대하게 미친 지역 역시 손에 꼽을 정도일 것이다. 조계지역의 다양한 국적의 건축물들과 그 양식, 거기에 한국만의 독특한 문화를 결합한다면 인천 내에서 외국을 느낄 수 있으면서도 한국적인 것들을 느낄 수 있는 그런 지역이 탄생하게 될 것이고 이는 새로운 기준이 될 수도 있다. 우리가 제대로 '온고지신' 한다면 아마도 798예술구와는 다른 세계가 주목하는 인천만의 아트 플랫폼을 가질 수 있을 것이라 생각한다. 그렇게 된다면 지역 발전은 물론이거니와 세계의 많은 도시들이 배우고 동경하고자 하는 아름다움을 가진 도시가 되지 않을까?

중국의 과거와 현재, 798에서 만나다

표건택

798, 반세기의 역사

2015년 1월 26일부터 30일까지 좋은 기회가 생겨서 북경과 천진에 문화탐방을 다녀왔다. 이 5일간의 여정이 내가 2015년에 했었던 일 중 가장 활동적이고 유익한 시간이 아니었나 싶다. 이번 문화탐방 동안 북경-천진의 많은 문화적 공간, 시설들을 둘러보았지만 5일이라는 짧은 시간동안 모든 장소들에 대해 이해하고 알기에는 역부족한 시간이기에 많은 아쉬움도 있었다. 보통은 자금성이나 천안문 광장으로 유명하고, 만리장성을 비롯해서 명-청-현재의 중국을 잇는 수도이자 역사적 도시인 베이징. 그 중에서 내가 다룰 곳은 5일차. 즉, 한국으로 돌아오기 위해 공항가는 길에 들렀던 798예술거리다.

798예술특구, 따산즈 798예술구 등등 모두 798예술거리의 다른 이름들이다. 베이징 따산즈 지역에 위치해 있으며, 예술구로 리모델링되기 전 공장단지의 번호가 798이었던 데에서 유래해 이와 같은 특이한 이름으로 불리게 되었다. 798예술거리의 역사는 1951년까지 거슬러 올라간다. 원래부터 798이라는 이름을 가지고 있던 것은 아니고 탄생 당시

바우하우스 양식의 톱니모양 공장

의 정식 명칭은 718 연합공장이었고 798공장은 718연합공장단지 계획의 일부분이었다.

718 연합공장의 탄생 배경으로는 1951년 4월, 중국과 소련의 2차 정상회담이 열렸는데 이 회담에서 중국은 소련에 라디오 장비 산업에 대한 지원을 요청했다. 하지만 당시 소련은 중국의 이와 같은 요청이 뜻밖의 요청이었고 이후 중국은 이 제안을 동독으로 보내게 되었다. 1953년에 동독에서 나온 계획안이 중국정부에서 통과되었고 여기서 나온 결과물이 바로 따산즈 718연합공장이다. 718연합공장은 1954년 설계를 개시 후 착공을 시작했으며 1957년에 개장을 했다. 모든 공장의 건축양식은 바우하우스 양식[18]을 따랐으며 이때의 모습이 아직까지 그대로 보존되고 있다. 718연합공장은 당시 중국의 시대적 변화에 따라 1964년 해체되었다. 이때 조직 시스템이 개편되었는데 각 개별 공장인 706, 707, 718, 797, 751 그리고 798 공장이 각각 독립 법인화하였다. 설계가 시작됐던 1954년부터 1964년까지를 형성기라고 말할 수 있다.

이후 1978년 중국의 개혁개방이 시작되면서 따산즈 지역에는 변화가 시작되었다. 라디오 조립공장이나 벽돌 공장 등의 중심 산업들이 시대가 지남에 따라 노후산업으로 전락하기 시작했다. 또한 718공장의 특

18)제1차 세계대전 이후 독일의 발터 그로피우스에 의해 탄생된 건축과 디자인 양식. 화려한 장식이나 세세한 디테일에서 벗어난 심플한 곡선, 부드러운 곡선이 특징이다.

성상 반도체 생산과 같은 첨단 시설로의 전환은 사실상 불가능했기에 1980년대 중반부터 따산즈 지역은 슬럼화 되고 있었다. 또한 베이징이 과거보다 점점 넓어짐에 따라 공장단지와 같은 시설은 외곽으로 이전하게 되는 공동화 현상으로 인해 중국정부는 이 지역의 활용도를 놓고 고민하기 시작했다. 즉, 산업구조의 변화, 그리고 중국의 개혁개방이라는 시대적 상황에 따라 격변기를 맞게 되었다.

1984년부터 따산즈 지역의 공장단지에는 전위 작업을 하는 작가들이 모여들기 시작했고, 1995년에는 베이징중앙미술학원이 706 공장지대로 옮겨오면서 더 많은 예술가들이 모여들었다. 2000년에는 수이지엔궈(Sui Jianguo)가 798공장의 기계실을 작업실로 임대했다. 같은 해 12월, 중국정부는 기존 700, 706, 707, 718, 797, 798공장을 통합·개편했다. 이에 칠성그룹이라는 국영기업체가 따산즈 지역을 관리하며 쓸모없는 공장부지를 싼 값에 임대하기 시작했다. 이와 같은 소식을 들은 수많은 예술인들이 798공장으로 모여들었다. 대표적으로 디자이너 린징(Lin Jing)과 출판인 홍후왕(Hong Huang)이 이사해오고, 전위예술적 작가이자 유명 음악가인 리우 쉬올라(Liu Suola)도 음악 스튜디오를 798로 옮겨왔다. 특히, 2001년에는 중국 현대미술을 외국에 알리는데 노력했던 텍사스 출신의 예술 출판인 로버트 버넬(Robert Bernell)이 최초로 건물

공장과 예술특구의 모습이 공존하는 798 예술특구

을 임대하고 타임존 8 아트북스(Timezone 8 Art books)를 설립했다. 이렇게 예술가들이 모여듬에 따라 798 공장지역은 예술지역으로서의 가능성이 높아졌다.[19]

예술과 자본, 그리고 모순에 빠진 798

과거와 현재가 공존하는 798의 갤러리

798예술거리에는 그동안 크고 많은 변화가 있었다. 첫 번째로는 718연합 공장단지가 설립된 후 중국이 주목했던 시기였으며, 두 번째로는 중국의 개혁개방 이후 당시의 시대상에 따라 중국 내 새로운 미술시장의 선두주자가 되어 세계가 주목하는 예술특구가 된 현재이다. 물론 현재의 모습으로 오기까지 위기도 있었다. 2002년부터 예술가들의 따산즈 지역으로의 입주가 본격화 되자 798공장단지를 관리하던 칠성그룹은 예상치 못한 많은 임대신청으로 인해 2003년 봄부터는 더 이상 임대계약을 하지 않고 모든 임대계약을 2005년 말까지 종료하도록 통보했다. 이에 대해 따산즈 지역의 예술가들과 갤러리들을 중심으로 예술축제를 기획했는데 이 축제가 바로 DIAF(Dashanzi International Art Festival)이다. 2004년부터

19) 김성희, 「북경 따산즈 798 지역 변천과정을 통해 본 예술시장 형성과정에 대한 연구」, 『예술경영연구』제15집, 2009.

열린 이 예술축제는 사실 민주주의적인 시위가 불가능한 중국이란 사회시스템에서 칠성그룹의 계획을 무산시키기 위한 예술가들의 집단적인 저항이었던 것이다.

　한편 2005년에 중국정부는 따산즈 지역을 철거한다는 발표를 했다. 하지만 DIAF와 798비엔날레의 성공적인 개최와 더불어 세계의 이목이 집중되며 관광객들이 많이 찾아오자 북경시에서는 따산즈 지역을 재개발해서 사무실 빌딩으로 만들기보다는 현재와 같이 예술가의 활동공간으로 활용하는 것이 더 의미있다는 주장이 나오기 시작했다. 이에 따라 2006년 북경시는 따산즈 지역 철거 정책을 변경하고 이 지역을 798문화창의산업특구로 지정하기에 이른다.

　반세기에 달하는 짧지 않은 기간 동안 798예술거리는 큰 변화와 위기를 거치며 현재의 모습으로 정착하게 되었다. 물론 지어진지 50년이 넘었기에 당연할 수도 있지만 여전히 겉으로 보기에는 황량하고 공포영화에 나올듯한 인상이다. 이는 겉모습을 재개발하기보다는 건물 안을 리모델링했기 때문인데 각각의 공장건물 안으로 들어가 보면 공장의 첫 인상과는 너무도 다른 모습이 펼쳐진다. 우선 갤러리를 들어가 보면 제약이 없는 탁 트인 공간과 흰 벽에 걸려있는 개인 작가들의 예술작품. 흔히 우리가 생각하는 미술관의 모습이다. 무엇보다 좋았던 것은 방문객에게 관람료를 따로 받지 않는 것이다. 물론

798예술거리의 조형물

소액의 관람료를 받는 갤러리도 있지만 대부분의 갤러리가 특별한 관람료 없이 운영되고 있었다. 이는 798예술거리의 '커뮤니티 정신'을 유지하기 위해서 작품을 전시하고 싶어 하는 작가에게는 전시비를, 방문객에게는 관람료를 받지 않는다고 한다.

또 다른 좋았던 점은 갤러리마다 특별한 관리인이 없던 것인데 이와 같은 이유들로 인해 정말 부담없이 작품들을 즐기고 여유롭게 관람할 수 있었다. 그 밖에도 길거리에 있는 조형물을 비롯한 예술작품들은 이 곳이 예술특구라는 사실을 다시 한번 상기시켜준다.

보통 예술은 도시, 그리고 자본없이 발전하기 힘들다고 한다. 더구나 예술문화지역은 도시와 자본의 영향력을 더 많이 받을 것이다. 798예술거리 또한 예외는 아니었는데 공장단지에서 예술가들이 모이는 예술촌으로서의 시기가 2000년대 초중반이였다면 그 이후부터는 예술촌에서 예술시장화가 되는 시기였다. 2000년대 초반에는 도심에 진입하지 못하고 변두리에 머물던 예술가들이 임대료가 싸고 작업하기 좋은 환경을 찾아서 다싼즈 지역으로 들어왔다면, 현재는 수많은 갤러리들 사이에 방문객들을 만족시킬만한 카페나 레스토랑과 같은 부대시설들이 생겨난 것이다. 즉, 개방으로 인해 빠르게 자본주의화되고 있는 중국사회에서 798예술거리도 자본화, 상업화가 진행되고 있는 것이다.

가격표가 붙어있는 디자이너가 판매하는 신발

예술과 자본은 서로 물과 기름과 같은 존재이면서 또한 상호작용이 있는 관계이다. 흔히 배고픈 예술가들에게서 예술적인 영감이 많이 떠오른다고 한다. 예술에 있어서 돈은 그저 부수적인 수단일 뿐 필수적인 사항은 아니다. 이와 다르게 예술과 자본은 각종 미술품 경매에서도 보이듯이 서로 밀접한 관련이 있다. 이런 모순된 관계 속에서 예술과 자본은 균형을 이루어야한다. 현재 798 예술거리가 이와 같은 상황에 처해있다.

2000년대 초반의 예술촌으로 형성될 때의 798 예술거리가 오로지 예술가만을 위한 장소였다면, 지금의 798 예술거리는 방문객이 많아짐에 따라서 상업적인 장소들이 많아진 것이다. 실제로 현재 798예술거리를 가보면 가장 먼저 눈에 띄는 것들은 각종 음료를 파는 카페다. 한국인 관광객이 많은지 심지어는 한글로 커피집이라는 것을 홍보하는 카페도 있었다. 그 밖에도 각종 엽서를 파는 상점이나 고가의 음향기기나 선물 등을 파는 셀렉샵, 디자이너가 디자인한 가방이나 신발, 장식품 등을 파는 상점들도 많이 있다. 문제는 이런 상업적인 시설들로 인해서 예전의 순수한 예술적 감성만이 있던 798 예술거리가 점점 변질되고 있다는 것이다. 지금의 798 예술거리는 상업적 거리 속에 둘러싸인 갤러리처럼 변하고 있고 예술가들도 점점 설 자리를 잃어갈 것이다.

물론 상업적인 시설들이 부정적인 영향만을 가지고 있는 것은 아니다. 자본주회 사회에서 방문객들이 많이 찾아오는 예술문화 시설에 상업적인 시설이 생기는 것은 지극히 정상적인 것이다. 분명 수요가 있기에 그런 시설들이 생기는 것이고 이런 시설들로 인해 부수적인 수익들이 창출되는 것이다. 또한 도심 속 예술문화단지가 예술촌을 거쳐서 예술시장으로 발전하는 단계도 당연한 흐름이다. 하지만 예술은 돈이라는 가치로는 대체할 수 없는 무언가가 있다. 예술과 상업은 서로 상충되는 관계로 남아있어야 하지 상업시설들로 인해 예술가들의 입지가 위협받는 상황이 계속 된다면 중국의 예술문화에 대해서도 커다란 타격이 될 것이다. 또 798 예술거리를 찾는 많은 방문객들은 798 예술거리만의 매력이 있기에 찾아오는 것이다. 카페, 레스토랑 같은 곳은 전 세계 어느 곳이나 많이 있다. 하지만 798 예술거리와 같은 곳은 전 세계에서 손에 꼽을 정도이다. 즉, 사람들이 798 예술거리를 찾아왔을 때 798 예술거리만의 매력을 느끼도록 해야만 앞으로도 계속 성장할 것이다.

반세기의 798, 갈림길에 서다

앞서 말했듯이 중국정부는 2005년에 798예술거리를 철거한다고 발표한 바 있다. 하지만 따산즈 지역을 재개발해서 IT산업 및 비즈니스 센터로 만드는 것보다는 현재와 같이 예술가들의 작업공간 및 예술문화지역으로 남겨놓자는 의견이 나오면서 1년 뒤인 2006년에 철거계획이 전격 취소된 것이다. 이후 798 예술거리는 중국정부의 지원에 힘입어 문화예술산업 클러스터로 조성되기 시작했다. 이것은 2000년대 이후 중국정부가 '성장'뿐만 아니라 '문화' 또한 중시하게 되었다는 것을 의미한다.

대표적으로 2008년 베이징 올림픽은 중국이 성장했다는 것을 전 세계에 알리는 올림픽 그 이상의 행사였다. 당시 중국이 베이징 올림픽에 대한 키워드를 정했는데 그 중 하나가 바로 '인문人文'이었다. 또한 2011년 10월 15일부터 18일까지 개최되었던 중국공산당 17기6중전회에서는 중국공산당 역사상 처음으로 전체회의에서 '문화'라는 키워드를 주요 의제로 정했다. 10년간의 문화대혁명 이후 개방으로 인해 사라진 중국의 문화정체성을 찾기 위해 중국정부는 노력하는 것이다.

이러한 정책이 꼭 절대적인 것만은 아니다. 중국은 중국공산당과 정부의 힘이 절대적인 국가이다. 아무리 중국정부가 문화를 내세운다고 해도 중국은 아직 산업화 국가이다. 도심 가까이 있는 버려진 공장단지는 언제든지 개발이라는 명목으로 사라질 수 있는 것이다. 또한 베이징시 도심부와 베이징 공항 중간에 있으며 공항 고속도로와 인접한 최적의 입지조건도 개발하는 입장에서는 더욱더 유리한 조건이다. 베이징시에는 여전히 부동산 개발 열풍이 불고 있으며 798 예술거리 주변에도 아파트와 같은 건물들이 세워지고 있다. 게다가 2008년에는 따산즈 798 지역의 소유주인 칠성그룹이 798 예술거리를 고급 쇼핑가로 변화시키려는 시도에 예술가들과의 충돌이 있기도 했다. 물론 중국정부의 정책 분위기와 798 예술거리의 흥행으로 인해 798 예술거리의 입지는 탄탄하다고 볼 수 있지만 중국, 그리고 베이징의 개발 열기를 끝까지 버틸 수 있을지는 지켜봐야 할 것이다.

798 예술거리가 베이징에서 가지는 의미는 무엇보다 문화적 측면에 있다. 중국 베이징은 세계적으로 손에 꼽는 문화도시이다. 수백 년 동안 중국 왕조의 수도였으며, 만리장성, 자금성, 천안문광장은 모르는 사람이 없

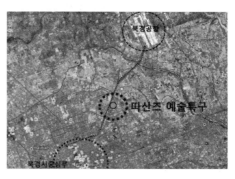

따산즈의 위치
출처 : 김성희(2009)

는 유명 유적지이다. 이런 전통유적 뿐만 아니라 왕푸징 거리, 중관춘지역 등은 베이징의 현대적인 모습도 보여주는 관광지이다. 우리는 보통 베이징이라는 도시를 생각할 때 예술·문화적인 측면에 주목하지 않는다. 당장 뉴스만 보더라도 베이징은 급속한 경제개발이 되고 있는 황사가 많이 부는 중국의 수도일 뿐이다. 이런 베이징에서 798 예술거리는 또 다른 의미를 가진다고 볼 수 있다.

798 예술거리에 가면 언제든지 작가들의 전시물들을 볼 수 있으며 예술적인 분위기를 만끽할 수 있다. 즉, 전통유적들과는 다른 베이징의 매력을 보여주는 장소인 것이다. 게다가 798 예술거리의 전시작품들은 현대적인 것뿐만 아니라 중국, 동양적인 풍격을 띄는 작품들도 많이 있다. 이는 다시 말해 798 예술거리가 21세기 중국의 문화에 대한 새로운 관점을 보여주는 중요한 교두보 역할을 하고 있다는 것을 의미한다. 우리는 보통 경제적인 발전만 가지고는 선진국이라고 보지 않는다. 그 나라의 문화적인 측면이야말로 선진국을 가르는 잣대 중 하나인데 이런 면에서 798 예술거리는 중국, 그리고 베이징의 브랜드가치를 높여주는 중요한 장소이다. 필자도 이번에 베이징을 처음 방문했을 때 가장 먼저 한 생각은 날씨와 대기오염에 관한 것이었다. 그런데 798예술거리를 방문하고 나서 베이징에 대한 생각이 달라졌다. 우리나라에서 가보지 못한 훌륭한 예술특구가 황사의 도시에 있다는 것은 한편으로는 충격이었다.

798공장건물 자체에서는 역사적 측면과, 건축학적 측면도 나타난다. 1950년대에 지어졌으며 그 당시 유행했던 독일의 바우하우스 건축양식으로 지은 건축물이 현재까지 온전히 보존되어있는 사례는 그리 흔치 않을 것이다. 실제로 독일과 프랑스 등의 고위층 귀빈들도 798예술거리를 방문하고서 놀라고 감동하였다고 한다.

또한 베이징에서 798 예술거리가 가지는 다른 측면으로는 상업적 측면이 있

상점과 공장건물이 함께하는 798 예술거리

다. 2007년을 기준으로 798예술거리를 찾은 관광객은 연인원 150만 명이었다. 이 중에는 외국인 관람객이 40%, 내국인 관람객이 60%의 비중을 차지했다. 즉, 베이징을 관광하는데 있어서 798 예술거리는 한번쯤은 꼭 다녀가야 할 하나의 관광명소가 된 것이다. 이는 단지 798예술단지의 발전 및 흥행만을 말하는 것이 아니다. 따산즈 지역 주변의 숙박시설이나 상업시설들도 같이 발전을 하는 것이다. 매년 수백만 명이 찾는 관광명소라면 그 주변의 부대시설에 대한 금전적 이익은 당연히 엄청날 것이다.

그런 의미에서 798예술거리는 뉴욕의 소호(SOHO)거리[20]와 유사한 점이 많이 있다. 서로 생성된 시기는 수십 년의 차이가 있지만 두 지역 모두 공장들의 교외 이전으로 인해 슬럼가로 되었다. 이후 예술가들이 자신들의 작업실로는 안성맞춤인 버려진 공장으로 입주해 들어오면서 건물을 그대로 사용하되 내부를 리모델링한 것이다. 이런 과정이 시간이 지남에 따라 예술가들이 모이면서 예술촌이 성립된 것이다. 798 예술거리와 소호지역 모두 엄청난 브랜드 가치와 추가적인 부가가치를 창출해내고 있다. 특히 소호지역의 경우 2005년 기준 총 212억 달러의 경제효과를 창출했으며 16만여 개의 일자리를 창출을 통해 82억 달러의 임금과 9억 400만 달러의 세금을 납부했다고 한다.[21] 또한 이 두 지역은 황폐화되고 버려진 공장지대가 다시 새롭게 거듭나 문화적, 상업적 측면에서 성공적인 모습을 보인 세계적인 롤모델이 되었다.

여기서 798 예술거리는 두 가지 갈림길을 마주하게 된다. 뉴욕 소호거리와 같이 자본이 예술을 무너뜨리고 상업지구가 되는 것과 상업시

---

20) 사우스 오브 하우스턴(South of Houston)의 약자이다.
21) 김태만, 「따산즈예술촌과 베이징의 도시문화 아이콘」, 『동북아문화연구』제17집, 2008, 239쪽.

설에 대한 전반적인 제한을 두고서 예술을 지켜내는 것이다. 실제로 과거 소호 거리의 경우 현재의 798 예술거리와 같이 상업시설들이 많아지면서 임대료가 높아짐에 따라 예술가들이 설 자리가 없게 되었다. 그 결과 소호 거리에서 예술가들은 밀려나게 되고 그 자리에는 고급 브랜드들이 들어서서 점차 고급 쇼핑거리의 모습을 띄게 되었다. 현재의 소호 거리는 임대료가 높은 최고급 쇼핑가가 되었고 뉴욕의 예술 중심지는 첼시구역으로 이동하였다. 즉, 뉴욕 소호거리가 완료형인 예술문화단지라면 798 예술거리는 현재진행형인 예술문화단지이다. 앞으로 베이징시가 798 예술거리에 대해 어떠한 정책을 시행하느냐에 따라서 미래의 798 예술거리의 모습은 많이 바뀌어있을 것이다.

모두가 원하는 롤모델, 798

우리나라에도 798 예술거리와 같은 예술문화단지가 있는데 바로 파주시에 위치한 헤이리 예술마을이 그것이다. 파주 출판도시와 헤이리 예술마을이 들어오면서 2000년 2,968,946명이던 파주시 연간관광객수는 2005년 5,639,007명으로 급증했고, 2006년에 는 전년대비 19% 증가한 6,708,744명을 기록하였다. 이는 경기도 전체 관광객 수 56,613,577명 중 11.8%에 달했다.[22] 헤이리 예술마을은 작가, 화가, 영화인 등 각 분야의 예술인들 수백여 명이 모여 조성한 공동체 성격의 마을인데 798예술거리와 마찬가지로 작업장 및 거주시설이 모여 있다. 하지만 헤이리 예술마을이 798 예술거리와 가지는 가장 큰 차이점은 형성과정에 있다. 두 지역의 형성과정은 근본적으로 다른데 798 예술거리가 버

22) 경기개발연구원, 『2006년 파주 자유로 지역 관광객 현황』, 2007.

려진 공장단지를 예술가들의 필요성에 의해 리모델링되고 예술촌으로 거듭난 것이라면 헤이리 예술마을은 국가적인 필요성에 의해서 계획되고 형성된 것이다.

헤이리 예술마을보다 더 비슷한 지역으로는 인천 아트플랫폼을 꼽을 수 있다. 지하철 1호선 인천역을 중심으로 하는 인천광역시 중구 일대는 차이나타운을 비롯해서 구한 말 개항기 이후 지어진 근대건축물들이 잘 보존되어 있는 지역이다. 인천 아트플랫폼은 이런 근대화 시기의 건축물들을 이용해서 예술인들에게 창작과 작품활동을 지원한다는 점과 건물의 외관은 보존하면서 내부 리모델링만을 실행했다는 점이 798 예술거리와 비슷하다. 하지만 인천 아트플랫폼의 경우 아직 부족한 점이 많이 느껴졌다. 거리를 지날 때 예술문화단지라는 것을 잘 느끼지 못했고 인천 아트플랫폼만의 매력이 느껴지지 않아서 아쉬웠다.

분명 798 예술거리는 국가, 시민 등 여러 주체가 보더라도 매력적인 장소이다. 국가적으로 본다면 도심공동화 현상 등의 사회문제를 해결할 수 있고 시민들은 집 가까운 곳에 질 좋은 문화센터가 생기는 것이기 때문이다. 하지만 문화, 그리고 예술은 한 순간에 이루어지는 것이 아니다. 많은 자본을 쏟아 붓더라도 한계가 있고 여러 가지 측면에서 융합이 되어야 한다. 또한 그 지역의 사회적 분위기, 사람들의 인식, 위치의 문제들도 확실히 해결되어야 할 부분이다. 단순한 방법으로 접근한다면 큰 성과를 내지 못하고 또한 발전할 수 없을 것이다. 더 이상의 탁상공론이 아닌 시간을 두고 연구, 분석을 거치며 여러 사람들의 의견을 들어보는, 그런 계획이 진행되어야 한다.

798 예술거리는 중국의 여러 가지 측면에 있어서 선두적인 지역이 되었다. 예술적 측면에 있어서는 798 예술거리의 성공 이후에 중국 곳곳에서 798 예술거리를 벤치마킹한 예술문화단지가 생겨났다. 대표적으

로는 중국 최대 규모의 예술가 마을인 베이징 쑹좡(宋庄) 화가촌과 상하이 M50 예술촌이 있다. 쑹좡 화가촌의 전체 면적은 115만 제곱킬로미터에 이를 정도로 방대하며 현재에도 계속 예술가들이 모여들고 있다. 상하이 모간산루에 위치한 M50 예술촌은 798예술거리보다 규모는 작지만 1930년대에 지어졌던 공장들을 2000년대 들어서 가난한 예술가들이 모여들기 시작한 점에서 798예술거리와 많은 공통점을 보인다.

798 예술거리의 조형물

내가 798예술거리를 방문했던 1월 말은 당시 매우 춥고 쌀쌀한 날씨였다. 게다가 평일 오전이어서 그런지 방문객들도 많이 없었고 생각보다 더 황량한 풍경이었다. 그럼에도 798예술거리에서 가장 먼저 들었던 생각은 '사진 찍고 싶은 곳' 이라는 것이었다. 관광지의 가장 필수적인 요소는 무엇보다 사진을 많이 찍을 수 있고 또한 내가 이곳에 왔다는 것을 사진으로 남겨야겠다는 욕구가 생겨야한다고 생각한다. 그런 면에서 겉으로 보기에는 황량한 공장단지이지만 그 속에는 모더니즘적인 예술이 녹아있는 798예술거리만의 모순적인 매력이 느껴졌다. 톱니바퀴형의 공장을 처음본 것은 미뤄두더라도 길거리를 지날 때마다 끊임없이 서있는 조형물들을 비롯해서 건물 안에 들어가면 바로 다른 예술세상이 펼쳐지는 것이 정말 놀라웠다.

다른 관점에서 보자면 798 예술거리를 가자마자 각종 상업시설들이 눈에 띄었는데 한편으로 798 예술거리의 미래가 어떻게 될지 궁금하기도 하고 걱정되기도 했다. 아쉬운 점을 꼽자면 우리 팀은 베이징 시내에서 공항으로 가는 길에 798 예술거리를 방문했는데 798 예술거리는 공항가는 길에 잠깐 구경하는 것으로는 그곳만의 예술적인 분위기를 못 느낄 것이다. 798 예술거리를 다녀와서 느낀 점은 자금성, 천안문 광장, 왕푸징과 같은 전통적인 관광지 속에 숨어있는 보석 같은 곳이었다. 또한 중국 현대문화의 힘을 느낄 수 있었고 중국, 그리고 베이징이 앞으로 어떤 방향으로 나아갈지 알려주는 듯한 장소였다. 중국의 과거와 현재 그리고 미래가 만날 798. 머지않아 중국여행의 필수코스가 될 것이라 확신하는 바이다.

중국과 함께 가는 길

남호영

내 생에 처음으로 경험했던 지난 겨울의 중국 여행은 북경과 천진의 문화산업과 관련된 지역을 탐방하는데 목적이 있었다. 탐방의 일원으로 선발되어 처음 모임을 가졌을 때 지도교수님은 먼저 중국에서의 전체 일정을 설명해 주셨는데 그 가운데 유독 내 가슴을 두근거리게 만들었던 일정이 있었다. 북경에 있는 '중국 영상기지 참관'이 그것이었는데 그 곳이 나를 설레게 했던 이유는 어릴 적 나의 꿈과 관련이 있다.

한 때 나는 배우를 꿈꿨던 적이 있었다. 초등학교 때였는데 우연히 드라마를 보던 중 어느 배우가 연기하는 모습을 보고 '우와! 재밌겠다'라는 단순한 생각과 함께 연기에 관심을 갖기 시작했고 그렇게 배우의 꿈을 꾸면서 자연스럽게 연기와 관련된 여러 분야에도 관심을 갖게 되었다. 특히 영화나 드라마의 제작 현장 혹은 영상제작 등에 유난히 흥미와 호기심을 보이곤 했다. 지금은 배우의 꿈을 고이 접어놓았지만 이와 관련된 이야기는 여전히 내 가슴을 설레게 한다. 때문에 나는 우리 일정 가운데 무엇보다 중국의 영상기지에 집중해야겠다고 다짐했고 실제로도 아주 좋은 경험을 하게 되었다.

그런데 영상기지에 대해 내가 특별한 관심을 갖게 된 것에는 또 다른 이유가 있다. 작년 초 디즈니가 제작한 애니메이션 〈겨울왕국〉을 보면서 느꼈던 감동과 충격 때문이기도 했다. 비단 나뿐만 아니라 전

인천, 대륙의 문화를 탐하다 - 제1부 차이나스펙트럼, 우리 눈에 비친 색깔들

82

세계 사람들이 '겨울왕국'에 환호했고, 수많은 버전의 '렛잇고(Let It Go)'가 불려졌으며 SNS에 패러디까지 등장할 만큼 '겨울왕국'의 인기는 한동안 계속되었다. 예전에 애니메이션 〈인크레더블〉을 보면서 스토리도 너무 재미있고 영상미도 훌륭하다고 느낀 적이 있었는데 〈겨울왕국〉은 이보다 한층 업그레이드된 수준을 보여주었다. 그런데 나는 〈겨울왕국〉을 보면서 느낀 감동만큼이나 '우리나라에서는 어째서 〈인크레더블〉이나 〈겨울왕국〉과 같은 애니메이션을 만들지 못할까'라는 아쉬움도 느껴야만 했다. 물론 우리에게도 '뽀통령(뽀로로)'이 있기는 하지만 〈겨울왕국〉과 비교하기에는 아직 부족한 점이 많은 것이 사실이다. 그렇다면 애니메이션을 포함한 우리나라 영상산업이 발전하기 위해서는 무엇이 필요할까?

중국문화탐방을 앞두고 내게 강한 호기심과 함께 고민을 안겨준 것들은 바로 이런 문제들이었다. 사실 우리나라 못지않게 중국 역시 21세기에 들어서면서 국가 차원에서 문화산업을 육성하기 위해 많은 노력을 기울이고 있다고 들었다. 아마도 중국의 고민거리 역시 우리나라와 별반 다르지 않을 것이라 생각하면서 나는 이번 중국문화탐방을 통해 중국은 영상산업 발전을 위해 어떤 노력을 기울이고 있는지, 그리고 우리나라와 중국이 교류와 협력을 통해서 함께 발전할 수 있는 방법에는 어떤 것이 있는지에 대해 살펴보고자 했다. 비록 전문성도 부족하고 탐방 기간 역시 5일간의 짧은 일정이라 이런 문제에 대한 답을 찾을 수 있을지 알 수 없지만 최대한 직접 보고 만지고 느낀 감정에 충실하면서 소박한 의견을 피력해 보고자 한다.

중국, 찰리우드(Chollywood)의 세계로!

　미국에는 할리우드, 인도에는 발리우드가 있다면 중국에는 찰리우드가 있다. 찰리우드란, 중국(China)과 할리우드(Hollywood)를 합친 신조어로 미국 언론들이 중국 영화산업을 지칭할 때 사용하는 말이다. 이러한 용어는 중국의 영화가 현재 할리우드에 큰 영향을 미치고 있고, 세계 영화시장에서도 중요한 위치에 설 것이라는 전망에서 탄생하게 되었다. 이처럼 중국의 영화산업은 미국에 이어 세계 박스오피스 2위를 차지할 정도로 무섭게 성장하고 있다. 과연 그들의 영화산업은 어떻게 발전했으며, 지금까지 어떤 성과들을 이루어냈을까? 이러한 궁금증에서 시작하여 나는 먼저 중국 영화산업의 현황을 살펴보려고 한다.

　중국의 영화산업을 들여다보기 전에 문득 한 가지가 궁금해졌다. 사람들은 '중국영화' 하면 우선 어떤 것을 떠올릴까? 나는 '황비홍'이 제일 먼저 떠오른다. 사실 나는 황비홍이라는 영화를 본 기억이 없다. 그러나 내 기억 속에는 변발을 하고 있는 황비홍의 모습이 선명하게 남아 있다. 어렸을 때 나는 아빠 옆에 누워서 같이 영화를 보곤 했었는데 아마도 그때 스쳐지나가며 황비홍을 보았던 것 같다. 어린 나는 아무 생각 없이 그 영화를 보았을 테고 지금까지 내용은 모르고 그저 특이한 머리 모양을 한 아저씨만 기억하고 있는 것이다. 이 외에도 성룡, 이소룡 등도 생각이 난다. 여하튼 내가 기억하는 중국영화는 대개 무협영화

가 대부분이었다. 중국에도 멜로, 드라마, 코미디 등 다양한 장르의 영화가 있었을 텐데 말이다.

사실, 중화인민공화국 수립(1949년) 이후 20세기 말까지 중국의 영화는 국유기업을 중심으로 국가 주도하에 제작되고 배급되었다. 계획경제체제 하에서 약 40년 동안 국가 주도하에 제작된 중국영화는 많은 한계를 보여주게 되는데 매년 지정된 수량의 영화만 생산이 가능하다든가 영화 속에 중국의 사상에 대한 선전이 주된 내용을 이루곤 했던 것이다.

|표1| 2005년-2012년 중국영화산업의 규모

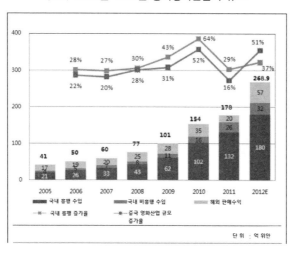

자료: 김언군, 배기형, 『중국 영화산업 현황과 활성화 방향』, 2013, p.422

영화 제작에 있어서 이처럼 많은 문제점을 갖고 있는 중국은 21세기에 들어서면서 문화산업을 집중적으로 육성하기 시작하였고 영화산업은 그 가운데 핵심 산업의 하나로 중시되었다. 민간기업이 영화 제작에 본격적으로 참여하기 시작한 것도 이때부터라고 할 수 있는데, 이러한 변화에 힘입어 중국영화산업은 신속한 발전을 보여주기 시작했다. 중국 영화시장의 매출 규모는 지난 2010년 100억 위안(한화 약 1조8천억 원)을 넘었으며 전년대비 64.8%의 성장률을 기록하기도 하였다.

중국영화가 성장하는 데에는 정부의 역할이 컸다고 할 수 있다. 현재 중국정부는 영화제작의 활성화를 위하여 지적재산권 보호를 강화하고 영화 인력 양성과 제작기술 향상을 위해 많은 지원을 아끼지 않고 있다. 특히 투자 정책을 개선함에 따라 중국영화에 대한 투자가 급속도로 증가하였는데 그 결과로 2001년 영화 제작 편수가 82편에서 2011년에는 558편으로 증가하게 되었다.[23]

이렇게 중국 영화산업이 폭발적인 상승세를 이루게 되자 이제는 할리우드가 중국 눈치를 보게 되는 상황이 되었다. 2011년 조선일보의 기사에 따르면 중국인을 악당으로 설정했던 미국 영화는 편집 과정에서 악당의 국적을 북한으로 바꿨으며, 캐스팅에 있어서도 중국 배우들이 1순위를 차지하게 되었다고 한다. 한마디로 중국 영화시장의 잠재력에 대해 세계가 주목할 만큼 중국의 영화산업은 엄청난 성장을 이어가고 있는 것이다.

베이징, 그곳이 알고 싶다

중국에서의 셋째 날을 맞이한 아침, 재밌기도 하지만 모두가 조금씩 피로감을 느낄 즈음이었다. 이 날도 역시 부랴부랴 호텔 조식을 먹고- 늦잠 때문에 중국에서 단 한 번도 아침을 여유롭게 먹은 적이 없었다.- 처음으로 방문한 곳이 내가 많은 기대를 했던 회유영상기지였다. 아침

23)한국콘텐츠진흥원, 『중국 영화산업 현황 분석』 제13-86호, 2013, 2쪽.

이라 정신이 없었던 나는 버스에서 잠시 눈을 붙였다. 그렇게 30여분을 달려 목적지에 도착했다. 버스에서 내려서 보니 거대한 단지에 여러 개의 건물들이 들어서 있었다.

베이징 회유구 영상기지

이 사진은 바로 베이징 회유구懷柔区에 위치한 영상기지 중 본관의 모습이다. 사진만으로도 그 규모를 짐작할 수 있을 정도로 매우 크다. 우리는 내부로 들어가서 이곳의 홍보영상을 볼 수 있었고 그

베이징 영상기지 조감도

영상을 통해 영상기지의 전체적인 모습과 그곳에서 이루어지는 작업들, 발전 전략들을 알 수 있었다.

베이징 회유 영상기지는 총 면적이 25만평으로 세계 최대 규모의 영상기지이다. 이곳의 관리자를 통해 25만평이라는 설명을 들었을 때 나는 입이 떡 벌어지고 말았다. 역시 중국의 스케일은 남다르다는 생각이 들었다. 이곳은 촬영, 제작, 전문기술 서비스, 전시 및 전파, 영상 판권

거래 등 기능별로 5개의 구역으로 조성되어 있으며, 영화의 촬영, 제작, 편집의 모든 과정이 이루어지도록 설계되어 있다. 특히 이곳은 촬영까지 이루어지기 때문에 영화 촬영장도 함께 건설되어 있는데 면적이 무려 5천 평방미터인 특대형 촬영장은 12층 건물에 해당하는 높이라고 한다. 비교해서 말하자면 촬영장 실내는 747여객기 한 대 또는 3개의 객차가 들어설 수 있을 정도로 넓은 면적인 것이다.

영상기지 내 야외촬영장

또한 영상 기지에는 야외 촬영장도 있는데 왼쪽 사진에서처럼 많은 중국의 옛 건물들이 지어져 있는 것을 볼 수 있다. 나는 이곳을 보고 우리나라의 남양주종합촬영소를 떠올렸다. 사진에서 보이는 거리가 우리나라 사극에서 흔히 볼 수 있는 조선시대 시장 거리와 비슷하다고 생각했다. '우리가 남양주종합촬영소에서 사극 드라마를 많이 촬영하듯이 중국도 이곳에서 비슷한 풍경을 담아내지 않을까'라는 생각이 들었다.

우리는 실내로 들어가서 관리자의 더 자세한 설명을 들을 수 있었다. 많은 설명을 듣던 중 놀라웠던 것이 이곳에서는 애니메이션을 제작하기도 하는데 애니메이션 제작실 기지의 호텔이 따로 있다는 것이었다. 사실 우리가 톈진의 빈해신구동만산업기지를 방문했을 때에도 비슷한 설명을 들은 적이 있었다. 그곳에서도 창업을 꿈꾸지만 자금이 없는 대학생들에게 무료로 작업실을 대여해주며 기숙사까지 제공한다고 들었다. 여기서 나는 중국과 우리나라의 확연한 차이를 느낄 수 있었다. 이곳에서는 호텔과 함께 고급 사무실을 두었고 임원들의 휴식 공간

인천, 대륙의 문화를 탐하다 - 제1부 차이나스페이트럼, 우리 눈에 비친 색깔들

도 제공하고 있었다. 또한 정부에서 지원해준 1억 위안(한화 약 180억 원)의 투자금을 통해 공공 서비스 플랫폼을 건설하였다. 이처럼 중국에서는 영상을 제작하기 위해 필요한 환경조건을 제대로 갖추었으며 정부의 자금지원이 적극적으로 이루어지고 있었다.

한편 우리는 영화에서 쓰이는 소품들도 관람할 수 있었다. 관리자가 우리를 인솔한 곳에는 실제로 영화 촬영 때 썼던 소품들이 모여 있었다. 의상부터 각종 가구와 생활 용품까지 많은 종류의 소품들이 보관되어 있었다. 그런데 놀라운 것은 이 모든 것들이 실제로 옛날부터 쓰던 물건들이라는 것이다. 다시 말해 명나라나 청나라 시대에 실제 쓰이던 물건들을 그대로 가져다 놓은 것이라고 한다. 사실 아무나 볼 수 없는 곳이었는데 영상기지 관리자께서 감사하게도 우리에게 그 진귀한 물품들을 실제로 볼 수 있는 기회를 제공해주었다.

왼쪽부터 실제로 영화 촬영 때 썼던 의복과 실제 청나라 때 침대

이 외에 우리는 영상 작업실도 둘러보았고-이곳은 보안상의 문제로 촬영이 허락되지 않았다- 영화 촬영 장소도 구경하고 영상기지에서 제작한 3D 영상도 관람하였다. 영상기지에서는 2D 영화를 3D로 제작하는 작업을 한다고 한다. 실제 작업실 규모는 굉장히 크고 전체적인 느

낌도 아주 깔끔했다. 이렇게 우리는 약 2시간에 걸쳐서 회유 영상기지 탐방을 마치게 되었다. 시간 관계상 그 넓은 곳을 다 둘러보지는 못했지만 영상산업의 발전을 위한 중국의 노력은 충분히 느낄 수 있었던 시간이었다. 이곳에는 촬영부터 편집까지 영상 제작을 위한 시스템이 잘 갖춰져 있었다. 특히, 베이징에 이러한 영상기지 클러스터를 조성하고 여러 방면에서 이 부분에 많은 자금을 지원하는 정부의 시스템이 중국의 영상산업 발전에 있어 큰 도움이 된다는 것을 알 수 있었다.

중국 영화계를 이끄는 차이나필름

차이나필름의 정식 명칭은 중국영화그룹공사(China Film Group Corporation, 이하 차이나필름그룹)로 중국에서 가장 크고 영향력 있는 국영 영화기업이다. 차이나필름그룹은 중국영화공사, 베이징 필름 스튜디오 및 기타 영화 기관을 합병하여 1999년에 설립되었다. 현재 중국은 영화 제작에 있어서 민간 기업이 참여할 수 있으나 여기에는 몇 가지 제한이 따르기 때문에 여전히 국영 기업이 영향력을 가지고 있다. 차이나필름그룹은 중국에서 가장 큰 국영영화 기업인만큼 전국에 400여 개의 가맹점을 보유하고 있으며 점유율은 전국 시장의 50%에 달한다. 매년 30개 이상의 장편 영화와 400여 개의 드라마 등을 제작하고 있다. 차이나필름그룹에서는 영화 및 TV 프로그램을 제작하고 생산하며 영화를 수입하고 수출하는 작업을 하고 있다. 이 외에도 광고와 미디어를 운영하고 부동산을 관리·개발하는 등 국제 시장에서 눈에 띄는 기업으로 발전하는 데에 주력하고 있다.

중국에서 가장 영향력 있는 국영영화 기업인만큼 차이나필름그룹은 그동안 많은 성과를 이루어냈다. 대표적인 작품들로는 영화 〈야연〉과 〈연인〉, 〈무극〉 등이 있으며 모두 극장 매표수익이 1억 위안이 넘는 작품들에 속한다. 이 외에도 〈쿵푸〉, 〈십면매복〉, 〈곽원갑〉등이 있으며 최근 우리나라와 합작한 영화 〈이별계약〉도 많은 호평을 받으며 인기를 끌어 모은 적이 있다. 중국의 또 다른 대표적인 국영영화 기업인 화시아영화그룹華夏電影集團公司과의 점유율 비교에 있어서도 10%이상의 차이를 보일만큼 차이나필름그룹의 영향력이 매우 크다는 것을 알 수 있다.

　우리들은 주위에서 성공한 사람들을 많이 볼 수가 있다. 그들은 자신들이 성공하기 위해 실패를 거듭하며 많은 노력을 기울였을 것이다. 지금 이 순간에도 많은 사람들-특히 이 시대의 모든 취준생들이 자신의 미래를 위해 시간과 노력을 투자하고 있을 것이다. 마찬가지로 차이나필름그룹도 그들이 성공하기까지 자신들의 기업 전략을 세워가며 점차 성장해갔다. 그렇다면 과연 그들은 어떤 전략으로 중국에서 가장 영향력 있는 영화기업이 되었을까?

　먼저 차이나필름그룹은 기업의 내부적인 제도를 개혁하였다. 그들은

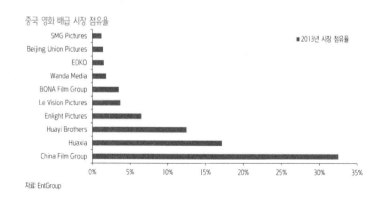

중국 영화 배급 시장 점유율

■2013년 시장 점유율

자료: EntGroup

계획경제 조건하에서 창작과 생산, 발행 등의 작업을 따로 분리해서 기업을 운영해왔다. 그러나 1999년 8개의 기관을 합병하여 상호간의 단점을 보완하면서 서로 다른 영역에서도 전문적인 능력을 갖추게 되었다. 또한 그들은 현대 기업 제도의 요구에 따라 업무를 개혁하고, 소유권 제도를 개혁하였으며 점진적으로 시장수요에 적합한 운영체제를 건립하여 시장을 제어할 수 있는 능력을 보여주게 되었다.

이 외에도 그들은 자신들만의 중영中影 브랜드를 제작하고 핵심 경쟁력을 강화시켰다. 특히 그들은 중국의 영화산업이 고속성장에 직면한 상황 속에서 자본의 중요성을 강조했다. 이에 차이나필름그룹의 대표 한삼평韓三平 회장은 중국 영화산업의 발전을 위해서는 대량의 자본을 들여오는 것이 필요하며, 빠르게 시장규모를 확대해야 한다고 말하면서 "현재 중점적으로 작업해야 하는 것 중 하나는 자본시장에 돈을 요구하는 것"이라고 말하였다. 또한 그는 "상장은 장차 중국 영화산업 발전에 있어서 자본 요구를 해결할 것이며, 중국 영화산업이 시장경제체제 속에서 더 적응할 수 있게 할 것"이라고 주장하였다. 그리하여 2007년 차이나필름그룹은 5억 위안(한화 약 870억 원)의 기업 채권을 발행하였고 2008년 1월 관련 감독 관리부서는 공식적으로 차이나필름그룹이 국내 상장을 신청하는 것을 허가하였다. 이렇게 차이나필름그룹의 경쟁력이라고 할 수 있는 막대한 자본을 통해 그들은 영화의 특수효과 및 3D 기술에 더 많은 투자를 할 수 있게 되었다.

이러한 노력을 통해 차이나필름그룹은 성공 기반을 다졌고, 2012년에는 중국의 제 30대 문화기업에 들기도 하였다. 지금도 여러 기업을 설립하여 대규모의 그룹을 형성하고 있는 차이나필름그룹은 중국의 영화 산업 발전에 있어서 중요한 기업이며, 그들과의 합작 영화를 제작하고 있는 우리나라에게도 많은 시사점을 주고 있다.

한국과 중국, 뭉쳐야 산다!

자신의 문제점을 파악하라

지금까지 탐방 경험을 토대로 중국의 영화 산업에 대해서 알아봤다면 이제는 우리 자신을 알 차례이다. 이 장에서는 한국의 영화 산업 현황은 어떠한지, 또 중국으로의 진출은 어떠한지에 대해 살펴보고자 한다. 그리고 더 나은 사람으로 성장하기 위해서 자신의 문제점이 무엇인지 정확하게 파악하는 것이 중요한 것처럼 한국 영화산업의 발전을 위해 먼저 우리 자신의 문제점을 파악해보려고 한다.

한국 영화는 1998년 영화 '쉬리'가 600만 관객을 기록한 이후로 매년 흥행에 성공하는 영화들이 제작되었다. 특히, 한국 영화산업의 중흥기는 바로 2004년부터 2006년이었는데, 특히 2006년의 관객점유율은 63.8%로 최근 10년간 최고치를 이룬 해였다. 그러나 2007년과 2008년은 한국영화 점유율 하락으로 영화시장 전체가 하락세를 보이기도 하였다. 그러나 2009년 문화산업이 증가세를 이루기 시작하면서부터 다시 상승세를 보이기 시작했다. 그 후, 2012년에는 최초로 한국영화 관객 수가 1억 명을 넘어섰고 관객점유율이 점차 중흥기 때의 성적을 보이며 많은 관객들을 끌어 모으게 되었다.[24]

이렇게 한국의 영화들이 국내에서 많은 호응을 얻으면서 중국으로 진출하는 사례도 점차 늘어나게 되었다. 2001년 중국은 WTO에 가입하면서부터 여러 방면에서 개방적인 정책을 펴기 시작했다. 이때부터 한국 영화도 중국으로 발을 들여놓게 되었고, 한류의 영향으로 중국 진출

---

24) 김현지, 「한국 영화산업의 대중국 진출방안에 관한 연구」, 『文化産業硏究』제7권 제1호, 2007년, 78쪽.

이 본격화되기 시작하였다. 대표적으로는 영화 〈괴물〉이 있다. 괴물은 중국 박스오피스 1위에 오른 최초의 한국 영화이며 2007년 기준, 중국에서 상영된 한국영화 중 최고의 성적을 거둔 영화이다. 어느 한 영화가 다른 나라에서도 인기를 얻으려면 그 나라 사람들의 정서와 맞아떨어지는 것이 중요하다. 그래야 그 나라 사람들로부터 공감을 이끌어낼 수 있고, 그것이 바로 흥행으로 연결될 수 있다. 괴물은 다른 무엇보다 이 부분이 가장 중요하게 들어맞았다고 할 수 있다. 영화에서 송강호가 괴물에게 잡혀간 자식을 데려오기 위해 갖은 노력을 하는 것을 볼 수 있다. 이러한 가족애라는 요소가 같은 동아시아권에 있으면서 유교적이 가치관을 가지고 있는 중국인들에게 많은 공감을 주었던 것이다.[25]

그러나 이와 반대로 중국에서 공감을 얻지 못해 실패한 영화 〈도둑들〉이 있다. 〈도둑들〉이라는 영화는 화려한 배우 캐스팅으로 시선을 끌며 한국에서 1,300만이라는 관객으로 흥행했던 영화이다. 이후 중국으로 진출하면서 큰 인기를 얻을 것이라고 생각했지만 결과는 기대만큼 미치지 못했다. 중국 최대 민영 영화사 '보나필름그룹'의 최고운영자인 제프리 찬은 그 이유에 대해 한국 정서만 고려했기 때문이라고 말하였다. 도둑들이 영웅으로 등장하는 스토리는 한국인에게만 들어맞는 정서라는 것이다.[26]

이처럼 한국에서 흥행에 성공한 영화들이 모두 중국에서도 성공하리라는 보장은 없다. 최근에는 한국에서 흥행을 하고 또 중국에서도 흥행을 거둔 영화가 많이 나타나지 않는다. 10 여 년 전까지만 해도 한류의 영향으로 중국에서 좋은 성적을 거둔 영화들이 속속 등장하곤 했었는데 이제는 그 여파도 사그라지면서 한국 영화산업에 대한 문제점을 눈

25) 윗글 81-82쪽.
26) 자료 http://news.donga.com/3/07/20130930/57929588/1

여겨볼 필요가 있게 되었다. 과연 우리의 문제점은 무엇일까?

　나는 가장 먼저 영화계에 종사하는 사람들의 빈곤한 생활환경을 말하고 싶다. 2005년 한 TV 프로그램에서 영화 촬영 스태프의 촬영 현장을 담아 그들의 현실을 보여준 적이 있었다. 내가 이 영상을 본 것은 아마 중학생 때였을 것이다. 이 영상을 보고 나는 꽤 충격을 받았던 기억이 난다. 영화계를 떠올리면 그곳에 종사하는 사람들은 모두 화려한 삶을 살고 있는 줄 알았다. 그러나 실제 그들의 환경은 너무나 열악하고 안타까웠다. 한 편의 영화를 제작하는데 수 백 명의 촬영 스태프가 동원된다. 그러나 그들은 영화라는 화려한 겉모습 뒤에 숨겨져 정당한 대우를 받지 못하고 있다. 그들은 영화를 제작하는 데에 있어 가장 기본적인 인재들이고 그들의 삶이 개선되어야 질적으로는 더 훌륭한 영화를 제작하고 양적으로는 더 많은 영화를 제작하고 개봉하는 데에 기여를 할 수 있을 것이다.

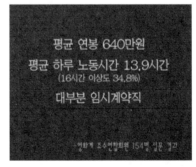

평균 연봉 640만원
평균 하루 노동시간 13.9시간
(16시간 이상도 34.8%)
대부분 임시계약직

· 영화계 조수연합회원 154명 설문 결과

2005년 한 프로그램에 담긴 영화 스태프의 모습
(그들의 어려운 상황을 잘 보여준다.)

　다음으로는 수익구조에 대한 문제가 있다. 우리나라는 영화 수익의 대부분을 극장 수입에 의존하고 있다. 즉, 하나의 영화를 제작하여 얻는 수입원의 대부분이 극장이라는 것이다. 이러한 수익 구조는 중요한 경제 원칙인 최소 비용·최대 효과의 원칙을 실현하지 못하게 된다. 미국의 수익 구조는 극장이 20~25%, DVD 및 비디오가 30~35%, TV가 30% 정도의 비율을 차지하고 있다.[27] 따라서 우리나라 영화산업도 수익 구조의 변화를 통해서 부가가치를 창출해내야 한다.

또 다른 문제점으로는 한정된 영화소재의 문제점이 있다. 우리나라는 현재 할리우드 영화에 맞서 다양한 장르의 영화 제작을 시도하고 있다. 하지만 그 속에서 돋보이는 창의적인 소재는 찾아보기 힘들다. 영화제작사 명필름의 대표이사 심재명 대표는 이렇게 얘기한다. "10여 년 전만 해도 영화를 만드는 데 있어서 신선한 창의력이 가장 중요한 기준이었다면 지금은 관객 취향을 조사하고 모니터 점수를 파악하는 데 무게를 두고 있어요."라며 돈을 많이 들인 영화가 미덕이 되는 왜곡 때문에 영화적 패기와 개성으로 뚝심을 발휘하는 영화가 설 자리를 잃는다면서 현재의 영화산업 환경에 대해 안타까움을 나타냈다.[28]

이렇듯 오로지 수익을 창출하기 위해서 흥행할 만한 소재만으로 영화를 제작하는 것은 우리나라 영화 산업에 악영향을 미치게 될 뿐만 아니라 관객들의 지속적인 관심을 끌지 못하게 된다. 과연 어떤 영화가 대중과 호흡하며 관객들의 오랜 사랑을 받을 수 있는가에 대해 생각해 봐야 할 것이다.

손에 손잡고

살아가면서 누구나 인생에서 위기가 찾아오는 순간이 있다. 부딪치고 넘어지기도 하고 때로는 좌절하기도 한다. 그러나 그 순간에 그대로

27) 최은영, 〈한국 영화산업의 발전방향 분석〉, 2008년, 137쪽.
28) http://www.nocutnews.co.kr/news/4367502

머물러 있는 것이 아니라 무엇이 문제인지 파악하고 새롭게 계획을 세우다보면 다시 일어서서 걸어갈 길이 보인다. 마찬가지로 해외진출과 관련하여 우리나라 영화산업이 잠시 주춤거리고 있지만 문제점을 파악하고 다시 계획을 세우면 앞으로 한국 영화산업이 나아갈 길이 보일 것이다. 특히 나는 우리나라에서도 인천의 영화산업을 중심으로 이야기해보려고 한다. 사실 인천은 우리나라에서 처음으로 경제자유구역으로 지정되어 경제중심지로 성장하고 있으며, 특히 중국과 활발한 교류를 하고 있는 인천은 문화산업 발전에 있어서도 충분히 가치 있는 도시라고 생각한다.

그렇다면 문화산업 중에서도 영화산업과 관련해서 인천은 어떠한 노력을 하고 있을까. 사실 영화산업이면 영화산업이지 왜 하필 인천의 영화산업이냐고 생각하는 사람들이 있을지도 모르겠다. 앞서 말한 것처럼 최근 급부상하고 있는 인천은 우리나라에서도 많은 관심을 가지고 있는 도시이며, 우리가 탐방을 다녀왔던 중국과도 깊은 관계를 맺고 있기 때문에 중국의 영화산업과 비교하여 생각해볼 수 있는 점이 많기 때문이다.

실제로 최근 들어 인천을 소재로 다루어지는 영화들이 속속 등장하고 있으며, 여러 영화사들이 영화를 제작하기 위해서 인천을 방문하는 횟수가 많아지고 있다. 인천에는 우리나라뿐만 아니라 외국인들도 인정하는 인천 국제공항이 있고, 여러 개의 항만이 있으며, 인천의 명소 차이나타운이 있다. 특히 인천 중구는 100여 년 전 개항 당시 건축물들이 잘 보존되어 있고, 옛 모습들이 고스란히 남아 있는 동시에 송도와 인천대교, 인천공항 등 현대적인 모습도 갖추고 있어서 영화를 촬영하기에는 아주 적합한 장소이다. 이러한 인천만의 지역적인 특성이 인천 영화 산업에 있어서 큰 역할로 자리매김 하고 있다. 지난해 인천에서 제작된 영상물만 해도 장편영화 36편, 단편영화 27편, 드라마 4편, CF 3편 등 모두 75편에 달하며 이미 인천은 영화촬영의 메카로 불리고 있다. 우리가 문화탐방을 준비하면서 인천 차이나타운을 방문했을 때에도 드라마 촬영이 진행되고 있었고 우연히 배우들을 보게 된 우리는 그 순간 교수님의 설명보다는 촬영 구경에 더 바빴던 기억이 난다. 이처럼 현재 인천은 국내 영화 촬영 중심지로도 급부상하고 있는 중이다.

그러나 이러한 발전 추세에 대한 인천시의 대응이 나는 조금 아쉽게 느껴진다. 물론 인천시에서도 영화 산업의 발전을 위해 많은 노력을 하고 있다. 특히 인천영상위원회는 영화 시사회를 인천에서 개최하고, 영화제작을 지원하면서 충무로 영화산업의 주체들을 인천으로 유인하는 등의 여러 가지 일을 하고 있다. 이런 노력들이 인천 영화산업이 성장해가는 데에 많은 도움을 주고 있지만, 근본적인 성장 요건이 갖춰지지 않은 것이 큰 마이너스 요인이라고 생각한다.

우리가 탐방했던 베이징과 비교해서 설명해 보자면 그곳에는 이미 영화산업 발전에 있어서 가장 기본적인 시스템이 잘 갖춰져 있었다. 광대한 구역에 클러스터를 조성해서 그곳에서 영화제작의 전반적인 업무들이 모두 이루어질 수 있게 하였다. 이것이 바로 중국 베이징과 우리나라 인천 영화산업의 가장 큰 차이점이 아닐까 싶다. 어떤 일에 있어서 좋은 성과를 얻으려면 그 일을 하기 위한 좋은 환경이 마련되어야 한다. 앞서 말했던 것처럼 영화제작에 있어서 가장 근본적인 인력들에게 좋은 환경을 마련해줘야 영화 산업의 발전을 기대할 수 있을 것이다. 중국은 이미 그 부분에서 우리나라를 앞서 가고 있는 것이다.

왼쪽부터 영화 〈이별계약〉과 〈미스터고〉

　이렇게 중국을 통해 인천을 비롯한 한국 영화산업의 문제점을 알 수
있듯이 중국과의 교류는 인천 영화산업이 발전하기 위해서도 좋은 참
고자료가 될 수 있다. 대표적인 중국과의 교류 방법에는 합작영화가 있
다. 최근 한국과 중국의 합작영화가 늘어나고 있다. 며칠 전 우리나라
의 영화사인 쇼박스와 중국의 영화사 화이브라더스가 파트너십을 체결
하며 총 6편의 합작영화를 제작한다는 사실만 보아도 그 추세를 알 수
있다. 대표적인 한중 합작영화로는 〈비천무〉를 시작으로 〈중천〉, 〈이
별계약〉, 〈미스터고〉 등이 있다. 특히 〈이별계약〉이라는 영화는 중국
에서 많은 성과를 얻었고 미스터고 역시 좋은 성적을 거두었다. 이렇게
합작영화를 제작하는 것은 한국은 중국의 큰 영화시장으로의 진출 계
기를 마련할 수 있고, 중국은 한국의 영화제작 기술을 통해 완성도 높
은 영화를 제작할 수 있는 장점이 있다.[29] 이것은 중국과 한국의 영화
산업에 상승작용을 가져다 줄 것이다. 그 중에서도 중국과 활발한 교류

---

29) 오창호, 〈한중 영상 교류연구에 대하여-한중 합장영화 발전방향에 관한 연구〉,
　　2015년, pp.21-22

활동을 하고 있는 인천은 매우 유리한 조건을 갖추고 있으므로 이 부분에 대해 주목할 필요가 있다.

나는 영화산업 발전을 위해 인천과 중국이 교류하는 데에 있어서 중요한 것은 '상생'이라고 말하고 싶다. 얼마 전, 한 강의시간에 발표 시간을 가졌던 적이 있다. 그 때 발표자가 한류의 문제점 중에서 일방적인 문화 전달이라는 점을 언급했던 것이 기억난다. 우리는 지나치게 상업적 이익만을 생각하며 외국인들에게 우리의 문화는 모두 좋고, 따라서 그들에게 무조건적으로 우리의 문화를 받아들이게 하는 경향이 있다는 것이다. 이러한 현상들은 중국과의 영상문화콘텐츠를 교류할 때에도 나타나며, 중국 정부도 이를 매우 불편한 시각으로 바라보고 있다고 한다.[30] 따라서 우리는 인천의 영화산업이 발전하는 데에 있어서 이웃나라 중국과의 교류가 매우 중요한 점이라는 것에 주목하여 그들과 함께 발전해 나갈 수 있어야 한다.

합작영화도 결국 그들과 함께 영화를 제작하면서 서로의 영화산업이 더욱 발전할 수 있는 것이고, 부족했던 점은 서로의 모습을 통해 채워 나갈 수 있게 되는 것이다. 베이징 영상기지를 통해 우리 인천의 역할을 깨닫게 되는 것처럼 말이다. '손에 손잡고'라는 노래를 기억하는가. 이 노래의 '함께 살아가야 할 길'이라는 가사처럼 혼자보단 함께 가는 길이 더 즐거운 길이고, 인천의 영화산업도 중국과의 교류를 통해 더 발전된 길을 걸어 나갈 수 있을 것이다.

30) 이병민, 〈한중 영상문화콘텐츠 교류 활성화 방안 연구〉, 2015년, p.44

집필을 마무리하며

　그동안 읽었던 책들 중에서 많은 저자들이 했던 말이 생각이 난다. 자신이 책을 출판하게 될 줄은 몰랐다고. 그들은 선생님, 배우, 학생 등 평범한 사람들이었다. 나 또한 아주 평범한 대학생으로서 내가 출판에 참여하게 될 줄은 꿈에도 몰랐다. 살아오면서 생각조차 하지 않았던 일이었다. 그런 내가 집필을 하고 마무리 단계에 있다. 출판과 관련해서 얘기가 처음 나왔던 것은 중국에 있을 때였다. 하루 일정을 마치고 저녁을 먹으러 버스를 타고 이동하던 중에 교수님과 이야기를 나누면서 흘러나왔던 것이다. 그 때 나는 '우리가 책을? 할 수 있을까?'라는 생각이 들었고 진지하게 생각해보지 않았다.

　그렇게 출판 탐방을 마치고 2주 후 우리는 학교에서 다시 만나게 되었고 이 때 출판과 관련한 이야기도 다시 나오게 되었다. 나는 해보면 좋겠다는 생각이 들었지만 쉽게 용기가 나지 않았다. 하지만 그래도 나는 출판에 찬성표를 던졌다. 그 날 함께 저녁을 먹으러 간 자리에서 잘할 수 있겠냐는 교수님의 질문에 사실 어떻게 될지 모르겠는데 그냥 한 번 질러본 것이라고 말했던 나의 말이 생각이 난다. 정말로 출판을 생각하면 너무 막막하고 어떻게 해야 될지 감이 잡히지 않았기 때문이다. 그러나 교수님께서는 그냥 한 번 질러보는 것이 좋은 거라고 하셨고 교수님의 그 말씀이 딱 들어맞았다. 출판을 확정하고 나서도 쉽게 글을 쓰지 못하고 걱정을 많이 했지만 모든 집필을 마치고 마무리를 짓고 있는 이 순간, 책을 쓰기로 한 것이 참 잘한 일이었다는 생각이 든다.

　문화 탐방만으로도 중국에 관심을 가지게 되고 많은 것을 보고 들을 수 있었던 좋은 경험이었다. 그러나 거기서 끝내지 않고 이렇게 글을 쓰면서 한 번 더 그 때의 기억을 되살릴 수 있었고 우리나라와 관련해서도 생각해 볼 수 있는 기회가 되었다. 우리나라의 영화 산업이 외국 진출과 관련하여 침체되어 있다고는 하지만 성장할 수 있는 희망은 얼마든지 있다. 앞에서 중국과의 교류를 예로 들어 말했지만 중국이 가지지 못한 것이 우리에게는 있는 경우가 있다. 실제로 기술적인 면에서는 우리가 더 뛰어난 영화 기술을 가지고 있기 때문이다. 이처럼 나는 글을 쓰면서 우리 스스로의 발전 가능성도 확인할 수 있었다. 문화 탐방은 내가 많은 것을 깨닫게 해주었고 동시에 출판은 내가 한 걸음 더 성장할 수 있게 해주었다. 특히 글을 쓰면서 나의 지식과 어휘력에 좌절하기도 하고 이 글을 어떻게 완성시켜야 하나 전전긍긍할 때도 있었지만 지금은 그 과정이 나를 성장할 수 있게 해준 원동력이 되었다는 것을 누구보다도 잘 안다. 재밌고 힘들었던 기억들 모두 나중에는 좋은 추억이 되리라는 것을 다시 한 번 느끼며 이 글을 마무리해본다.

지속 가능한 '진보'를 위하여

김지훈

우리는 어린 시절부터 미래 세상에 대한 막연한 꿈을 꿔왔다. 어린 시절 미술시간을 생각해보자. '미래도시 그리기'라는 주제에 맞추어 평소에 꿈꾸던 미래 도시의 모습을 그려본 적이 있을 것이다. 하늘을 나는 자동차라든지 해저도시와 우주도시를 왕래하는 모습은 그 당시 미술 시간 단골 메뉴로 자주 등장하였다. 터무니없는 일이라고 생각할 수도 있겠지만 과학기술 시대라고 일컫는 지금에도 이는 과연 막연한 꿈일 뿐일까?

어느새 인간은 우주를 탐사하고 바다 깊은 곳까지 길을 내려하고 있다. 비록 자동차는 아직 날지는 못하지만 전기, 수소 등 신재생에너지를 장착하며 끊임없이 발전 중에 있다. 인류가 최초로 우주를 탐사한지는 어느새 40여 년이 지났고 이미 해저터널은 전 세계적으로 진행 중인 프로젝트이기도 하다. 이는 우리가 어린 시절 그려왔던 그림 속 도시들이 더 이상 꿈만 같은 이야기가 아니라는 가능성을 보여주고 있다. 우리가 어린 시절 막연하게 꿈꾸던 모습들이 무궁무진한 기술의 발전과 진보에 의해서 구체화되고, 우리의 일상생활이 되어가고 있는 것이다.

우리의 삶의 질은 갈수록 높아져만 가고 도시권역은 점점 확대되고 있다. 도시인구의 숫자 또한 점점 커져만 가는 상황 속에서 수많은 문제점까지 드러나고 있다. 지나친 도시인구 증가, 기술 발전과 진보에 의해 야기된 환경오염 등의 사회문제들은 더 이상 방관할 수만은 없을 지경에 이르렀다. 게다가 점점 높아져만 가는 인류의 요구나 기대는 더욱 다양해지고 복잡해지고 있다. 따라서 이러한 상황을 타개할 현실적인 미래도시의 구체적인 구상이 필요하게 되었다. 이러한 배경 아래 21세기에 들어와서 우리의 요구에 부합하는 도시들이 하나 둘 등장하고 있다. 기술이 고도로 발전한 스마트 시티와 유비쿼터스 시티, 친환경적인 요소를 결합시킨 에코시티가 바로 그것이다.

중국 정부 역시 이렇게 변화하는 시대적 상황에 발맞춰 준비를 하고 있다. 이것이 바로 중국 톈진에서 진행 중인 친환경적이면서 고도의 기술을 요하는, 이 모두를 두루 포함하는 에코 스마트 시티 프로젝트이다. 바로 점점 더 높아져가는 요구와 기대에 부응하는 현재 드러난 사회문제에 대한 해답을 제시해 줄 새로운 미래도시의 등장인 것이다.

호흡하는 미래도시, 에코시티

중국은 경제 개발의 후발 주자로서 유례없는 고속성장을 이어가고 있다. 중국 경제는 개혁 개방과 남순강화, 그리고 WTO 가입 등을 계기로 10년 마다 성장 동력을 이어왔다. 이를 통해서 30년이 넘게 무려 10%에 달하는 높은 성장을 지속해 온 것이다. 특히 서브프라임 위기 때에는 4조 위안(한화 약 650조 원)에 달하는 대규모 경기 부양 조치를 실시하면서 독일을 제치고 세계 최대 수출국으로 자리매김 했으며, 그 다음해에는 일본을 제치고 세계 2위 경제 대국으로 부상했다. 그리고 현재는 구매력평가지수(PPP) 기준으로 조만간 미국을 추월할 것으로까지 보고 있다. 이제 더 이상 중국이 '세계의 공장'으로만 인식될 수준이 아니라는 것이다.[31]

그러나 이러한 경제적 고속성장이 있었던 만큼 그에 따른 부작용과 후유증에 몸살을 앓고 있는 것 또한 사실이다. 내수시장은 제조업의 생산과잉과 부동산 버블이라는 문제점을 초래했고 노동력 감소나 환경오염, 설비 과잉, 자원 소모 과다 등은 이미 공급 둔화 요인이 되어 문제점을 나타내고 있다. 특히 대도시 인구집중과 환경오염 문제는 국가적인 사회문제의 핵심으로 떠올랐다. 현재 중국은 급격한 도시화 과정 속에 있으며 도시화율은 이미 50%를 넘어서 2050년까지 77%에 다다를 것으로 예상되고 있다.[32] 이처럼 도시문제나 환경오염 등 사회문제가 심화되자 중국 정부도 이를 방관할 수만은 없게 되었고 이러한 문제점들을 해결할 실마리가 현재 톈진에서 진행되고 있는 생태적으로 지속 가능한 도시, 에코시티 구축 프로젝트이다.

중국 스마트시티 정책의 대표 사례라 일컫는 톈진 에코시티는 중국과 싱가포르가 공동으로 투자하여 첨단·고품질·고기술 등 전문 서비스산업 육성을 목표로 함과 동시에 환경 친화적인 사회 인프라를 구현하고자 계획된 도시이다. 톈진 에코시티는 2007년 11월 중국과 싱가포르 총리가 합의하여 톈진 빈해신구에 부지 30km^2, 도시인구 35만 명, 건립기간 10~15년을 목표로 추진되었다.[33] 이는 저탄소 친환경

에코시티 전경
(출처) 에코시티 싱가포르 공식 사이트

31) 「상공소식」, 홍콩 한인상공회의소 소식지 2015년 2월호. 연합뉴스 재인용
32) 국토연구원 『그랜드비전 2050』 용역보고서 참조

의 주거·직장·여가 공간을 두루 갖춘 모델 도시로서 이를 통해 사회도시문제를 해결하고 거주민들의 삶의 질을 향상시켜줄 거대한 계획도시가 탄생하게 된 것이다. 특히 이는 톈진 도심과는 45km 정도 떨어져 있으며 과거 미개발지를 개발하는데 의미가 있는 신도시 개발 사업이다. 추진 과정에서 국내 기업인 삼성물산이 에코시티에 아파트 640여 가구를 건설하는 등 에코시티 프로젝트에 참여하기도 했다. 이는 국내 기업으로서는 유일했으며 이 프로젝트가 성공할 경우 이후 해외 진출의 중요한 발판이 되기 때문에 기대감을 모으기에도 충분했다.

톈진 에코시티는 애니메이션, IT, 생태, 테마파크, 과학기술의 5가지를 각 범주의 대표로 하여 Eco-Industrial Park, Eco-Information Park, Eco-Business Park, 3D 영화공원, 국가애니메이션센터를 에코시티 내에 구성하였다. 중국 정부는 이렇게 구성된 산업클러스터가 관련 전문 서비스 산업 육성에 크게 기여할 것으로 기대하고 있다. 즉, 첨단·고품질·고기술 등 전문 서비스 산업육성을 목표로 함과 동시에 환경 친화적인 사회 인프라를 구현하는 등 중국 스마트시티 역량을 총 집중하여 에코시티로 하여금 친환경적인 요소와 사회 인프라 구성 모두를 잡겠다는 중국정부의 포부를 보여주는 대목이다.

사막위에 오아시스, 에코시티

톈진 에코시티는 환경과 개발이라는 대조적인 두 가지 측면을 모두 만족시키기 위한 도시이다. 즉, 핵심은 '저탄소 친환경의 주거·직장·여가 공간을 갖춘 도시'이다. 환경적인 면과 기술적인 면 두 마리 토끼

33) 중국 톈진 Eco-city 프로젝트 개요 참조

를 모두 잡아야 했다. 그러나 일반적으로 환경과 기술개발이 공존한다고 생각하기는 어려운 것이 사실이다. 그렇기에 좋은 선례를 찾아 벤치마킹을 하는 것이 성공의 지름길이 될 수 있을 것이다.

본래의 에코시티는 사람과 자연, 혹은 환경이 조화되어 살 수 있는 체계를 갖춘 도시를 말한다. 이러한 에코시티를 구축하기 위해서는 무엇보다도 그 지역의 생태환경을 최우선적으로 고려하는 태도가 가장 기본이다. 즉, 인간의 편리함 보다는 환경을 먼저 생각하는 자세가 선행되어야 한다.

그 선례가 바로 독일의 에칸페르데이다. 이곳은 텐진 에코시티보다 이미 10년 이상 먼저 친환경도시 개발이 진행되었다. 에칸페르데는 독일의 대표적인 에코시티로 1994년 이후 환경수도로 선정되면서 세계적으로 에코시티의 좋은

독일의 에코시티, 에칸페르데
(출처) 구글 이미지

예가 되고 있다. 에칸페르데는 도시에 대한 철저한 자연환경 조사를 토대로 보존지역을 먼저 확정하고 이후에 주택과 도로를 배치하는 도시계획으로 주목받았다. 원래는 개발예정지였으나 생태조사를 통해 보존지역으로 확정되어 생태가 살아난 대표적인 도시로도 유명하다. 에칸페르데의 정책을 보면 '에칸페르데 요금제'라고 불리는 전기요금제가 대표적인데 이 제도는 전기를 많이 쓰는 시간에는 비싸게 전기요금을 부과하고 그렇지 않은 시간에는 싸게 하여 유동적인 소비를 유도할 수 있다는 것이 특징이다. 실제로 이 제도를 통해서 시에서는 전력 소비량

을 최대치의 30%까지 떨어뜨리는 효과를 보기도 했다.[34] 그 외에도 도심에서의 자동차 통행을 적정수준까지 제한하기도 했다. 이러한 에칸페르데의 도시 개발 모델은 지금까지도 혁신적인 발전으로 평가받고 있지만 에칸페르데의 친환경 정책은 극단적인 모습으로 보이기도 한다. 인간의 편리함보다는 자연 환경을 먼저 생각하는 가장 기본적인 에코 시티의 특성을 보이고 있는 것이다. 삶을 윤택하고 편리하게 하는 사회 인프라 확충과 산업 클러스터를 통한 전문 서비스 산업 육성이라는 점을 고려해야만 하는 톈진 에코시티와는 부합하진 않지만 개발과 환경이라는 측면을 잘 어우른다면 좋은 본보기가 될 여지는 충분해 보인다.

톈진 에코시티 또한 에칸페르데의 사례처럼 극단적이지는 않지만 다양한 친환경 프로그램을 진행 중이다. 톈진 에코시티는 애초에 경작할

빗물 수집 가로시설물
(출처) 톈진 생태도시 개발사업

수 없는 대지를 개발하여 염전지대, 해변지역 등의 환경적인 목적으로 이용하며 탈염시설을 이용한 담수화를 통해서 물을 자급자족할 계획도 진행 중이다. 친환경적인 물 공급을 위해 빗물 사용을 적극적으로 장려하고 보행로 일부는 물이 투과할 수 있는 재질을 사용하였으며, 지하에 빗물을 운반할 수 있는 수관을 설치하였다. 일부 가로 시설물에 대해서는 보행자에게 그늘과 쉴 곳을 제공

34) 김해창, 「Eco-City를 찾아서」, www.makehopecity.com 블로그

함과 동시에 빗물을 모을 수 있도록 디자인 되었다. 또한 탄소발생을 줄이기 위해서 폐기물을 줄이고 재활용과 재순환에 대한 강화와 함께 통합적인 폐기물 관리를 하고 있다.

교통 면에서도 LNG가스의 사용을 줄이기 위해서 경전철 시스템과 트램을 주요 교통수단으로

전기충전 통학버스와 충전 정류소
(출처) 톈진 생태도시 개발사업

활용하고 있다. 실제로 자전거와 보행을 장려하고 현재 20여 대의 전기 충전 버스가 무료로 운행 중이다. 하지만 버스의 전기충전 제한 때문에 장거리 통행은 불가능해 학교 통학 버스 등 좁은 범위에서 서비스를 제공하고 있다. 이 외에 개별 건물의 디자인에서도 환경 친화적인 요소를 발견할 수 있는데 예를 들어 건물의 옥상 뿐 아니라 벽면, 창문, 가로등 위에도 태양 전지판을 부착한 것이나 지열을 활용해 전기를 생산하는 것 등이 있다. 이렇게 생산된 전기는 해당 지역의 전력소로 모여 그 지역의 전력수요를 충당하게끔 하고 있다. 주차장의 설계도 태양빛을 적극 활용하고 있는데 반¥지하 형태의 주차장을 만들되 곳곳이 개방되어 있도록 하고 태양광 터널 등을 주차장 곳곳에 설치해 낮에 형광등 전력 사용을 줄이도록 하고 있다. 뿐만 아니라 동시에 나무를 지하에 심어 지상으로 가지가 나오도록 해서 틈새로 햇빛이 들어갈 수 있도록 하여 건물 내 식재 효과를 꾀하기도 했다. 지상에서의 주차장은 그늘 아래 설치해 여름에 차량의 온도를 낮추도록 의도하고 있다.

하지만 이 모든 것들은 현재 개발 중이기 때문에 한정적으로 진행 중이며, 2020년까지 재생 가능한 에너지 사용을 20% 이상으로 높이고

태양광 터널, 노면 주차장
(출처) 텐진 생태도시 개발사업

지하식재
(출처) 텐진 생태도시 개발사업

환경 친화적 물 공급을 50% 이상으로 높이는 것이 목표이다.[35) 이에 따라 중국정부는 텐진 에코시티 내에서 주민들이 지켜야할 의무를 제시해 놓았다. 그 내용으로는 도시에 거주하는 동안은 약 4%의 도시농업을 하든지 실내농업을 해야 하며, 폐기물의 60%를 재활용하고, 탄소배출의 수준을 지키며, 물은 수도꼭지로부터 마셔야 할 정도로 깨끗한 물을 공급하고, 에너지는 20% 신재생에너지를 사용해야한다. 마지막으로 도시전체에 장애인시설 100%로 배리어 프리를 만들고, 교통수단은 90% 대중교통을 이용해야한다는 의무를 정해놓았다.[36)

에코시티의 핵심은 자연친화적인 개발이지만 텐진 에코시티에서는 거주민들의 편의를 위한 사회 인프라 조성과 산업클러스터를 통

35) 김형민, '중국 텐진 생태도시 개발사업', 2014
36) 박영숙, '중국 스마트 에코생태시티, 1인당 3.63평 그린농업, 수도꼭지로 마시는 물 제공, 깨끗한 공기, 에너지 효율성 의무적으로 갖춘 35만 거주도시', 인데일리, 2014.12.02.

한 전문 서비스 산업의 육성까지 소홀할 수 없기에 산업 클러스터 조성 면에서도 분주하다. 환경 친화적인 산업에 집중을 하다 보니 자연스럽게 문화산업이 핵심이 되었다. 문화산업 중에서도 중국 문화산업의 중점 산업이라면 동만산업이라 할 수 있는데, 이에 따라 중국 정부는 톈진 에코시티의 동만산업원이 중국 동만산업의 국가적인 견인차 역할을 할 수 있을 것으로 기대하고 있다.

호흡하는 첨단도시, 동만산업원

동만산업원은 지속가능한 산업의 일환으로 문화산업을 적극적으로 육성하고 있는 중국정부의 회심의 프로젝트라고 할 수 있다.

중국에서 '문화산업'이라는 개념은 2000년도에 처음으로 언급되었지만 중국

동만산업원

의 문화산업은 단기간에 무서운 속도로 성장하고 있다. 그 중에서도 동만산업의 성장은 두드러졌다. 동만산업은 문화산업 각 영역 가운데 중점 산업에 속하며 최근 장족의 발전을 이루어왔다. 그렇기에 중국 문화산업의 폭발적인 성장에는 동만산업이 발전의 원동력이 되었다고 해도 무방할 것이다.

중국의 동만산업 시장 규모는 기존 문화 강국인 미국과 일본에 비해서는 큰 편이 아니었다. 그러나 속도 측면에서 봤을 때, 앞으로의 더 빠른 성장이 기대되고 있으며 중국 동만의 해외 수출액 또한 계속해서

증가하고 있다. 이러한 흐름 속에서 중국정부가 톈진 에코시티에 동만산업원을 설립했다. 이는 동만산업원이 애니메이션 프로덕션을 비롯해 작품의 수출·전시·인재양성·작품개발·국제교류 등 동만산업과 관련된 모든 것을 종합적으로 처리하는 허브가 될 것이라는 중국정부의 생각에서 나온 조치였다. 중국문화부의 차이우蔡武 부장 역시 "중국의 문화산업을 부흥시키는 견인차가 될 것"이라는 말을 할 정도로 기대감을 한껏 끌어올리기도 했다.[37]

동만산업 영역 안에서도 최근 인터넷의 보급과 스마트폰의 사용량 증가로 떠오르는 것이 바로 '뉴미디어 동만산업'이다. 이렇게 동만산업은 플랫폼의 다양화로 사업 영역이 확대되고 있고, 요즈음에는 특히 뉴미디어 영역에서 더욱 두각을 나타내고 있다. 뉴미디어 동만산업이라고 하는 것은 단순히 전통 동만 작품이 뉴미디어 플랫폼 안에서 구현되는 것이 아니라 뉴미디어의 특징을 가진 새로운 형태의 콘텐츠를 말한다. 뉴미디어 동만 영역에서 웹이나 모바일과 같이 다양해진 콘텐츠 플랫폼은 대중들의 다양한 요구를 만족시키고 있는데, 흔한 일례로써 '웹툰'을 볼 수가 있다.

웹툰은 한국만화가 몰락했을 때 그 원인으로 거론되기도 했다. 당시 한국만화는 질적 하락과 함께 내리막길을 걷고 있었고 출판업계는 불황이 계속되었는데 이러한 상황에서 웹이라는 새로운 플랫폼을 통한 만화가 등장한 것이다. 그 결과로 인터넷이라는 영역에 의해 출판업계가 몰락하게 되었고, 이후 출판이 아닌 인터넷 플랫폼을 통한 만화시장에 대한 연구와 시도가 이어지면서 '웹툰'이 만화 시장에 확실히 자리매김을 하게 되었다. 현재 모바일이라는 플랫폼으로의 확대로 이어지

37) 이화정, 「토끼, 쿵푸하는 판다에 도전장?」, 『씨네21(해외뉴스)』, 2011.6.7.

면서 계속해서 발전하는 모습을 보이고 있다.

중국 역시 이러한 변화에 즉각적인 반응을 보이고 있다. 뉴미디어 동만산업에 대한 영향력을 확대하였고, 뉴미디어 플랫폼으로 모바일 만화·애니메이션을 상품으로도 발전시키고 있다. 이에 따라 관련 어플리케이션을 확보하는 등의 구체적인 발전 모습을 보이고 있으며, 이러한 상황 속에서 동만산업원은 고도의 기술력을 바탕으로 한 뉴미디어 동만산업의 클러스터로써 중국 동만산업의 한 축이 될 것이라 기대되고 있다.

정책적 버팀목과 차세대 기술력, 동만산업원

중국의 동만산업은 세계 동만산업의 발전을 이끌고 있는 미국, 일본 등 동만 강국들과 비교하기에는 아직 턱없이 부족하다. 하지만 뉴미디어 동만산업은 정부의 정책적 지원 아래 빠른 속도로 발전하고 있으며 연평균 성장 폭 30% 이상을 유지하고 있다. 실제로 2008년부터는 기업 영업세, 소득세 등의 감세 혜택을 통해서 중국의 동만산업은 일본의 10배, 미국의 8배로 높은 성장세를 보여주고 있다.[38]

현재 중국정부의 주요 정책을 보면 중국스타일·중국의 기상·중국의 정신을 담은 애니메이션과 창작 애니메이션의 제작을 강조하고 있다. 이에 따라 동만산업원 내에 '창의공간 공작실'이라는 공간을 마련하여 동만산업원과 에코시티 내 창의기업들을 육성하는 프로그램을 진행하고 있으며, 현재 원구 내에 12개의 대상이 개발 및 육성 지원 중에 있다. 또한 애니메이션 인재를 발굴·육성하며 우수 애니메이션 브랜드와

---

38) 『중국 문화산업 비즈니스 가이드』, 한국콘텐츠진흥원, 2014.

기업을 육성하는 것에 대해 정책을 집중하고 있다. 이와 같은 정책의 일환으로 우수 기업에 대해서는 주식회사로 상장하는데 지원을 해줄 예정이다.

중국정부의 정책적 바탕 위에 동만산업원의 차세대 기술력이 더해져 강력한 힘을 발휘하고 있다. 동만산업의 영역이 뉴미디어 동만으로 발전되고 확대됨에 따라서 점점 고도의 기술력이 중요시 되고 있는데, 이에 따라 동만산업원에서는 3D 스테레오 비디오 프로덕션·하드웨어 장비·모션캡처 등의 기술력을 앞세워서 서비스·생산·창작 등 각 영역에 대한 플랫폼을 확고히 하고 있다.

먼저 3D 스테레오 비디오 프로덕션은 텔레비전 방송국과 오랜 협력을 하고 있으며 톈진시에서 CCTV로 3D 프로그램을 공급하는 유일한 상업공급자이다. 이 플랫폼은 입체비디오 생산 측면에서 많은 경험을 토대로 강한 기술력을 보여주고 있으며, 이러한 기술력은 애니메이션 외에도 3D 오락, 버라이어티쇼, 스포츠 경기, 영화 등 다양한 방송 영역에 투입이 된다.

다음으로 하드웨어 장비에는 사진용 장비와 영상합성 시스템 등이 있다. 사진용 장비인 RED사의 레드원4K와 레드에픽5K 디지털 카메라, 거기에 3ALITY사의 3D 입체 촬영 브래킷까지 보유하고 있다. 최근 Full HD 화질을 뛰어넘어 UHD의 시대가 되었는데, UHD는 Full HD (1920×1080)의 4배인 4096×2304 화소의 화질을 가진다. 그리고 이 화질을 담아내기 위한 카메라가 4K 카메라인 것이다. 4K란 용어는 화면의 해상도를 나타내는 말이며 K는 1000, 즉 가로 약 4000화소를 담을 수 있는 고해상도를 말한다. 이와 같은 의미로 5K를 이해할 수 있다. 여기에 Davinci Resolve 듀얼 스크린을 이용하여 4K 3D 영상합성을 완성하였다.

동만산업원 내부
(출처) 동만산업원 공식 사이트

한편 모션캡처 기술력은 중국 최대 규모의 모션캡처 시스템을 자랑한다. 동만산업원 내 모션캡처 시스템은 40개의 모션디지털카메라로 5,000가지의 동작을 잡아내며 400평방미터 안에서 6명의 동작을 동시에 캡처할 수 있다. 이밖에도 오디오 서비스나 슈퍼 렌더링 센터 등 최신 시설을 자랑하는 장비는 고도의 기술력을 자랑하는 동만산업원의 발전을 위한 원동력이 되고 있다.

에코시티와 동만산업원 모두 친환경 도시와 문화 산업 클러스터라는 각각의 역할 안에서는 나름 청신호라 할 수 있을 만큼의 성과를 보여 왔으며 꾸준히 앞으로 나아가고 있다. 그러나 프로젝트의 추진과정에서 문제점이 생겨나고 있고 도시 거주민들로부터 불만의 목소리도 나오고 있으며, 결국 톈진 에코시티 프로젝트에 대한 우려의 목소리까지도 나오고 있다. 친환경 도시는 인간의 편의를 포기해야만 하는 것인가에 대한 문제가 계속 제기되는 것이다. 톈진 에코시티가 성공적으로 자리매김하기 위해서는 이러한 문제들에 대한 해답을 찾아야 할 것이다.

'환경과 편의', 두 마리 토끼를 잡아라!

'저탄소 친환경의 주거·직장·여가 공간을 갖춘 도시'야 말로 톈진에코시티의 핵심 목표이다. 그러나 실제로 환경과 도시 거주민들의 편의라는 두 마리 토끼를 잡는 것이 쉬운 일은 아니었다. 인간은 생활의 편의와 삶의 질을 높이기 위해서 자연환경을 정복하고 이를 무분별하게 개발해 왔다. 이러한 개발이 오랜 기간 축적되면서 현재의 문제점들을 초래했고 이를 더 이상 지켜볼 수만은 없는 처지에 놓인 것이다. 그렇기에 환경을 보전하는 것과 편의를 위한 기술 개발이 공존할 수 있을 것이라는 논리는 풀리지 않는 논제로만 보였다. 그러나 이제는 환경이 생존의 문제가 되었기 때문에 세계 각국에서도 친환경 정책을 하나둘 내놓고 있다. 톈진의 에코시티는 이러한 세계 에코시티의 사례를 통해 문제점을 보완하고 문제점을 해결할 수 있을 것이다. 오늘날 가장 성공한 에코시티 가운데 톈진시가 주목할 만한 사례로 미국 피츠버그 에코시티와 미국 랄리의 트라이앵글 지역을 뽑을 수가 있다.

피츠버그시 앨러게니강 주변
(출처) 블로그 이미지

미국 피츠버그의 에코시티의 경우 '민관 파트너십'을 바탕으로 수십 년에 걸친 '도시 르네상스' 운동을 벌여 에코시티로의 재창조에 성공한 사례로 높이 평가받고 있다. 피츠버그시는 남북전쟁 당시 전략적 요충지로써 산업적으로 철강, 알루미늄, 유리산업 등 세계적인 공업도시로 성장했었다. 그러나 1950년 이후 쇠퇴의 길을 걸으면서 '공해도시'라는 오명과 함께 해왔다. 이러한 위기에서 지역 상공인과 지방정부 그리고 대학이 피츠버그의 부흥을 위한 민간파트너십을 구축해 공해 탈출과 녹색문화 도시로의 재개발에 성공을 했다. 그 결과, 현재 피츠버그에는 바이엘, 노바 등 세계적인 기업 70여 개 회사의 본사가 자리 잡고 있으며 생명과학, 의료기기, IT, 첨단 금속 등의 전략산업을 중심으로 일명 '바이오 도시'라는 이름으로도 불리고 있다.

또 하나의 예로 미국 동부지역의 랄리시를 볼 수 있다. 랄리시의 경우 '숲으로 이뤄진 실리콘 벨리'라는 명칭으로 유명한데, 바로 지자체와 기업 그리고 지역 대학이 협력해서 자연 경관을 잘 살리면서 지역혁신에 성공한 좋은 사례로 현재 세계 각국의 벤치마킹 대상이 되고 있는 도시이다. 랄리시는 주변의 드럼시와 채플힐시 세 도시를 꼭짓점으로 연결하여 일명 '트라이앵글'이라는 지역을 구성하고 개발하였다. 이를 통해 1950년대 말 미국 50개 주를 대상으로 실시한 조사에서 경제력 48위로 거의 꼴찌의 성적을 받았던 랄리시는 2002년에 미국 첨단과학기술 잠재력 평가에서 17위를 차지할 정도로 일취월장했다.[39] 실제로 미국 언론에 소개된 오늘의 트라이앵글 지역은 '생활하면서 근무하기 좋은 곳 1위', '교육환경 1위', '사업과 취업 여건 3위' 등 미국에서 가장 자연친화적

랄리시 숲속에 자리잡은 벤처기업들
(출처) 블로그 이미지

39) 김해창, 「Eco-City를 찾아서」, www.makehopecity.com 블로그

이고 살기 좋은 도시로 각광을 받고 있다. 톈진 시는 위의 두 가지 선례를 통해서 현재 부딪힌 문제점을 해결하고 더욱 발전적이고 완성된 에코시티의 모습을 만들 수 있을 것이다.

톈진 에코시티는 분명히 미래 지향적인 새로운 혁신 도시이다. 현존하는 도시들과는 확연히 다른 모습이며 환경과 사회, 인간 모두를 포용하는 개념이다. 에코시티가 대도시 인구 집중 문제와 공기 및 수질 오염 등 환경문제를 해결 할 수 있다면 전 지구적인 미래 도시의 구체적인 대안이 될 수 있을 것이다.

그러나 현 시점에서 봤을 때 불안한 요소가 적잖이 드러나는 것이 사실이다. 실제로 환경과 사회 인프라 모두를 아우르며 양쪽의 균형을 잘 이루어야 한다는 과제를 해결하지 못하고 지나치게 환경 친화적 측면에만 집중되어 생활의 편의성을 반영하지 못했다는 저평가를 받고 있을 뿐더러 에코시티로 이주해온 주민들은 자녀의 교육 환경 문제를 제외한 의식주 생활 인프라 전반이 부족하다며 불만을 토로하는 등 아직도 해결해야 할 문제가 한 가득이다. 이러한 전반적인 문제점이 피츠버그와 톈진시의 차이점으로 볼 수 있다.

중국의 경우, 정부가 도시 개발을 주도하고 있지만 그러다보니 실제 도시 거주민들의 요구나 기대에 일일이 부응할 수 없으며 세세한 부분에 대해서 불만이 나올 수밖에 없었다. 따라서 피츠버그 에코시티의 '민관 파트너십'이라는 테마에 맞추어 주민들의 참여를 유도하고 에코시티 프로젝트와 결합할 수 있다면 주민들의 불만이라는 가장 직접적인 문제부터 실마리가 보일 것이다. 거기에 랄리시의 트라이앵글 지역이 보여주는 '환경과 인간의 공존'이라는 점을 잘 결합시킨다면 애초의 톈진 에코시티 프로젝트의 취지에 맞는 저탄소 친환경의 주거·직장·여가 공간을 갖춘, 완벽할 수도 있는 도시가 조금 더 완성도 있는 모습으로 탄생할 것이다.

피츠버그와 랄리시의 사례에서 볼 수 있는 핵심 중 또 하나가 바로 산업 구성이다. 두 도시 모두 첨단 산업이나 각종 박물관, 영화관, 쇼핑몰, 대규모 공원 단지 등의 문화 휴양시설을 통한 문화산업이 주를 이루고 있다. 바로 이 점이 산업클러스터를 통하여 첨단·고품질·고기술 등 관련된 전문 서비스 산업육성을 목표로 하고 있는 에코시티와 일맥상통하는 부분이며 우리가 집중하고 있는 동만산업원의 문화산업적 요소들의 좋은 선례가 될 수 있을 것이다. 사실 환경과 산업적인 요소를 결합할 수 있는 근거라 한다면 애초에 문화산업만한 요소가 없을 것이다. 문화산업은 지리적·환경적 요소에 가장 영향을 받지 않는 최적의 조건을 갖추고 있으며 현 중국의 문화산업 발전 전략과도 상당히 일치하여 좋은 시너지를 발휘할 것으로 보인다.

중국의 동만산업은 오늘날 세계 동만산업 동향에 발맞춘 모습을 보이고 있다. 중국 3D TV채널이 개설되면서 3D TV애니메이션이 빠른 속도로 증가하고 있는 현 상황에서 동만산업원의 기술력을 통한 고화질의 기술력을 갖춘 애니메이션 등이 출시되고 있다. 게다가 동만기업의 브랜드 창작을 추진하여 각종 파생상품을 생산하는 동시에 완구·의류·식품·일용품 등 관련 기업들이 캐릭터 투자를 시작하기도 했다. 그리고 이제 중국 동만기업들의 외국과의 다양한 합작 및 해외 애니메이션 기업들의 대규모 중국 시장 진출 등은 중국 동만산업의 무궁무진한 성장 잠재력을 보여주고 있다. 중국이 문화산업을 통해서 성공적 사례로 자리매김 하기 위해 톈진 동만산업원이 제 역할을 충분히 할 수 있을 것으로 보인다.

중국정부의 새로운 경제성장 해법 '창업'

김건호

Made in China 혹은 Super China

화려한 베이징의 야경

한국인에게 중국을 생각하면 떠오르는 키워드는 무엇일까? 고도의 경제성장, 어마어마한 국토와 인구, 강력한 중앙정부의 통치하에 있는 사회주의 국가, '메이드 인 차이나'로 대표되는 싸구려에 질 떨어지는 제품, 불안한 치안과 범죄, 그리고 중화요리. 이처럼 다양한 이미지들 중 아직은 중국에 대해서 부정적, 싸구려의 이미지들이 독자들의 머릿속에는 많이 자리 잡고 있을 것이라고 짐작된다. 이런 인식 때문에 "미국 우습게 보는 나라는 북한, 중국 우습게 보는 나라는 한국뿐이다"라는 농담이 생겨났는지도 모른다.

흔히 한중일의 관계 속 한국의 위치를 논할 때 '샌드위치 이론'을 빌려 앞서가는 일본과 무서운 추격을 하는 중국 사이에 껴 있다고 묘사하며 한국의 비교적 앞선 기술력에 대한 전망과 대책을 논의할 때도 중국의 추격이 위협이 되지 않겠느냐는 우려는 아직까지 매우 유용하게 쓰인다. 하지만 중국은 이미 10년 전 세계 최고의 외환보유국이 되었고 경제 뿐 아니라 IT, 통신, 전자, 군사, 교통 등 다양한 분야에서 세계 최고수준의 기술력을 보유하고 있다. 이번에 방문한 북경 시내에는 여느 선진국 대도시의 최고급 쇼핑몰과 비교해도 손색이 없는 대규모의 초호화 시설을 갖춘 대형 쇼핑몰들이 셀 수도 없이 즐비해 있었다. KTX의 1.5배나 빠른 중국의 고속철은 중국전역을 하루 생활권으로 묶어 시너지를 창출

중국의 세계최고 속도 고속철
和諧號(Hexie Hao)

하고 있으며 심지어 이런 고속철을 제작하는 자체기술을 보유하고 있어 다른 국가들에 기술수출까지 하고 있다. 이처럼 중국은 우리의 인식과는 달리 세계 속에서 '슈퍼 차이나'의 위상을 떨치고 있다.

Super china의 미래 지우링허우 세대九零後世代

이처럼 중국의 위상이 날로 높아지는 가운데 마윈馬云을 중국 최고 갑부로 만들어준 알리바바와 전 세계가 주목하는 모바일 시장에서 HUAWEI, 샤오미 등 초국적 기업의 성공사례는 특히 주목할 만하다. 중국의 젊은 세대는 이런 슈퍼차이나 파워와 IT파워의 원동력이 되고 있다. 중국에서는 이 젊은 세대를 '지우링허우 세대(90後 世代)'라고 부른다.

지우링허우들은 중국이 개혁·개방으로 경제적 부를 축척하기 시작한 90년대 이후 출생한 세대로서 개성이 뚜렷하고 자유로운 가치관, 패션, 화장품, IT 제품에 관심이 많다. 인터넷의 발달과 함께 성장해 정보검색에 익숙하고 최근 급성장한 모바일 기기에도 능통한 얼리어답터(early adapter)들이다. 이들은 보수적인 기성세대와 달리 진취적이며 개방적이고 합리적인 소비방식을 가지고 있다. 얼핏 다른 국가나 우리한국의 젊은이들과도 비슷한 모습을 보이지만 세계의 다른 청년들과다른 중국의 지우링허우들만의 뚜렷한 특징이 있다.

5개국 20대의 가치관 긍정응답률(%)

		장기적으로 열심히 일하면 생활이 나아진다	부는 모든 사람에게 충분할 만큼 증대된다.
	중국	54.3	38.9
	한국	43.0	22.1
	독일	39.6	16.5
	일본	24.8	11.5
	미국	46.3	27.8

긍정 응답률은 10점 척도 기준에서 8점 이상 응답자 비율
자료: 세계가치관협회, LG경제 연구원

바로 그들의 가치관이다. 세계 가치관 조사협회(The World Values Survey Association)의 2010~2014년까지 설문한 글로벌 5개국 20대의 가치관 비교조사 결과에 따르면 "열심히 일하면 생활이 나아진다."라는 질문에 한국, 중국, 일본, 미국, 독일 중 중국 청년의 긍정 응답률이 54.3%로 가장 높게 나왔다. 중국의 미래를 짊어진 젊은 세대들이 이처럼 매우 긍정적인 사고를 가지고 있다는 것은 성취에 대해 긍정적으로

생각하고 있다는 것으로 해석되기 때문에 매우 주목할 만한 점이며 곧 중국의 발전에 대한 기대로 이어진다.

지우링허우 세대의 우상

이런 지우링허우들의 가장 큰 관심사 중 하나는 바로 '창업'이다. 중국의 많은 젊은 이들은 가장 존경하는 인물로 창업에 성공하여 중국 최고의 IT기업을 일구어낸 알

샤오미(小米, xiaomi)의 창업자 레이쥔(雷軍)

리바바의 마윈과 샤오미의 레이쥔을 꼽는다. 그만큼 지금 중국의 청년들은 창업에 열망하고 있고 마윈, 레이쥔과 같은 창업 성공사례는 더욱 많은 청년들로 하여금 창업을 꿈꾸게 하고 있다.

마윈. 무일푼에서 시작해 15년 만에 알리바바 그룹을 약 174조 원의 기업 가치로 평가받는 거대기업으로 키워낸 인물이다. 그는 어떻게 알리바바를 나스닥에 상장시키며 22조 원 자산을 가진 중국 최고의 갑부가 되었을까? 키도 작고 못생긴 외모의 그는 대입에 실패하고 취업에 도전해 KFC 매장 매니저를 비롯해 여러 곳에 지원서를 냈지만 30여 차례 모두 거절당했다. 그는 삼수 끝에 대학에 겨우 입학했다. 1995년 인터넷의 시대가 열릴 것을 기대하고 각종 인터넷 사업을 시도했지만 번번이 실패했다. 이후 영어교사와 관광가이드로 생계를 이어가던 중 만리장성 투어에서 우연히 야후의 창업자 제리양을 만나게 되고 이 인연을 계기로 1999년 창업했으나 한건의 거래도 성사시키지 못했다. 좌초 위기에 빠진 알리바바는 그러나 다시 2000만 달러를 투자한 소프트뱅

크 손정의 회장을 만나게 되었다. 이후 2004년 야후 역시 40%의 지분을 받고 알리바바에 10억 달러를 투자했다. 알리바바 그룹이 운영하는 알리바바 닷컴은 B2B 온라인 쇼핑몰로 중국의 중소기업이 만든 제품을 전 세계 기업들이 구매할 수 있도록 중개해 준다. 그 후 일반인을 대상으로 한 온라인 쇼핑몰 '타오바오'가 추가되었고 부유층을 타깃으로 한 온라인 백화점 '티몰' 등 계열사들이 추가되었다. 창업 당시 중국의 온라인 쇼핑 시장을 지배하고 있던 것은 이베이였으나, 이베이는 사업 부진으로 중국 시장에서 철수하고 알리바바가 온라인 쇼핑 시장을 독과점하기에 이르렀다. 현재 알리바바를 통한 거래는 중국 국내 총생산(GDP)의 2%에 이

알리바바(阿里巴巴, Alibaba)의 창업자
마윈(马云, Ma Yun)

르고, 중국 국내 온라인 거래의 80%가 알리바바 계열사들을 통해 이뤄지며, 중국 국내 소포의 70%가 알리바바 관련 회사들을 통해 거래된다.

　이처럼 그는 인터넷 기업으로 성공했음에도 불구하고 아이러니하게도 컴퓨터 기술은 전혀 알지 못했다. 그는 기술력이 없었기 때문에 기술자들을 우대했고, 돈이 없었기 때문에 끊임없는 아이디어로 자금의 공백을 메워야 했으며, 계획이 없었기에 그때그때 닥쳐오는 상황에 잘 대처할 수 있었다고 성공의 비결을 말한다. 마윈은 "우리가 성공한다는 것은 곧 젊은 중국 청년들 80퍼센트의 성공이 가능하다는 것을 의미합니다", "어려움이 있는 곳에 기회가 있습니다. 저는 그것을 항상 믿습니다. 이것이 저희가 걸어온 길입니다" 등의 명언을 남기며 끊임없이 중국 청년의 도전을 응원하고 있다.

창업열풍

마원의 성공, 그가 청년들에게 던지는 창업에 대한 긍정적 메시지는 주링허우들로 하여금 창업에 열광하도록 만들었고 그 중 많은 청년들은 내 회사를 만들어 큰 성공을 거두겠다는 꿈을 품고 이미 창업에 도전하고 있다. MyCOS麥可思에서 발표한 '대학생취업보고서(2012~ 2013년)'에 따르면 최근 수년간 중국 대학생의 창업 비율은 꾸준히 증가해 2008년 1%대에서 2012년 2%대로 늘어난 것으로 집계됐다.

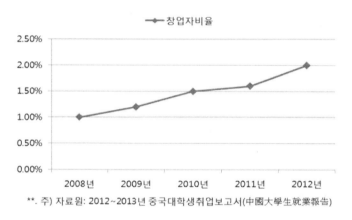

2008~2012 중국 대학생 창업자 비율

스마트폰 영어 어플리케이션 '영어 유창하게 말하기英语流利说' 개발자 중 한 명이자 CEO인 왕이王翌는 "창업이 요즘 유행이다. 중국에 창업 열풍이 불기 시작했다. 정상급 벤처자본기업들이 현재 젊은 기업가를 찾고 있으며 전반적인 창업 생태 시스템이 마련됐다. 최근 사람들의 삶에 가장 큰 영향을 미치는 회사는 인터넷 회사로 평범한 사람의 인터넷 회사 창업 성공 스토리는 사람들을 흥분시키는 이야기가 많다"고 말

했다. 왕이는 자신의 경험이 중
국의 신세대 창업자에게는 일반
적인 것이라고 말했다. 미국에서
박사학위를 받은 그는 구글에서
2년 동안 일했고 상하이로 돌아
와 인터넷 마케팅 회사에서 근무

왕이(王翌)가 개발한 英语流利说

했다. '영어 유창하게 말하기'의 다른 개발자 2명의 경험도 그와 비슷하
다. 해외로 유학 가는 중국 학생 수가 늘면서 그들의 행동 방식도 빠르
게 변하고 있다. 젊은이들은 전통적인 대기업에 입사하는 것을 더 이상
바라지 않는다.

칭화清华대학교 X-Lab 창
업 교육 플랫폼이 위치한 간
소한 지하실도 비슷한 분위
기다. 이곳에서는 엔젤투자
자와 칭화대학교 학생·동문
들이 만나 전동 스쿠터, 적
절한 가격의 3D 프린터, 웨

칭화(清华)대학교 X-Lab 집행 주임
마오둥후이(毛东辉)

어러블 건강 디바이스 등 다양한 제품을 개발하고 있다. 마오둥후이毛
东辉 X-Lab 집행 주임은 18개월 전 X-Lab이 설립된 이후 창업기업 400
여 개가 이 플랫폼을 이용했고, 그 가운데 300여 개가 발전하고 있으
며, 30여 개가 이미 많은 자금을 확보했다고 말했다.

중국의 특징적 창업정신, 생태계, 선순환 문화

창업 정신

　최근 글로벌 기업가 정신연구(Global Entrepreneurship Monitor)보고에서 조사대상 54개국 가운데 2010년 세계 15위였던 중국의 창업가 지수가 1위로 올라섰다고 밝혔다. 이는 중국에서 부는 창업열풍이 얼마나 뜨거운지 간접적으로 엿볼 수 있는 결과이다. 사실 중국 청년들의 현실은 녹록치 않다. 중국의 2013년 대학교 졸업생 수는 699만 명으로 역대 최대치를 기록했지만 기업 채용 규모는 오히려 전년보다 평균 15%가 줄어 취업난이 가중됐다.

　인구 2천만, 경제대국 중국의 수도 베이징은 수억 원을 훌쩍 뛰어넘는 최고급 명차들이 불티나게 팔려 나가는 등 넘쳐나는 부를 유감없이 과시하는 도시이지만 도시 외곽에는 도시빈민들이 즐비하다. 이들은 돈을 아끼려 도시 외곽의 좁은 다세대 주택에서 여러 명이 함께 생활하는데 이들을 가리켜 '달팽이족'이라고 부른다. 취업난에 주머니 사정까지 좋을 리 없는 대학생들도 상당수 이에 속한다. 작은 쪽방에

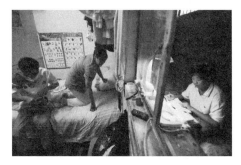

달팽이족들의 생활모습

서 여러 명이 힘든 생활을 이어가지만 그럼에도 불구하고 그들은 불평하지 않고 밝은 미래를 향해 꿈을 키워나간다. 그들은 치열하게 토론하고 공부하며 도전한다. 이런 모습은 청년들이 단순 유행이 아닌 창업정신을 가지고 도전하고 있음을 보여주는 좋은 예라고 할 수 있다.

창업 생태계

청년들에게 기득권층에 비해 인맥이나 자본 경험 지식 등 전반적으로 열악한 조건과 환경 속에서 열정으로만 창업에 도전하기란 쉽지 않다. 하지만 중국은 창업하기 좋은 문화와 생태계가 뒷받침 해주고 있다. 베이징에 이러한 중국의 활발한 창업문화를 가장 잘 볼 수 있는 곳이 있다. 바로 '중국의 실리콘밸리'라 불리는 '중관춘 창업거리中關村創業

중관춘 창업거리에 있는 '처쿠카페'

大街'에 있는 '처쿠카페车库咖啡'이다. 스티브잡스가 자신의 차고에서 창업을 시작한 것에서 착안해 만들어진 곳이다.

이곳은 그냥 카페가 아니라 각종 모니터, 전원, 노트북, 스마트폰, 인터넷을 사용할 수 있다. 주머니 사정이 좋지 않은 젊은 청년 창업가들에겐 커피 한잔 값으로 작은 사무실이 생기는 셈이다. 뿐만 아니라 이곳의 또 다른 중요한 기능은 사람들에게 정보를 공유하고 또 마음이 맞는 사람들끼리 팀 빌딩을 할 수 있게 해준다는 점이다. 또한 투자자와 엔지니어, 플래너를 연결시켜주는 네트워킹의 역할도 동시에 하고 있다.

이 처쿠카페가 위치한 중관춘은 중국 베이징 북서부 하이뎬海淀구에 자리한 중국의 대표적 IT클러스터다. 1980년대 초 전자상가 거리에서 시작한 중관춘은 이후 관련 IT기업이 모여들면서 해가 갈수록 영역이 확장됐다. 이제는 서울로 따지면 강남구와 송파구 면적을 합친 정도인 75㎢ 지역에 거대 클러스터를 형성하고 있었다. 북쪽 소프트웨어(SW) 파크와 세계 1위 PC기업 레노보, '중국판 구글' 바이두가 있는 상디上地

거리에서 시작해 남쪽으로 내려오면 '중국판 애플' 샤오미, 칭화대清華大, 칭화 사이언스 파크清華科技園, 베이징대, 창업거리(Innoway), 레전드캐피털, 중국 최대 창업인큐베이터 창신궁창(創新工場·innovaiton works) 등이 줄

입주기업 2만여 개. 연간 총 매출 4200억 달러(430조5000억원), 해외에서 유턴한 창업자만 2만여 명, 스타트업(창업초기기업) 3000개, 벤처 투자규모 6조3000여억원을 자랑하는 중관춘

지어 입주해있다. 이른바 '좁쌀쇼크'로 삼성전자까지 움츠러들게 만든 샤오미는 물론 레노보·바이두도 모두 중관춘의 한 구석에서 창업해 성공한 기업들이다.

중관춘엔 글로벌 IT기업을 비롯한 외국기업들도 2,000개가 넘는다. 중국 정부의 서비스 차단으로 철수한 구글도 연구개발(R&D) 센터는 그대로 두고 있다. 마이크로소프트(MS)와 HP, 세계 1위 정보보안 기업 시만텍 등 포춘 500대 기업 중 200여 개가 중관춘 곳곳에 둥지를 틀고 있다.

중관춘엔 투자도 넘쳐난다. 연간 6조원이 넘는 투자금이 중국 안팎에서 밀려온다. '한국의 테크노밸리'라는 경기도 성남의 판교테크노밸리 스타트업·벤처들이 투자자금에 목말라하며 서울 여의도까지 찾아가야 하는 현실과 대조적이다.

성공과 재투자의 선순환 문화

중관춘에서 성공한 기업은 또다시 중관춘 내 후배 벤처들에게 투자

U+ 국제청년아파트

한다. 중국이 청년창업 세계 1위 국가가 된 이유다. 레노보 그룹 계열 벤처캐피털사 레전드캐피털이 대표적 사례다. 레전드 캐피털은 현재 30억 달러 규모의 펀드를 운용하면서 200개 이상의 기업에 투자하고 있다. 총 투자액의 15%는 중관춘 벤처 몫이다. 레전드 캐피탈에서 만난 한국인 파트너 박준성 상무는 "중국에서는 사람과 기술만 좋으면 투자는 얼마든지 받을 수 있다"며 "투자보다는 융자 위주, 창업자에게 무한책임을 물어 신용불량자를 만드는 창업자 연대보증 같은 것은 중국엔 없다."고 말했다.

또한 중관촌에서 시작해 성공한 샤오미의 레이쥔도 후배양성을 위해 선순환의 구조를 만드는데 일조했다. 그는 150억을 투자해 광저우에 '유플러스'라는 국제청년아파트를 만들었다. 이곳에서는 청년 창업가들이 모여 생활하며 꿈을 키우는데, 다양한 연령과 경험이 각기 다른 창업자가 공존해 선배가 후배에게 노하우를 전수하는 등 시너지를 내고 있다.

중국의 창업신화 마윈 역시 '스타트업創業' 및 '창업자創客' 양성에 적극적으로 나서는 중이다. 마윈은 중국뿐만 아니라 홍콩, 대만 등에 중화권 청년 창업 투자기금을 설립했다. 지난 2월에는 홍콩에 1억 2,900만 달러(약 1,420억 원) 규모의 청년 창업투자기금을 조성했고, 3월 초에는 3억 1,600만 달러(약 3,500억 원) 규모의 대만 청년 투자기금을 마련했다.

실패의 용인과 제도적 뒷받침

또 하나의 주목할 만한 문화는 실패를 용인하고 재도전의 기회가 주어진다는 점이다. 중소기업청의 2014년 국가별 창업실패횟수를 보면 중국은 평균 2.8회, 한국은 1.3회로 중국이 더 많은 실패를 경험하는 것으로 조사되었다. 이는 곧 한 번의 실패 후에도 재기의 기회가 주어진다는 것을 의미한다. 이런 문화는 제도적 정책적 지원이 반드시 뒷받침되어야 형성될 수 있다. 현재 중국 대학생 창업이 새롭게 자리매김 함에 따라 중국 정부의 지원 정책도 활발하게 이뤄지고 있다.

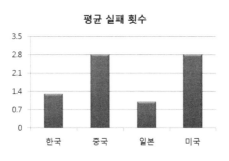

평균 실패 횟수

2014 한 · 중 · 일 창업 · 벤처 생태계 비교
(중소기업청)

2013년 12월 28일 개최된 12기 전국인민대표대회 상무위원회 제6차 회의에서는 중소기업 창업 활성화를 위해 '중화인민공화국 회사법'을 개정해 2014년 3월 1일부터 시행하고 있으며, 기존에 자본금 납입 후 회사 등록이 가능했던 것에서 자본금 납부를 약속하기만 하면 회사 등록이 가능하고, 또 자본금 등록 기준이 완화되고 등록 절차와 문건이 간소화됨에 따라 기업 설립과 투자 환경이 크게 개선될 전망이다. 창업 비용 인하와 절차 간소화로 중소기업 창업이 활성화되면 경제 활력이 커지고 인력시장의 수요도 늘어날 것으로 예상되기 때문이다.

한편 중국은 지난 2013년 창업과 고등교육의 연계, 하이테크·자원·인터넷 등 분야에서의 창업지원 등을 주요 내용으로 하는 10년 장기 계획 '전국 일반 대학교 졸업생 취업 사업 프로젝트'도 발표했다. 이를 통해 대학교에서 창업교육과 관련한 학점을 신설하도록 하고, 재학생들의 창업 현실화를 위한 교육을 적극적으로 격려하고 있다. 대학생들은 자신이 졸업한 첫 해 창업을 시작할 경우 매년 8000위안(약 142만 원)의 세수 혜택을 받을 수 있으며, 창업 후 1년간 사무실 임대비 감면, 전문 기술 자문 지원, 공공시설과 공공정보서비스 무료 이용 등 다양한 제도를 지원받게 된다. 2015년 초에는 청년창업 지원을 위해 최대 100만 위안(약 1억 7,500만 원)까지 무이자 창업 대출을 시작하는 한편 창업하는 지역에서 새로 호적을 얻을 수 있도록 했다.

또한 중국 국무원 판공청은 2015년 3월 11일 〈대중창업공간 발전을 통한 대중혁신창업 지도의견〉을 발표해 향후 금융·재정·공공서비스 등 전방위로 창업을 지원하기로 했다. 이를 통해 2020년까지 일부 혁신 영세기업을 미래 경제발전을 이끌 국가 핵심기업으로 육성하는 등 창업을 경제성장 동력원으로 삼아 고급 일자리를 창출할 것이라고 밝혔다. 총 8개항으로 이뤄진 지도의견은 '창업 국8조國八條'라 불리고 있다. '대중창업공간衆創空間'을 전국적으로 확산해 누구나 부담 없이 창업할 수 있도록 하는 내용이 골자다. '대중창업공간'이란 일종의 창업인큐베이터 공간이다. 누구나 부담 없이 저렴한 비용으로 편리하게 창업 지원서비스를 누리고 창업에 관심 있는 사람들이 함께 모이는 만남의 장소로 앞서 소개한 중관촌이 대표적 사례이다. 중국은 현재 베이징을 비롯해 상하이, 선전, 항저우, 청두 등에 위치한 창업공간을 올해에만 8곳을 추가로 늘리는 등 전국적으로 확산시킨다는 계획이다.

중앙 정부의 이 같은 움직임에 대해 각 지방정부도 대학생 창업지원을 늘리는 분위기다. 지방정부는 기존 대학 졸업생에 한해 지원되던 각종 창업지원혜택을 재학생, 해외 유학생 등에게까지 확대했다. 상하이시 공안부는 올해 청년 창업지원금으로 5000만 위안(약 89억 원)의 기금을 조성하고, 이를 획기적인 아이디어를 가진 청년 창업가를 발굴하기 위한 각종 청년창업 포럼과 행사를 여는데 사용하고 있다.

톈진의 대표적 창업지원 클러스터 릉오창의산업원天津凌奥创意产业园

리커창李克强 총리가 지난 해 9월 톈진 하계 다보스포럼에서 "대중의 창업, 만인의 혁신大衆創業, 萬衆創新"을 제창했는데, 이번 문화탐방 중 톈진에서 방문했던 링아오창의산업원은 톈진의 대표적 창업지원 및 선도 기관이다.

톈진릉오창의산업원天津凌奥创意产业园은 창조적인 디자인 및 창의적인 혁신을 비즈니스 구성의 핵심으로 초점을 맞추어 제조, R&D 등 전문적인 인큐베이팅(In-cubating)을 제공해 주요

릉오창의산업원 본관 전경

브랜드 탄생과 억 위안 매출기업 육성을 위해 노력하는 산업 클러스터이다. 사무실 공간 지원, 전문 경영관리 지원, 창업 지원, 플랫폼 지원(공공기술 서비스, 네트워크 정보서비스, 제품거래, 교육서비스, 정책 자문서비스)을 주요 기능으로 하고 있다.

실제 방문하여 천진릉오창의산업원 직원의 설명을 통해 디자인, 인터넷, 애니메이션, 게임 관련 산업 등 다양한 분야에 인큐베이팅 서비스를 지원하는 것을 알 수 있었다. 릉오창의산업원 역시 일반인은 물론 대학생과 외국인에게까지 창업을 지원한다.

릉오창의산업원 관계자의 안내와 설명

릉오창의산업원의 지원을 받고 있는 화가의 작품활동

한 가지 인상 깊었던 것은 전통화가의 작품 활동을 지원하고, 작품을 전시해주거나 춤동작 연구와 관련된 수업을 개설하는 등 문화 활동과 관련된 지원을 많이 한다는 것이었다. 아직은 지속적으로 조성 중에 있어 모든 기능이 원활히 가동되고 있지는 않지만 이곳이 기능적으로도 또 상징적으로도 중국 창의산업분야에 있어 큰 의미가 있음을 암시하듯이 중국 국내의 정치가 및 유명 인사들의 방문 뿐 아니라 창조경제개념의 창시자인 존 홉킨스의 방문 모습을 찍은 사진들도 전시되어 있었다.

릉오창의산업원 방문 당시 우리 일행에게 산업원을 소개 해주던 관계자는 이곳은 대학생 창업기업에게 투자, 인큐베이팅, 경영지원, 공간지원 등의 서비스를 제공한다는 설명과 함께 한국에서도 대학생 창업을 지원하는 사회적 체계나 기관이 있느냐고 물었다. 그런데 일행 중 아무도 대답을 하지 못했고 그 점이 내심 자존심이 상했다. 조용한 가운데 나는 우리 인천대학이 창업선도대학이며 정부차원에서도 창조경제를 위해 학생·청년 창업을 위해 다양한 방면에서 지원하고 있다고 대답해 주었다.

인천, 대륙의 문화를 탐하다 - 제1부 차이나스펙트럼, 우리 눈에 비친 색깔들

한 때 학생창업과 관련한 대외활동을 했기에 더 관심 있게 탐방하였는데, 중국의 경우는 한국에 비해 지원규모는 물론이거니와 학생기업들에 대한 지원이 비교적 조건적이지 않다는 점이 달랐다. 한국정부의 지원정책은 기업의 가능성을 매출의 유무와 발생가능성에 초점을 두고 평가하기 때문에 매출 발생 전까지 시간이 오래 걸리는 플랫폼의 비즈니스 모델은 지원을 받는데서 부터 한계가 존재한다. 정부의 지원은 수차례에 걸친 미션수행-보상 식의 형태로 이루어진다. 따라서 투자자원을 능동적이고 유동으로 활용하기 어려운 부분이 있다. 같은 맥락으로 한국은 신생기업의 콘텐츠 제작환경이 취약한 것은 콘텐츠의 가치를 제작단계에서 추산하기 힘들고, 제작단계가 비교적 길며 그 전까지는 수익이 창출되지 않는 특성과 무관하지 않을 것이라는 생각을 해보았다. 양질의 콘텐츠를 안정적으로 제작해내기까지 버틸 수 있는 지원과 환경이 절실하고, 이를 위해 기획 단계 콘텐츠의 가치를 평가하고 엄선할 수 있는 시스템을 필요할 것 같다는 생각이 들었다. 예를 들면 중소기업이 투자를 받을 때 담보는 저작권이 될 확률이 높은데 이 저작권의 가치를 평가할 수 있는 콘텐츠 금융상품 전문제도를 만들고 평가의 기준과 시스템을 확립하거나 이를 위한 콘텐츠 금융상품전문가 양성이 하나의 방법이 될 수 있을 것이다.

고인물이 물들기까지

안정우

과거와 나의 연결고리!

인천에서 천진까지는 400km, 2시간 남짓의 짧은 비행시간 때문인지 이 거리만큼 바다를 건넜다는 게 실감나지 않았다. 빨리 밖으로 나가고 싶다는 생각에 발걸음을 재촉할 때 지체 없이 눈에 들어오는 빨간색의 중국어는 '내가 중국을 밟고 있다'는 것을 상기시켜 주었다. 겨울임을 여실히 느끼게 해주는 바람이 불고 있었고, 푸릇한 하늘은 인천과 다를 바 없어 보였다. 중국에서의 본격적인 일정은 버스에 오르며 시작되었다. 버스 공간을 빽빽하게 사용하며 나열된 의자는 너무나 중국을 잘 말해주는 것 같아 혀를 내두르며 의자에 몸을 맡겼다. 방문지인 천진 조계지. 조계지를 보러 가는 마음은 예전에 갔었던 인천 조계지(차이나타운 일대)와 비교함과 동시에 재밌는 생각이 들 것 같았다.

그렇다면 조계지란 무엇이었는가? 조계지는 다른 나라의 임대형식으로 빌려 준 지역으로, 말이 임대지 사실은 외국인이 행정자치권이나 치외법권을 가지고 거주한 조차지(일시적으로 빌려준 영토)를 가리킨다. 우리나라의 경우 인천이 대표적이다. 인천 조계지는 1876년 한일수호조규(韓日修好條規, 강화도조약)에 의한 1883년 제물포항(현재의 인천항) 개항과 이에 따른 조계의 설정에 기인한다. 일본은 물론 청과 구미

각 제국들의 조계 설치로 인천은 당시 제국주의 국가들의 대결의 장이 되었고, 자연스레 서양의 근대문화가 직수입되는 창구의 역할을 하였다. 이는 1914년 완전 소멸 될 때까지 30년 간 지속되었다.

중국 역시 조계지를 갖고 있는데 대표적으로 상해, 천진이 유명하다. 그 중에서도 천진 조계지는 1860년 베이징조약을 통해 조계로 차지 당했고, 구미를 포함해 프랑스, 이탈리아 등 각 제국들이 중국 침략을 위한 교두보로 여기면서 전 중국에서 조계의 숫자와 면적이 가장 넓은 곳으로 만들었다. 특히 각 국가의 르네상스식, 고딕식 등 다양한 특징을 지니는 건축양식을 따른 건물들과 이와 혼합된 중국 건물들을 보여주고 있다.

그렇다면 이 조계지와 우리는 어떠한 연결고리를 만들 수 있을까? 조계지를 단순한 과거의 아픈 역사로 볼 것인가 아니면 근대문물의 수용으로 발전할 수 있는 계기로 볼 것인가에 대해서는 조금 더 고민해 봐야 할 것이다.

그대는 너무 달라요

공항에서 버스로 30분정도 걸리는 천진 조계지는 일단 천진이란 도시 전체를 놓고 봤을 때 중심부에 위치해 있다. 자연스레 천진의 빈장다오濱江道, 리아오닝 거리(辽宁小吃街, 쉽게 말해 우리나라의 명동과 비슷함)와 같이 번화한 시내에서도 멀지 않은 위치에 있었고, 큰 도로를 따라 갈 수 있는 단순한 구조와 교통편으로 사람들의 발길이 상당히 닿기 좋은 위치에 있었다.

우리가 도착한 곳은 이탈리아의 조계지였던 곳을 중심으로 조성해놓은 곳이었다. 버스 창밖을 통해 볼 수 있었던 한자로 채워진 간판과는 다르게 우선 서구적인 건축물이 눈에 들어왔다. 싸늘한 기운이 맴도는 골목에 사람들은 많이 보이지 않았다. 오히려 너무 조용해서 왠지 하늘에서 뚝 떨어진 느낌마저 들었다. 건물들은 중국식 건물이라고 하기에는 한눈에 봐도 차이가 있었다. 특히 건물 자체의 출입문이나 창문 같은 경우 중국의 색을 찾아볼 수 없었다. 비유하자면 우리가 유럽의 카페를 떠올릴 때 볼 수 있는 봄꽃이 피어 있는 베란다를 상상하면 될 것 같다. 걸음을 따라 시선을 옮기면서 이미 중국이 아니라는 생각으로 잠시나마 길을 걸은 듯하다.

천진 조계지의 분수대

잠시 뒤 분수대에 도착했다. 분수대를 기준으로 여러 갈래로 쭉 뻗어 있는 모습을 볼 수 있었다. 이 갈래들이 크게 뼈대를 잡고 중간 중간 골목을 통해 또 다시 서로를 잇는 모습은 마냥 단순하게만 생각하지 않게 하면서도 반대로 정돈된 느낌도 주었다. 중심을 잡을 수 있는 곳에 분수대가 있기 때문에 날이 따뜻할 때 분수도 볼 수 있고, 야간에 조명을 비춘다면 사람들이 많이 찾으리라 생각되었다.

한적한 길이 있는가 하면 상가가 위치하여 번화해 보이는 곳도 있었다. 아직 크리스마스 장식이 남아있는 가게들은 장사 준비에 분주한 사람들로 산만했다. 흥미로웠던 점은 서구식 건물의 가게에 중국음식, 중국 느낌이 나는 기념품을 팔고 있는 점이었다. 한동안 느낀 감정은 애초에 '중국 땅을 밟고 있구나'는 데서 '유럽 안에서 중국인들과 함께 있는 것 같다'로 바뀌었다.

앞서, 시간 속에 심취해 말한 내용만 보면 상당히 감명 깊고 아름다운 모습이라고만 생각할 수 있는데 조금만 시각을 달리해도 허점이 많이 보였다. 먼저, 전체적으로 둘러보았을 때 방치되어있다는 인상을 지울 수가 없었다. 이탈리아 조계지였던 곳을 재구성하고 보수한 곳은 스타벅스와 같은 프랜차이즈 카페도 있고, 다양

천진 조계지의 카페와 동상

한 레스토랑, 기념품 가게 등으로 시끌벅적 하였다. 그러나 분수대를 기점으로 100m만 반대편으로 가면 사람들의 발길이 드물고 한적한 곳이 있었다. 또한 조계지 구역이기는 하지만 조계지였다는 사실을 생각하지 못하고 단순히 만들어놓은 유럽마을 같다는 생각도 들게끔 했다. 사람들은 아름다운 장식과 조형물을 배경으로 연신 셔터를 누르기 바빴고, 나도 한 걸음 한 걸음 나아갈 때마다 사진을 찍었지만 그게 전부이기 쉬웠다. 결국 천진 조계지가 처음 눈으로 들어오는 인상은 낯섦과 동시에 신기해서 연신 '오~ 좋다, 괜찮다.'라고 한다. 하지만 한창 빠져들었다가 한 발짝 물러나 보면 아쉬운 점이 너무나 잘 드러난다. 여행과 관광을 목적으로 방문한다면 사진도 많이 찍고, 맛있는 식사와 후식으로 풍족하게 돌아가는 것 같아 만족할 수도 있지만 실제로는 알맹이가 없을 수도 있다는 생각이 들었다.

그렇다면 중국 오기 며칠 전 갔었던 인천 조계지는 어떠했던가. 천진조계지가 내게 보여준 모습과 어떻게 다르고, 같은지 생각해보았다. 인천 조계지는 인천광역시 지하철 1호선 끝자락인 인천역에 내려 나오

면 볼 수 있다. 특히 차이나타운을 포함하여 동화마을 주위로 조성되어 있다. 먼저 위치만 봐도 극명히 비교가 된다. 천진 조계지는 도심과의 접근성도 좋고, 교통수단도 단순하고 편리하다. 인천 조계지 역시 지하철도 있고 버스도 있으며, 우리나라의 수도인 서울과 이어있어 전혀 뒤질게 없다고 생각할 수 있다. 그러나 한 번이라도 차이나타운을 갔다온 사람이라면 알겠지만 차이나타운이 위치한 인천역은 1호선의 맨 끝에 위치해 있다. 버스의 경우 인천 내에서 한참을 돌아 정거장의 끝 쪽에 대부분 위치하고 있으며, 서울에서 바로 갈 수 있는 버스는 존재하지 않는다. 결론적으로 대중교통을 이용했을 시 차이나타운이 가까우며 교통이 편리하다는 생각을 할 수 없었다. 오히려 시간이 많이 뺏긴다고 생각되며 지리적 위치 역시 인천의 중심과는 거리가 있다. 이 점이 분명히 조계지를 방문하고자 하는 사람들에게 영향을 주고 있다는 점이 중요하다. 차이나타운이라는 색다른 장소와 연인이라면 동화마을의 테마는 분명 매력 있는 요소이다. 하지만 금세 '거리가 멀다, 한참 가야한다'며 주저한다.

안타깝게도 이런 극명한 차이가 나타나는 위치에 대한 비교는 어쩔 수 없는 부분이다. 천진, 인천 모두 조계지가 형성될 당시에는 가장 핵심적이자 각 나라로 들어가기 쉬운 장소에 만들어졌다. 그러나 세월이 지나면서 그 원래의 위치를 기준으로 다양한 이유에서 각기 다르게 발달하고 변했기 때문에 위치에 대한 문제는 지금 와서 논할 수가 없다. 하지만 인천 조계지의 근본적인 문제는 여기서 덧붙여지는 한마디에 있다고 생각한다. "아, 거기 가도 별로야." 왜 이 말이 붙을까? 이유에 대해서 답을 찾는데 그리 오랜 시간을 고민하지 않았다.

인천역에 내려 출구로 나오면 차이나타운이 길 건너에 떡하니 자리잡고 있다. 제1패루가 가장 먼저 맞이하는데 패루란 중국의 전통적 건축양식의 하나로 문의 일종이다. 입구부터 중국색色을 흠씬 풍긴다. 길을 따라서는 빨간색과 한자가 조합된 다양한 간판들이 즐비 한다. 전등에도 용이 그려져 있고 여러모로 '중국스럽다'는 말이 나올만한 모습이다. 또 자연스레 중국의 전통 음식들로 눈을 이끌고 코를 자극한다. 화덕만두, 월병, 공갈빵 등 이목을 끄는 다양한 음식들 때문에 특히 조금이라도 허기진 상태라면 '날 한번 잡숴 보소'하는 느낌 때문에 쉽사리

차이나타운의 중국식 간판

차이나타운의 먹거리 화덕만두

지나칠 수 없을 것이다. 결국 어느새 손에 한가득 들고, 입에는 오물오물 거리며 길을 걷는 자신을 발견할 수 있을 것이다.

한껏 기분이 들떠서는 볼거리가 많다. 삼국지를 초단기로 요약해서 볼 수 있는 삼국지 벽화거리를 보고, 현재는 화교인들이 운영하는 중국 점포들이 나열된 골목도 볼 수 있다. 청풍차양과 개방형 발코니는 마치 중국영화에 출연하고 있는 황비홍이나 성룡이 된 느낌을 준다. 백주한잔 마시고 큼직한 고기 하나 뜯으면서 평상에 앉아야 할 것만 같은 묘한 기분이 든다.

지금까지 중국, 그 당시 청나라의 모습을 보여줬다면 청, 일 조계지를 구분하는 계단을 기준으로 일본 조계지가 시작된다. 계단은 정면에서 바라보면 왼쪽이 청나라 조계 지역, 오른쪽이 일본 조계 지역으로

청일조계지 경계 계단. 좌(청), 우(일)

비교하면서 보면 상당히 흥미로우면서 재밌다. 마치 틀린그림찾기 하는 마냥 눈을 좌우로 돌려 비교하고 나면 얕은 탄식과 함께 고개가 끄덕여진다. 멈췄던 걸음을 다시 옮기면 일본풍의 모습이 전부를 덮어버린다. 중국과 일본, 가까운 두 나라지만 이렇게 순식간에 두 나라를 경험해보니 건물의 차이가 확연히 드러났다. 지금은 개항박물관으로 사용하고 있는 과거 일본 제1은행과 그 외 과거 은행들, 현재는 중구청으로 사용되고 있는 건물 역시 일본영사관으로 사용되었었다. 건물의 신축과 리모델링으로 일본 조계지를 재구성한 모습은 조금 더 확실하게 눈에 들어온다. 실제 개항박물관을 들어가면 그 당시의 건물들을 모형화해서 전시하기도 했고 조계지에 대한 흔적을 볼 수 있는 부분이 많아 조계지라는 측면에서 더 실감 나게 느낄 수 있는 곳은 일본 조계지역인 것 같다.

청풍차양과 개방형 발코니

인천 조계지의 일본식 건물

너의 의미

　다시 처음으로 돌아와 조계지의 의미를 다시 생각해보자. 조계지는 아주 간단히 말해 정식으로 허가를 받고 일정한 구역에 외국인들이 살았던 곳이다. 당연히 그들의 의식주 문화가 고스란히 남겨져 있을 뿐 아니라 역사가 담겨져 있다. 일정한 공간에 여러 국가의 사람들이 각자의 삶의 터전을 만들고 다시 섞이며 살았던 곳. 우리나라라고 한다면 그 당시 우리나라로 들어와서 조계지역에 살았던 각국의 사람들은 어떤 생각을 했을까? 낯선 땅이었겠지만 터를 마련하는데 아무런 제약이 없었을 것이다. '여기가 우리가 지닐 땅인가, 이곳은 신기하네'하며 들어오지는 않았을까? 수많은 사람들이 무슨 생각을 했을지는 상상에 맡기겠다.

　하지만 우리나라의 사람들은 얼마나 치욕스러웠을까? 철저히 무시당했고, 아무 저항도 하지 못하고 떡하니 내 앞마당을 차지하는 것을 보고만 있어야 했을 것이다. 말이 좋아 계약이니 협약이었고, 동등한 대우를 받으며 관계를 형성하는 것도 불가능에 가까웠다. 가장 친근했고 아끼던 내 일부를 가져가 웃고 있는 사람들을 보며 얼마나 가슴 아파했을지 상상을 할 수가 없다. 그러므로 조계지는 가슴 아픈 기억이자 상처로 지금까지 남아있다. 우리는 반드시 이점을 가슴에 새길 필요가 있다.

　천진조계지는 이러한 아픔을 갖고 있음에도 상당히 잘 구성해 놓았다. 역사가 오래된 건물들은 유지·보수에 신경 썼고, 나름대로 재구성하고 변형했지만 큰 틀에서는 훼손하지 않고 사용하고 있다. 이태리거리와 같은 곳은 상가와 결합하여 새로운 관광명소의 형태로 사람의 발길을 이끌고 있다. 역사적 사실은 물론 남아있는 요소들을 충분히 사용하고 있다. 일반 이태리 음식점에서 먹을 수 있는 피자&파스타를 실제 이태리 사람들이 머물렀었던 그리고 생활했었던 건물에서의 피자&파스타로 이미지를 탈바꿈시킨 것이다. 천진 사람들, 아니 이곳을 찾는 중국 전 지역의 중국인들은 이러한 가슴 아픈 역사적 사실에서 한 걸음 물러선 느낌이 들었다. 사천성에서 천진 여행을 온 두 여학생과의 대화가 기억에 남는다.

> 필자 : 안녕하세요~ 저는 한국에서 온 인천대학교 학생입니다.
> 뭐 좀 여쭈어 볼 수 있을까요?
> 중국학생 : (활짝 웃으며)아, 안녕하세요. 어떤 거요?
> 필자 : 천진사람이신가요?
> 중국학생 : 아니요. 사천성에서 왔습니다.
> 필자 : 아~ 이곳은 어떻게 오시게 되셨나요?
> 중국학생 : 천진여행을 와서 들렸습니다. 천진에 오면 꼭 들려야
> 하는 관광명소에요.
> 필자 : 왜 꼭 들려야 하는지...?
> 중국학생 : 인기가 많아요. 여기 예뻐서 특히 커플들이 많이 와요.
> 필자 : 여기가 조계지인건 알고 있나요?
> 중국학생 : 조계지에 대해서는 잘 몰라요. 그냥 천진 오면 꼭 오
> 는 곳입니다.
> 필자 : 네, 감사합니다. 즐거운 여행되세요~

짧은 대화였지만 밝은 웃음으로 대답해줘서 너무나 고마웠다. 아름다운 이태리 거리를 배경으로 폭풍 기념사진을 찍고 헤어졌다. 비록 소수의 생각이지만 중국인들이 조계지에 대해서 생각하는 소중한 의견 중 하나를 알 수 있었다. 우선 조계지라는 개념에 대해 알지 못했다.

인천, 대륙의 문화를 탐하다 - 제1부 차이나스페트럼, 우리 눈에 비친 색깔들

대화의 대상이 비교적 젊은 사람이었기에 충분히 그럴 수 있다고 생각한다. 그보다도 천진 조계지는 인천 조계지와는 다르게 도심과의 접근성이 좋다. 천진에 거주하는 사람들 뿐 아니라 관광객들도 필수적으로 오는 곳이다. 사람들의 발길을 이끄는 주요인은 조계지의 역사와 그를 보여주는 흔적들은 아닌 것 같았다. 물론 이 말도 맞지만 그보다 남아 있는 서양식의 건물들이 상가와 혼합되어 음식점, 바(Bar), 카페 등으로 식사나 여가를 즐기는 데 좋게 만들어 놓은 환경의 영향이 더 커보였다. 조형물과 조명으로 야간에는 또 다른 묘미를 즐길 수 있는 등 단순한 시각적인 효과도 거들었다. 가장 다르면서도 아주 자연스럽게 스며들어 있다고 생각했던 천진 조계지도 역사나 조계지에 대한 명확한 의미전달보다 눈에 보이는 유희적 모습이 주가 된 것 아닌가 해서 실망과 동시에 아쉬웠다. 찝찝한 감정을 쉽게 지우

친절히 인터뷰에 응해준 커플과 한컷

지 못하였기에 이번엔 닭살 돋는 커플들과 대화를 나누어 보았다.

> 필자 : 안녕하세요. 저는 한국 인천대학교 학생입니다.
> 　　　 뭐 좀 여쭈어 볼 수 있을까요?
>
> 커플 : 네.
>
> 필자 : 이곳은 어떻게 오시게 되셨나요? 사람들이 많이 찾는 곳
> 　　　 인가요?
>
> 커플 : 데이트 중이었어요. 여긴 자주 오는 편이에요. 다른 사람
> 　　　 들도 많이 와요
>
> 필자 : 사람들이 많이 찾는 이유는 뭐라고 생각하세요?
>
> 커플 : 서양건물이 많아서 사진 찍기도 좋고, 카페나 음식점도

바로 옆에 있어서 좋아요

필자 : 여기가 조계지인건 알고 있나요?

커플 : 여기가 외국 사람들이 살았던 것은 알고 있어요. 이 건물
　　　들도 다 예전 것이고요.

필자 : 좋지 않은 역사인데 어떻게 생각하시나요?

커플 : 많이 생각해 본 적이 없어서... 지금은 잘 모르겠어요.

필자 : 아, 감사합니다.~ 좋은 하루 되세요.

　　귀한 데이트시간을 할애해줘서 고마웠다. 중국어로 소통하는 것이 단어도 기억나지 않고, 그들이 하는 말을 잘 알아듣지 못해서 힘들었지만 생각보다 여자 분이 다시 말씀해주시고 설명해주셔서 대화를 잘 마무리 할 수 있었다. 천진 조계지가 사람들이 천진에 방문했을 때 가는 곳은 분명해 보였다. 조계지라는 역사적 사실 때문일 수도, 잘 유지·보수하고 상가와 어우러져 실용적인 면이 발걸음을 이끌 수도 있다. 하지만 대부분의 사람들이 후자 때문에 온다. 천진의 먹거리·볼거리를 찾아 움직일 때 주요 명소들과 가까운 위치에 있고, 오면 사진도 찍고 밥도 먹고 다시 돌아갈 수 있다. 조계지의 역사에 대해 알고 오는 사람은 몇이나 될까 싶었다. 와서 알게 되더라도 그것에 대해 깊게 생각하는 사람은 더욱 소수이지 않을까라고 조심스레 생각해본다.

　　정리해보면 천진조계지는 확실한 장점을 갖고 있다. 조계지의 흔적들이지만 오래된 역사를 품고 있는 지역과 건물들에 대해 잘 유지시켜왔고, 또 그를 사용하고 있다. 이태리거리의 경우 상가와 연계하여 이태리음식점, 스타벅스와 같은 프랜차이즈 카페, 바(Bar)도 있다. 곳곳에는 시즌에 맞게 조명과 조형물을 배치해놓고, 기념품가게나 테이크아웃 가게는 이와 더불어 거리를 더 활기차게 하고 있다. 하지만 부정적으로 한 번 바라본다면 만약 이 장점을 갖고 있는 천진조계지가 그 모

습 그대로 새로 만들어 놓은 외국마을이라고 해서 사람들의 발걸음이 끊길까? 결국 조계지의 모습이 잘 보전되어 있는 부분은 칭찬할 만하지만 그 외형적인 모습이 전체를 압도해버렸다는 느낌이 든다는 말이다. 국가적, 민족적으로 치욕일 수 있는 역사를 숨기지 않고 드러내주었고, 사람들은 이에 대해서 생각하고 각자의 느낌을 간직할 필요가 있다고 생각한다. 그러나 아예 무지한 사람도 많고, 조계지라고 알고 왔다고 해도 한 걸음 더 들어가 생각해보지 않고 거기까지가 전부인 사람들이 많다는 점에서 안타까웠다.

우리의 인천조계지는 어떨까? 차이나타운을 중심으로 자유공원과 동화마을. 지리적 위치로 인한 접근성의 문제를 떠나더라도 차이나타운 일대를 두 번, 세 번 가고 싶다고 말하는 사람은 보지 못했다. 인천조계지, 차이나타운 일대에 대해 주위 사람들에게 물어보면서 가장 많이 들을 수 있던 답변은 '한 번이면 만족한다'는 말이었다. 장점이라면 먹거리도 많고, 중국의 모습과 일본의 모습을 볼 수 있다는 점, 주위에 동화마을과 자유공원이 있어 간 김에 같이 둘러보고 올 수 있다는 점이다. 하지만 조계지의 흔적들을 좀 더 깨끗하고 잘 관리된 모습으로 유지하는 것이 필요하다고 말하는 사람도 있었고, 차이나타운도 역시나 번화한 곳과 그렇지 않은 곳의 차이가 커 보인다는 사람도 있었다. 전체적으로 보면 동화마을은 조계지랑 아무 연관도 없고, 도대체 왜 뜬금없이 이곳의 테마를 동화로 조성해 놓은지 근본적으로 이해가 되지 않는다는 의견도 구할 수 있었다.

종합해보면 우리의 인천조계지는 방문하는 사람들의 만족도가 높지 않다는 것을 알 수 있었다. 단순한 먹거리를 즐기고, 눈으로 훑는 수준에서 그치기 때문에 당연히 만족도가 높은 수준에 이르기 힘들고 일회성 방문에 그친다고 생각이 들었다. 이 역시 조계지의 의미와 관련된 역사에 대해 자신만의 생각을 갖고 있느냐 없느냐가 근본적인 원인이라고 생각한다. 나 역시 친구, 연인, 가족과 함께 방문했었다면 맛있는 음식을 먹고, 단순히 고개를 끄덕이며 하루를 보내고 돌아왔을 것이다. 다행스럽게도 나의 인천조계지 첫 방문은 지도를 해주시는 교수님과 함께였기에 한 걸음, 한 걸음이 묵직할 수 있었다. 설명도 듣고 다시 눈여겨봤기에 그 의미를 이해할 수 있었고, 그에 대해 내 생각을 정립할 수 있었던 것이다.

우리나라와 중국은 모두 조계지라는 피식민지의 아픈 역사를 안고 있다. 다른 관점으로 보면 근대문물이 가장 처음 들어왔던 곳으로 근대화에 이바지한 빠질 수 없는 역사이기도 하다. 이를 어떻게 받아들이는가에 따라 각자 시각이 달라질 수는 있겠지만 현재의 우리는 어떻게 받아들일 것인가에 대한 생각도 하기 전에 이 사실에 대해 모르고 지나가고 있는 것 같다. 천진 조계지는 천진을 방문했을 때 반드시 지나치게 되는 코스임에도 불구하고 생각보다 많은 무지함에 놀랍기도 했다. 미적인 부분에 먼저 눈이 가 진정으로 의미를 해석하는 눈이 멀었다는 게 안타깝다. 우리의 인천 조계지는 미적인 부분을 살리기보다 좀 더 관심과 애정을 쏟을 필요가 있는 것 같다. 역사적 의미에 대한 관심과 생각과 동시에 조성해놓은 전반적인 부분에도 관심과 좀 더 애정 어린 손길이 절실하다고 느껴졌다.

우리의 내일은 당신의 오늘보다 아름답다

우리 인천 조계지의 미래는 어떨까? '좋다!, 나쁘다!'라고 한 쪽 손을 들어줄 답변을 명확하게 내놓을 수가 없었다. 분명 장점도 있고 단점도 있으며, 인천 조계지를 바라보는 우리에게도 지녀야할 책임감과 주체

인천, 대륙의 문화를 탐하다 - 제1부 차이나스펙트럼, 우리 눈에 비친 색깔들

적인 생각이 있어야하기 때문이다.

먼저 천진 조계지와 비교하여 분명히 우리 인천 조계지가 배워야 할 점이 존재한다. 첫째, 조성환경이다. 규모의 차이가 존재하고, 처음 조계지가 형성될 때부터 만들어진 틀은 무시할 수가 없다. 한 눈에 보기에 건물들의 배치는 논외라는 말이다. 그러나 그 안으로 들어갔을 때의 세밀한 부분은 눈감고 넘어갈 수 없다. 기존의 건물을 신축, 리모델링하고 용도에 맞게 재사용하고 있는 부분부터 인천 조계지가 한참 부족하다고 생각한다. 차이나타운의 의선당이나 한중원 쉼터 등 잘만 보수한다면 더 정갈하고, 맑은 이미지를 줄 수 있다고 확신한다. 하지만 손길이 닿지 않는 곳엔 한눈에 봐도 알 수 있는 먼지와 드문드문 보이는 부서진 벽돌, 나무 등은 방치되어 있다는 말이 단번에 떠오른다. 빈틈이 없을 수는 없으나 최소한의 기준을 유지해야 그 다음이 있지 않을까.

둘째, 사람들을 두 번, 세 번 오게 할 수 있는 요소를 만들어야 한다. 앞서도 말했듯이 차이나타운으로의 방문은 일회성에 그친다. 한 번 왔다가 가면 '볼만큼 봤다, 음식이 비싼데 이왕 한 번 오니까 먹었다'는 식이다. 우리나라에서 정식으로 중국의 모습을 담고, 일본의 모습을 담고 있는 곳은 인천 조계지 구역이 유일하다고 생각한다. 부모님의 손을 잡고 오는 어린아이들은 타국의 모습을 보고 잊을 수 없는 추억을 갖고 갈 수 있고, 커플이라면 새로운 문화에 묻혀 웃고 즐기고 배불리 데이트 할 수 있는 곳이 되어야 한다고 생각한다. 이들을 가능하게 할 수 있는 매력이 있다면 지리적 위치의 불편함은 아무 것도 아닐 수 있다. 즉, 한 번 왔을 때의 기억이 진하다면 다시 오고 싶어질 것이라고 생각한다. 인천 조계지는 바로 이러한 매력이 떨어진다는 말이다. 문화적으로 중국이면 중국, 일본이면 일본을 더 진하게 느끼게 하는 구조적인 개편이 있으면 어떨까 생각한다. 현재에도 인천광역시에 시행하고 있는 행사가 몇몇 있지만 이를 좀 더 활성화하고 시민들의 참여를 불러일으킬 필요가 있다. 가능하다면 옆에 붙어있음에도 이질감이 느껴지는 동화마을과의 연계도 고려해볼 가치가 있다.

마지막으로 사람들의 인식이다. 앞서 누차 말하고 강조했지만 인식의 문제가 빠질 수 없다. 조계지에 대한 이해 뿐 아니라 이 조계지가 왜 형성되었고, 현재에 우리에게 주는 의미가 무엇인지에 대해 진지하게 생각할 필요가 있다. 이는 천진과 인천의 사람들 모두에게 공통으로 주어지는 과제일 것이다. 조계지가 던지는 객관적인 역사적 의미는 가슴 아픈 역사일 수 있다. 하지만 분명 근대화의 출발점이 된 곳이라는 긍정적인 의미가 없다고 할 수도 없을 것이다. 부정적으로 생각하여 '다 없애버리자'라고 할 수도 있을 것이며, '역사를 제대로 알도록 하기 위해 이를 잘 보존하자'라고 생각할 수도 있다. 물론 이 두 가지 중 하나가 정답이라고 말할 수는 없을 것이다. 그러나 각자의 주관적 견해에 따라 입장은 모두 다르겠지만 이런 생각을 갖고 바라보는 것과 그렇지 않은 것은 엄청난 차이라고 생각한다. 작게는 개인, 점점 더 커져 주민, 시민, 국민이 이에 대한 생각 없이 그저 되는 대로만 흘러간다면 아무 의미도 없는 죽은 문화가 되리라 생각한다.

역사적 의미를 포함한 하나의 문화(여기서는 조계지를 뜻함)는 어떤 시각을 갖고 바라보냐에 따라 그 문화를 살릴 수도 있고 죽일 수도 있다. 때문에 우선 먼저 어떤 자세로 바라볼 것인가가 확립되어야 하고, 그 이후에 주체적인 자세로 어떻게 함께 할 것인가가 모색되어야 할 것이다. 이 이후의 일은 함께하는 우리에게 꾸준히 반복되어 주어지는 과제일 것이다. 언제나 더 나은 내일을 희망하는 우리 모두가 오늘을 되돌아보는 지혜로움을 가지면 반드시 희망하는 대로 나아갈 수 있지 않을까 생각한다.

외나무가 아닌
푸른 숲을 이루기 위해

김윤경

CJ, 중국에 꽂히다!

바늘구멍 들어가기보다 어려운 중국시장 들어가기

무역장벽이 점차 사라지고 기업의 활동범위가 모호해지고 있는 오늘날의 세계경제에서 중국은 초국적기업들에게 가장 매력 있고도 가장 들어가기 어려운 시장이다. 왜냐하면 13억의 인구를 등에 업은 세계 최대의 소비시장인 동시에 개혁개방 걸음마 단계에 있는 폐쇄형 사회이기 때문이다. 실제로 '본전은 건지겠지!'라는 안일한 생각으로 중국 시장 진출에 도전한 기업들이 폐쇄적인 중국의 사회구조 안에서 수많은 실패를 맛봤고, 때로는 소리 소문 없이 사라져 버리기도 했다.

CJ E&M 또한 지금이야 어느 정도 자리를 잡았다고는 하지만 처음부터 중국시장 진출이 순탄했던 것만은 아니었다. 우리나라에서야 콧방귀깨나 뀐다는 대기업이었지만 중국에서는 그저 소리 소문 없이 사라질 수많은 기업들의 예비 후보 중 하나였고, 중국 시장에서 살아남기 위해 많은 시행착오를 겪어야 했다. 이들이 중국 시장 진출의 돌파구로 내세웠던 '문화산업'은 특히나 그러하였다.

그렇다면 CJ E&M이 중국시장 진출에 어려움을 겪었던 이유는 무엇일까? 이에 대한 가장 근본적인 원인으로는 자국 문화에 대한 강한 프라이드로 볼 수 있다. 오늘날 중국인들은 중국이 동아시아의 황제로 군림하던 '중화'의 시대를 그리워하고 있으며, 이를 다시 부흥시키기 위해 소위 '소프트 파워' 육성에 모든 역량을 집중시키고 있다. 오늘날 이들이 시행하고 있는 모든 문화산업의 육성과 보호정책이 그 일환이라고 볼 수 있다. 이렇듯 자국시장에 대한 보호가 강하다보니 다른 나라의 문화에 대해서는 배타적이 될 수밖에 없고, 정부 차원의 규제 또한 다른 나라에 비해 더욱 복잡하고 까다로운 것이다. 이러한 모습은 CJ E&M의 중국 진출 초기 중점사업인 영화 사업에서 잘 볼 수 있다.

특명, 중국 관객들을 잡아라!

사실 2000년대 이전까지만 해도 중국 영화산업은 그야말로 '황무지'였다. 왜냐하면 당시 중국에서 '영화'는 단순히 인민들의 사상 교육을 위한 도구에 불과했기 때문이다. 하지만 2001년 WTO 가입을 계기로 중국 영화계에도 새바람이 불기 시작하였다. 정부 차원에서 민영 영화사의 영화 제작을 허용하고 상영업에 대한 외자 진출을 허용하는 등 영화 산업 육성을 장려하기 시작한 것이다. 이를 계기로 영화 산업 분야에 민간업자들이 뛰어들면서 시장이 활기를 띠기 시작했고, 중국의 극장 수입도 2004년 15억 위안(한화 약 1800억 원)에서 2006년 24억 위안(한화 약 4000억 원)으로 2년 새에 약 1.6배가량 크게 늘어났다.

CJ CGV는 이 같은 기류를 일찍이 눈치 채고 진작부터 중국 진출을 계획하였다. 그도 그럴 것이 당시 한국의 영화 시장은 이미 포화상태였고, 게다가 이미 13억 명의 거대 시장이라는 강점을 가지고 있는 중국에 정부적 차원의 정책적 지원이 더해지면 향후 엄청난 성장성을 보일

중국 영화흥행수입증가 추세

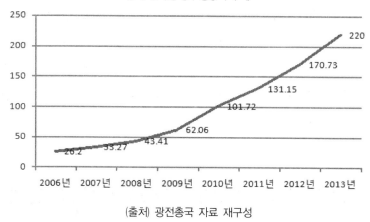

(출처) 광전총국 자료 재구성

것이라는 판단 때문이었다. 그리하여 CJ CGV는 즉각 중국 베이징에 현지 사무소를 설립하고 현지 시장 조사를 통해 적합한 파트너 물색에 나섰다. 그리고 이듬해 SFG(Shanghai Film Group, 상하이문화광파영시집단上海文化廣播影視集團)와 합작회사(지분율 50%)를 설립하였다. 일단 한번 발동이 걸린 중국의 영화산업 성장은 실로 무서웠다. CJ의 선견지명이 적중한 셈이었다. 2012년, 결국 중국 영화 시장 규모는 171억 위안을 기록하며 일본을 제치고 미국에 이어 세계 2위 시장으로 등극했다. 이후 중국 영화 시장은 2013년에는 218억 위안, 2014년에는 296억 위안 등 해마다 가파르게 증가하고 있다. 지난 2월엔 춘절春節 효과가 겹치면서 사상 최초로 미국 박스 오피스를 앞지르기도 했다.

이러한 변화는 비단 수익률에서만 나타나는 것은 아니다. 중국 영화관 수는 2012년 3680개에서 2013년 4650개로 26%가 증가했고, 스크린 수는 같은 기간 1만3118개에서 1만8195개로 39% 늘었다. 이렇듯 오늘날까지도 중국의 영화 시장은 무서운 속도로 성장하고 있지만, 좋아하기만은 이른 감이 있다. 왜냐하면 이런 가파른 성장세에도 불구하고 중국의 1인당 연간 영화 관람횟수는 1회에도 못 미치는 0.45회(2013년 기준)로, 한국(4.25회)과 비교하면 약 10분의 1 수준이기 때문이다. 인구 100만 명당 스크린 수도 13.78개로, 한국(43.49개), 미국(126.68개)에 비해 턱없이 적다. 이는 중국에서의 영화 소비 문턱이 높다는 것을 의미하는 한편, 중국에서의 영화 산업이 '아직은' 블루오션인 만큼 앞으로 시장이 확대될 가능성이 크다는 것을 의미하기도 한다.

중국 상영관 증가 현황

연도	원선 총수	극장 총수	스크린 수	극장 증가수	스크린 증가수
2003	32	1,045	1,923	28	110
2004	33	1,188	2,396	143	443
2005	36	1,243	2,668	55	272
2006	33	1,326	3,034	182	366
2007	34	1,427	3,527	102	493
2008	34	1,545	4,097	118	570
2009	37	1,680	4,723	142	626
2010	38	1,993	6,256	313	1,533
2011	43	2,796	9,286	803	3,030
2012	46	3,676	13,118	880	3,832

(출처) 보도자료, entgroup. 종합

중국에서의 영화산업, 성공적?

엔트그룹(Entgroup)은 중국 내 극장 사업자 순위를 조사해 발표했는데, 이에 따르면 CGV는 2012년 하반기에 22위를 기록했으나 2013년 6월에는 18위에 오르면서 가파른 상승세를 보이고 있다. 이는 3200개가 넘는 영화관이 치열한 경쟁을 벌이는 중국 내에서 괄목할 만한 성과라고 할 수 있다. 그렇지만 이러한 성과에도 불구하고 아직은 마음을 놓을 수 없다는 것이 전문가들의 의견이다. 현재 중국에는 약 40여개의

CGV 극장이 세워져 있는데 손익분기점을 넘어 영업이익을 내고 있는 극장은 13개에 불과하기 때문이다. 이들 중에서도 영업이익은 넘었지만 간신히 흑자 전환에 성공한 수준인 곳도 있다. 이러한 상황에서 근 10년간 중국 시장에 투자한 수천억 원대의 투자금을 모두 회수하기까지는 꽤 오랜 시간이 걸릴 것으로 보인다. 이렇게 보면 CJ의 중국시장 진출이 대단히 성공적이라고 말하기는 어려울지도 모른다. 하지만 그렇다고 해서 CJ의 중국 시장 진출이 실패했다고 보기도 어렵다. 왜냐하면 영화 사업을 통해 다른 사업에 착수하기 위해 발판을 마련했다는 평이 지배적이기 때문이다.

실제로 CJ E&M은 영화 사업을 바탕으로 오늘날 음악, 예능, 콘서트뿐 아니라 뮤지컬이나 창작 연극까지 생각보다 다양한 방면의 사업을 진행하고 있다. 특히나 뮤지컬 시장에서의 선전이 돋보이는데 배우와 경험, 극장이 없는 중국의 뮤지컬 시장을 CJ가 주도적으로 이끌어 왔다. 덕분에 '맘마미아', '캣츠', '김종욱 찾기' 등의 뮤지컬공연들을 성공리에 마칠 수 있었고 지금은 중국의 독자적인 창의 예술 공연을 만들

중국 맘마미아 공연 포스터

기 위해 노력하고 있다. 이러한 사업들은 CJ가 중국 진출 초기에 영화 사업을 기반으로 입지를 굳혔기 때문에 가능한 일이었고, 따라서 영화 산업이 CJ의 중국 진출에 있어 견인차 역할을 한 것으로 볼 수 있다.

k-pop, k-culture의 출입문으로

중국에 불어 닥친 k-pop 열풍

1998년 H.O.T 정규앨범을 시작으로 많은 한국 가수들이 중국에서 앨범활동, TV출연, 콘서트 같은 다양한 활동을 펼쳤으며 한류 '제 1세대'의 막을 열었다. 게다가 중국 각지의 KTV(노래방)가 한국노래를 들여오면서 열기는 더욱 거세져 갔다. 이전에는 가사를 손수 베껴서 들고 다녀야 했던 수고가 KTV에 한국 노래가 수록되면서 불필요해졌기 때문이다. 음반에는 한국어 가사와 이를 따라 부르기 위한 로마자 발음기호, 그리고 번역이 붙어있었다. 멜로디만 익히고 발음기호를 쫓아가면 대체로 비슷하게 따라 부를 수 있던 것이다.

주목할 점은 이러한 k-pop 열풍이 단순히 노래를 따라 부르는 것에만 그치지 않고 일종의 '아이돌 문화'를 만들어 냈다는 점에 있다. 이들은 좋아하는 가수의 패션이나 헤어스타일, 말투에 관심을 갖고 이를 따라 하기 시작했다. 이러한 기류는 개성추구를 중요시 하는 당시 세대 중국인들(일명 빠링호우40))의 특성에 기인하는 것으로 보고 있다. k-pop은 단순히 음악이라는 '문화 콘텐츠'가 아니라 당대 우리나라의

---

40) 중국에서 1980년대에 태어난 세대를 이르는 말. 시장경제 체제하에서 물질적으로 풍요롭게 성장하였기 때문에 개인주의적이고 소비지향적인 성향을 띤다. 외국 문화에 대해 개방적이며, 개성을 추구한다. 컴퓨터와 인터넷 사용에 능숙하다. 출처: 두산 백과

대중문화를 중국에 전파하는 '문화 사절단'의 역할을 수행했던 것이다. 그렇다면 k-pop의 어떤 매력이 13억 중국인을 사로잡은 것일까?

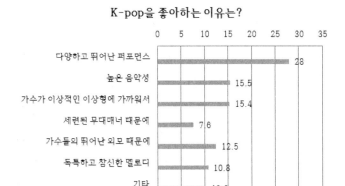

(출처) 엠브레인트렌트리포터 자료 재구성

많은 대중문화 평론가들은 k-pop의 차별화된 장점으로 '대중성'을 일컫는다. 쉽게 말하자면 남녀노소가 함께 즐길 수 있는 음악이라는 점이다. 이러한 대중성은 국적과 언어를 초월하는 것으로 '보편성'이라는 단어로도 설명이 가능하다. 한 때 전 세계를 뜨겁게 달궜던 '강남 스타일'의 성공비결 역시 이것이다. 이는 리드미컬하고 흥겨운 멜로디가 특징이며 안무 또한 단조로워서 누구든지 쉽게 따라 부르고 함께 즐길 수 있는데 이러한 특징은 언어를 모르는 외국인들의 입장에서는 노래를 더 잘 기억하고 빠져들 수 있는 요소이다. 그리고 이는 가사의 의미나 압운의 조화 등 형식적인 측면을 중시하는 중국 가요와 차별화된 k-pop만의 강점이기도 하다. 뿐만 아니라 k-pop은 기존 음악의 스타일을 뛰어넘어 새로운 스타일의 음악에 과감히 도전하며, 가수들의 자유분방하고 개성 있는 이미지, 화려한 퍼포먼스로 중국인들에게 긍정적인 평가를 받고 있다. 이러한 것들이 바로 k-pop이 중국 뿐 만 아니라 전 세계로 뻗어나갈 수 있었던 이유이다.

중국의 스타양성소 'M studio'에 가다!

중국에서 '차오지뉘성(超級女聲, 여성가수를 뽑는 오디션 프로그램)' 과 '콰이러난성(快樂男聲, 남성가수를 뽑는 오디션 프로그램)'이 전례 없는 인기를 얻은 이후 CJ E&M은 우리나라의 대표적인 노래경합 프로 그램의 포맷을 딴 '보이스 오브 차이나(The Voice of China)', '나는 가 수다' 등을 선보였고, 흥행에 크게 성공하였다. 이러한 프로그램의 성 공은 수많은 사람들에게 가수의 꿈을 이룰 수 있다는 기대를 심어주었 고 무대로 나아오게 했다. 그들은 단순히 가수들의 음악을 듣는 것을 뛰어넘어 직접 가수가 되어 무대 위에 오르고자 하는 희망을 갖게 되 었다. 이를 통해 중국인들은 유명 스타들이 어떻게 스타가 됐는지, 스 타가 되기 위해 어떤 교육을 받았는지는 물론이고 그들의 패션, 머리모 양, 그들이 쓰는 화장품이나 소품, 또 어떤 메이커의 옷을 입는지, 피부 는 또 어찌 그리 좋은지 등 세세한 것에 까지 관심을 갖게 되었다. CJ E&M은 이러한 수요에 발맞추어 스타양성교육과 더불어 스타 데뷔에 필요한 전반적 과정을 압축적으로 교육하는 기관을 설립하게 되었다.

그리고 탐방 4일차, 우리는 그 현장을 직접 눈으로 볼 수 있는 기회 를 가지게 되었다. 우리는 베이징에 위치한 CJ E&M을 방문하였는데, 이곳은 CJ의 문화산업 분야 중에서도 음악과 춤, 연기 등 '무대 공연'에 관한 전반적인 사업이 이뤄지는 곳이었다. 일명 'M스튜디오'라고 불리 는 이곳은 일반적인 사무실의 모습일 것이라 생각했던 우리의 기대와 달리 우리나라 대형 기획사와 매우 흡사한 모습이었다. 그만큼 분위기가 개방적이고 활력이 넘쳤고, 차세대 스타를 꿈꾸는 많은 중국인 지망생들이 이곳에서 부지런히 자신을 갈고 닦고 있었다.

M studio의 외관(창이 많이 뚫려있어 다른 건물에 비해 개방적인 느낌을 준다.)
(출처) baidu 이미지

그렇다면 CJ의 일명 '스타양성사업'이 중국에 성공적으로 정착한 이유는 무엇일까? 오늘날 중국 내에 불어 닥친 한류열풍은 중국인들에게 한국에 대한 긍정적인 이미지를 심어주었고 중국 청년층 일부는 한국문화에 대한 동경을 갖게 되었다. 그리고 CJ E&M은 이러한 기대에 부응하듯 중국문화와 한국문화의 교량 역할을 자처하며 '한류의 세계화'를 목표로 'K-pop 아카데미'를 통해 체계적인 보컬, 댄스, 작곡 트레이닝을 제공하고 있는 것이다.

중국 내에서는 무대 공연에 대해 이토록 체계적으로 지도하는 곳이 거의 없기 때문에 한국에 진출하고픈 중국 아이돌 지망생들과 관련분

중국

159

야에서의 성공의 꿈꾸는 아이들이 더욱 경쟁적으로 이곳에 몰리고 있다. 말하자면 중국 내 '아이돌 양성소'인 것이다. 더욱 놀라운 것은 이러한 과정이 전부 한국인 지도자와 중국인 아이돌 지망생 간 1대1 방식으로 이뤄진다는 것이다. 학생들은 지도자의 면밀한 분석과 컨설팅을 통해 각자의 특성을 최대한 살릴 수 있는 분야를 선정하여 능력을 극대화 시키며 이를 바탕으로 짜인 커리큘럼에 따라 '맞춤형 교육'을 받게 된다. 이렇듯 질 높은 수준의 교육을 제공받은 수강생들은 관련 분야에서 선전하게 되고, 이들을 통해 또다시 중국 내 한국에 대한 긍정적인 이미지가 재창출되면서 장기적으로는 이러한 문화 육성 산업과 한류가 '선순환 구조'를 이루게 되는 것이다.

직접 건물 내부를 둘러본 결과, M스튜디오 각 층에는 춤과 노래를 연습할 수 있는 소규모 스튜디오가 자리하고 있었으며, 지상 2층과 지하 1층에는 기자회견이나 파티 룸으로 활용 가능한 다용도실을 비롯해 안무연습실, 샤워실, 교육에 필요한 각종 최첨단 시설들이 빼곡히 들어서 있다. 이러한 M스튜디오에 대한 CJ의 전폭적인 투자는 한류의 주요

왼쪽부터 M studio 내부 모습과 수강생들의 안무 연습 모습
(내부에는 보컬연습실, 안무연습실 등이 늘어서 있다.)
오른쪽 사진은 열정적으로 수업에 참여하는 중국 학생들의 모습
(출처) baidu 이미지

소비층이 중국인들이며 중국을 통해 한류를 아시아 전역에 퍼뜨릴 수 있다는 기대감에서 비롯된 것으로 보인다.

같은 하늘에 떠있는 양국의 별

중국에서 k-pop 열풍이 거세져 가면서 한·중 양국 가수들이 점차 무대를 공유하고 있다. 즉, 한국가수들은 중국으로, 중국가수들은 한국으로 진출하려는 경향이 짙어지고 있다는 것이다. 이는 단순히 활동 무대만을 바꾸는 것만을 포함하는 것이 아니라 한·중 양국의 기획사들이 합작하여 다양한 국적을 가진 그룹을 내보인다든지, 아니면 아예 타국 가수지망생을 뽑아 연습생 기간을 거친 뒤 자국에서 데뷔시키는 등 다양한 형태로 이뤄지고 있다. 이렇게 데뷔한 아이돌 그룹 중 잘 알려진 이들이 바로 JYP엔터테인먼트가 선보인 'Miss A'이다. 이들은 중국인 멤버 지아와 페이, 한국인 멤버 수지와 민으로 구성되어 있으며 데뷔 전부터 '제2의 원더걸스'라 불리며 화제를 모았다.

이쯤에서 궁금한 것은 '중국인 멤버들이 어떻게 그룹에 합류하게 되었나?'인데 놀랍게도 이들은 당시 한국에서 생활하고 있던 것도 아니었고, 오디션을 보기 위해 한국으로 온 것도 아니었다. 페이는 2006년 광저우에서의 길거리 캐스팅을 통해, 지아는 2007년 베이징 학교에서 열린 JYP오디션에 합격

중국 예능 프로그램 '기묘견면회(奇妙見面會)'에 출연한 Miss A.(출처) 네이버 이미지

하면서 들어오게 된 케이스로 당시 JYP엔터테인먼트가 중국에서 직접 모셔온 선택받은 이들이라는 것이다. 이는 애초부터 중국 등의 아시아 시장을 겨냥하기 위한 것이었고 이런 기대에 부응하듯 Miss A는 한국에서 뿐 만 아니라 중국 저장위성방송 '웨탸오웨메이리越跳越美麗'를 비롯하여 중국 여러 오락프로그램에도 출연하면서 많은 인기를 얻었다. 이는 한국 가수의 경우만 해당되는 사항은 아니다. 2011년 중국 오디션 프로그램 '콰이러난성'에서 '웨이천魏晨'이라는 사람이 우승을 거머쥐게 되었는데 그는 이를 통해 한국에서 활동할 수 있는 기회를 얻게 되었고, 한국에서 첫 앨범을 발표하였을 뿐 만 아니라 같은 해 한국에서 열린 'Mnet Asia Music Award'(일명 MAMA)에서 베스트 뉴 아시안 아티스트상을 수상하였다.

중국 스크린 속으로 들어간 한국의 영상콘텐츠

중국인들 웃음코드 파악한 한국 예능

건물 내부를 살펴본 후, 우리는 CJ E&M 북경지점 대표님의 강연을 통해 중국에서 CJ가 k-pop과 아이돌을 통해서 뿐만 아니라 '문화'라는 핵심 슬로건을 내걸고 식품, 물류, 홈쇼핑 등 다양한 방식을 통해 중국에 한류를 확산 시켜나가고 있다는 점을 알게 되었다. 근래에는 특히 방송 미디어 분야에서도 엄청난 저력을 보여주고 있는데 국내에서 많은 인기를 얻었던 tvN의 예능프로그램인 '꽃보다 할배'의 중국 버전이 현지에서 좋은 성적을 받은 것이 그 예이다.

이는 2014년 6월 상하이 동방위성TV에서 '화양예예花样爷爷'라는 이름으로 방송되었으며, 원제작자인 나영석 PD가 제작에 참여하였다. '화양예예'는 동시간대 시청률 2위를 기록하였는데, 이러한 성원에 힘입어 중국판 '꽃보다 누나'격인 '화양제제' 또한 지난 3월에 출범하였다. '화양제제'의 첫 방송 시청률은 2%에 육박하였는데, 이는 지상파 채널만 30개가 넘는 중국 방송에서 대단한 성과가 아닐 수 없다.

케이블 방송 tvN의 예능 '꽃보다 할배'를 중국판으로 리메이크한 '화양예예(花样爷爷)'. (출처) 네이버 이미지

이러한 한국 예능의 중국 강타는 비단 '꽃보다 할배'만을 지칭하는 말은 아니다. MBC '아빠! 어디가?', SBS '런닝맨' 등도 중국 내에서 상당한 인기를 구가하고 있으며, 중국 내 여러 위성TV 채널들은 이러한 추세를 따라 한국 예능의 판권을 정식으로 사들이고 있다. 특히나 중국 버전으로 다시 태어난 '런닝맨奔跑吧兄弟과 '아빠! 어디가?'爸爸去哪儿 등은 중국에서 시청률 2%를 넘기며 후속 시즌까지 확정됐다. 중국 내에서 한국 예능 프로그램의 인기가 높아지면서 시장에서 차지하는 한국 예능프로그램의 콘텐츠 수출 비율 또한 높아지고 있다. 중국 내 각 위성TV 채널이 지난해 정식으로 판권을 사들인 한국 예능 프로그램은 12개로 이는 전체 수입의 48%를 차지하는 것으로 알려졌다.

한·중 합작 영화, 13억 중국인을 스크린 앞으로

2013년에 개봉한 〈이별계약〉은 CJ E&M의 첫 한중 합작 작품으로 이전의 합작 작품이 단순히 한국 감독이나 배우, 스태프가 참여하는 방식이었던 것과 달리, 〈이별계약〉은 CJ의 자본이 상당 투입되면서 보다

‘본격적인’ 한중합작 작품이라는 평을 많이 받았다. 연출을 비롯해 촬영, 조명, 편집, 음악 및 후반작업은 한국에서 맡았던 반면, 주연 배우들은 모두 중국 출신이었는데 이는 애초부터 중국 관객들을 겨냥했기 때문이다. 이러한 전략 덕분에 〈이별계약〉은 당시 한중합작 작품 흥행 1위에 등극하며 ‘로컬라이징 콘텐츠’의 좋은 사례로 평가받게 되었다.

하지만 이 기록은 지난 1월 중국에서 영화 〈20세여 다시 한 번〉이 개봉하면서 다시 쓰이게 되었다. 영화는 개봉 9일 만에 역대 한중합작 영화 최고 흥행작에 등극하였을 뿐 만 아니라, 로맨틱 코미디 부문에는 중국 영화사상 11위에 올랐다. 이는 CJ E&M이 〈이별계약〉에 이어 두 번째로 내놓은 한중 합작 영화로 2014년 1월 한국에서 개봉한 〈수상한 그녀〉와 동시에 기획된 글로벌 프로젝트다. 영화의 간략한 줄거리는 70세의 노인이 20대의 몸으로 돌아가면서 겪게 되는 이야기를 다루고 있는데, 이는 진부한 러브라인에 주력하기 보다는 탄탄하고 가슴 따뜻한 스토리를 통해 가족의 소중함을 일깨워 준다. 이러한 특징은 가

오른쪽부터 ‘이별계약’과 ‘20세여 다시 한 번’(출처) 뉴스핌(NEWSPIM) 기사 이미지

인천, 대륙의 문화를 탐하다 - 제1부 차이나스케트럼, 우리 눈에 비친 작품들

족 중심의 가치관을 가지고 있는 한국과 중국 관객들 모두의 마음을 움직였고, 그 결과 두 시장 모두에서 흥행에 성공했다. 이전의 한중 합작 영화가 한 국가만을 메인 시장으로 삼았던 것과 달리 〈20세여 다시 한 번〉은 애초에 한국시장과 중국시장 모두를 염두에 두고 만들었다는 점에 그 의미가 있다.

중국, 이제껏 본 적 없는 'Culture-plex'에 눈뜨다!

'CJ인디고'에는 CJ그룹의 각종 브랜드들이 입점해있다. 이는 영화관, 쇼핑몰, 외식업체들이 한 곳에 집합되어 있는 형태로 북경 중심부의 복합문화 공간으로서 역할을 하고 있다. 이것은 영등포 '타임스퀘어', 가까이는 인천 '스퀘어 원'과 흡사한 것으로 이렇듯 다양한 중저가 브랜드들이 입점 되어있는 쇼핑 공간과 각종 외식업체, 그리고 높은 품질의 서비스를 제공하는 문화 공간까지 구비된 곳은 중국에서 일찍이 없었던 것이다. CJ CGV는 이를 '컬쳐플렉스'라는 개념으로 설명하며, 영화와 외식을 함께하는 새로운 라이프스타일을 제안하고 중국 트렌드 선도에 앞장서고 있다.

한국의 영화관과 흡사하지만 중국은 문화 소비의 문턱이 높기 때문에 이렇듯 고급화, 차별화된 서비스는 중산층 및 상류층에서 주로 소비되고 있다. 이렇듯 상류층을 겨냥한 마케팅은 CJ 인디고의 중심축인 영화관 CJ CGV에서 쉽게 볼 수 있다. 좌석에 따라 티켓 가격이 다른 것, VIP를 위한 시설과 소수의 관객만을 수용할 수 있는 좌석 배치 등이 바로 그것이었다. 특히 한국에서는 골드클래스에 해당하는 'Sweet box'라는 상영관은 관내 좌석이 20여 석 밖에 없는 프리미엄 상영관이라는

CJ 인디고 북경점의 내부 모습. 출처: 네이버 블로그

스위트 박스 좌석안내판과 내부 시설. 우리나라 스위트박스와 달리 VIP만을
위한 프리미어 상영관이었다. 공간이 좁아서 그런지 방에서 영화를 보는듯한
느낌이 들었다. (출처) 네이버 블로그

점은 같았지만 북경은 커플전용으로 좌석이 소파식이며 담요도 제공되
고 있었다. 또한 특별상영관을 통해 차별화 전략을 펼쳤다는 것이다.
중국은 지적재산권의 개념이 거의 없고 문화 소비가 대중적이지 않다.
그래서 영화의 소비가 대부분 불법 해적판을 통해 이뤄지고 영화 관람
은 돈 있는 사람들의 특권이라고 생각하는 경향이 강하다. 이러한 상황

에서 이들의 가장 큰 과제는 '굳이 돈을 들여가며, 영화관에서 영화를 관람해야 하는 이유'를 제시하는 것이었고 이를 위해 다양한 종류의 특별상영관을 설치하였다. 오감체험 상영관 4DX, 일반 영화의 스크린보다 10배 정도 큰 초대형 스크린으로 영화 관람이 가능한 IMAX, 초대형 디지털 상영관 스타리움, 연인들을 위한 스위트 박스, 음향 진동시스템이 적용된 특별석 비트박스 등이 바로 그것이었다.

세 번째는 차별화된 시설과 서비스이다. CJ CGV는 중국에서도 우리나라와 같이 철저한 직원 교육을 실시하고 있는데 직원들의 상냥한 태도와 높은 서비스 정신이 중국에서 좋은 평가를 얻고 있다. 왜냐하면 사회주의 체제인 중국에서는 친절한 서비스가 익숙하지 않기 때문이다. CJ CGV는 이에 그치지 않고 서비스 마인드를 체질화하기 위해 한국 CGV 연수 실시, 외부 서비스 강사를 초빙하여 교육하는 등 여러 가지 프로그램을 통해 지속적인 친절 서비스 교육을 실시하고 있다.

CJ CGV는 이러한 상류층 공략을 위한 마케팅 뿐 만 아니라 중국인들의 본질적인 소비특성을 파악하여 장기적인 수익창출 방법에 대해서도 고민하고 있는데, 중국인들과의 상생 방법을 강구하려는 노력과 영화 관람료의 자율화가 그 예이다. 중국은 일명 '신뢰 신드롬[41]'이라는 소비특성을 가지고 있는데 CJ는 이러한 중국인들의 신뢰를 얻기 위해 '라오펑요老朋友'를 자처하며 중국 소외계층을 지원하기 위한 여러 가지 사회공헌 활동을 펼치고 있다. '중국우호평화발전기금회 CJ CGV 화해기금'을 설립하여 농민공 계층 자녀들의 문화교육 환경을 개선을 지원한 것이 그 중 하나이다. 영화 관람료의 자율화는 유동인구에 따라 각

---

41) 소위 '믿을 수 있어야 지갑을 연다.'는 중국인들의 소비 트렌드 중 하나로, 이를 공략하기 위해서는 신뢰할 수 있는 브랜드가치를 쌓아 나가는 것이 중요하다. 출처: LG경제연구소

지역의 티켓 가격에 차별을 두는 것으로 이를 통해 더욱 효율적인 수익구조를 창출해낼 수 있었다.

문화산업, 결국 해답은 무엇인가?

한·중 합작, 과연 최선일까?

오늘날 우리나라는 영화, 노래, 드라마 등 중국과 합작하여 다양한 문화 콘텐츠를 생산하고 있다. 이전에는 한국에서 성공적이었던 사례들을 중국에서 가져와서 활용하는 것에 그쳤던 반면 오늘날은 현지 인력들과 새로운 콘텐츠를 생산하는, 더욱 능동적인 방식으로 바뀌어가고 있다. 즉, 한국의 기술 및 아이디어가 중국의 자본과 거대한 내수시장과 결합하는 형태로 이뤄져 온 것이다. 하지만 오늘날 중국은 점차 한국의 미디어 산업을 배워가고 있으며 자국의 독자적인 콘텐츠를 생산하기 위해 노력하고 있다. 그리고 이에 따라 한국의 기술력이 중국에 메리트를 잃어가고 있는 실정이다. 중국 시장에서 우리나라의 입지를 지키기 위해서는 우리나라도 더욱 독창적이고 참신한 아이디어를 고안해내어 우리만의 색을 가진 콘텐츠를 생산해야 한다. 그렇다면, 이를 위해서는 가장 필요하고 전제되어야할 조건은 무엇일까?

사람이 미래다

나는 본래 TV광고를 주의 깊게 보는 편도 아닐 뿐 더러 잘 기억하지도 못한다. 하루 수십 번씩 나오는 수백 편의 광고를 어떻게 일일이 다 기억할 수 있겠는가. 하지만 이런 나에게 유난히 기억에 남는 광고 카피가 있는데 바로 '사람이 미래다'라는 문구이다. 물론 이 광고는 이번 보고서와 전혀 관련이 없지만 나는 '사람이 미래다'라는 이 문구가 어쩌면 '향후 우리나라 문화산업 육성이 어떤 방식으로 이뤄져야 하는가?'에 대한 질문과 맞닿아 있을지도 모른다고 생각하였다.

오늘날 문화 산업에 있어서 '사람'이라는 건 절대로 빼 놓을 수 없는 중요한 요소이다. 이유는 첫째, 문화의 소비주체가 사람이기 때문이다. 이는 '문화'의 사전적의미를 살펴보면 쉽게 알 수 있는데 문화는 '한 사회의 개인이나 인간 집단이 자연을 변화시켜온 물질적·정신적 과정의 산물'로 정의된다. 즉, 문화는 사람에 의해서 소비되고, 문화라는 일종의 '기류' 또한 사람이라는 매개체를 통해 이루어진다는 것이다. 두 번째, 오늘날 문화 산업의 근간을 이루는 콘텐츠나 기술도 결국은 사람을 통해 만들어지기 때문이다. 이를 통해 볼 때 우리는 오늘날 문화산업에서 인적 자원이 대단히 중요한 요소이며 이를 어떻게 효율적으로 활용할 수 있을까에 대해 고민하는 것이 우리의 과제임을 알 수 있다. 그리고 이를 보여주듯 오늘날은 콘텐츠나 기술 뿐 만 아니라 인적 자원의 교류가 더욱 활발해지고 있다.

그렇다면, 향후 한·중 양국의 문화산업을 이끌어갈 인재를 양성하기 위해서는 어떤 노력이 필요할까? 우선 각 국가의 전통에 대한 깊은 이해가 선행되어야 할 것이다. 중국 사람이 한국에서, 혹은 한국 사람이 중국에서 활동할 때에 겪는 가장 큰 어려움은 바로 '소통'이다. 중국과 한국은 같은 문화권이지만 사고나 정서 부분에서 다른 면도 많다. 이는 서로의 문화를 받아들이는 데 있어서 거부감이 적고 친숙하게 느끼는 동시에 미묘한 어투나 뉘앙스로도 오해를 만들 수 있는 소지가 있다는 것을 의미한다. 이를 극복하기 위해서는 물론 소통의 기술이나 언어적인 측면도 중요하지만 가장 중요한 것은 각 국가의 전통에 대한 본질적인 이해이다. 오늘날 다시 유교를 불러일으키고 세계 각지에 공자학원을 세우는 등 전통 인문학을 살리려는 중국의 여러 정책은 이러한 노력의 일환이라고 할 수 있다.

두 번째로, 인재들에게 지속적인 지원을 아끼지 않는 것이다. 특히나 우리나라는 중국에 비해 자본과 노동력이(양적인 측면에서) 현저히 부족한 실정으로 이를 극복하기 위해서는 질적인 제고가 필요하다. 인적 자원의 질적인 제고라는 것은 무엇일까? 사실 우리나라는 문화산업 경쟁에 뛰어든 지 얼마 되지 않았으며, 그래서 젊은 인재들은 위에서 끌어줄 윗세대가 부족하다. 이러한 상황에서 새로운 인재를 발굴해내는 것보다 더 중요한 것은 일명 사후처리, 즉 발굴된 인재가 재능을 더욱 향상 시킬 수 있도록 지속적으로 지원하는 것이다. 이는 계속해서 참신하고 새로운 콘텐츠를 개발할 수 있는 환경을 조성해주어야 함을 의미한다. 이렇듯 국가적 차원에서 전폭적이고 수준 높은 지원을 제공받은 인재들은 관련 분야에서 선전하게 되고, 이들이 다시 위에서 새로운 인재를 끌어주는 방식으로 나아간다면 앞서 말한 인재 양성의 '선순환 구조'를 이룰 수 있으리라고 기대된다. 또한 이러한 측면에서 인적 자원 양성은 단편적이고 일회적인 콘텐츠나 기술 교류의 단점을 보완할 수 있을 것이다.

완벽한 해답은 아니지만

지난해 10월, 중국 북경 CGV에서 '한·중 청년 꿈 나눔 단편영화제'를 개최했다. 이 행사는 CJ문화재단과 중국인민대외우호협회, 중국 CCTV가 공동주최로 이루어졌으며 향후 양국의 영화 산업을 이끌어갈 차세대 인재 발굴을 위해 기획되었다. 행사에는 청소년들의 작품 12편, CJ문화재단 작가들의 작품 3편 등 차세대 청년 감독들의 작품 총 45편이 상영되었다. 이번 행사는 인재의 발굴 및 육성을 중요시하는 CJ의 경영 철학을 실천했다는 점에서도 그 의미가 있지만 대상이 '중국'이라는 점에서 더욱 주목할 만하다. 왜냐하면 중국의 영화산업은 매년 30% 이상 성장하고 있으며 지금과 같은 성장세를 유지한다면 5~7년 뒤 할리우드를 거뜬히 제칠 수 있으리라고 기대되는, 시장 확장 가능성이 매우 큰 나라이기 때문이다. 따라서 이러한 중국과 함께 발전적인 영화 시장에 대한 방안을 모색하고 양국의 인재를 육성하는 일은 이제 우리나라로선 피할 수 없는 숙명이 되었다.

CJ는 이 외에도 다양한 문화 지원 사업을 진행하고 있는데, 문화소외 지역에 사는 청소년들에게 영화창작의 기회를 제공하는 '토토의 작업실'이 그 대표적인 예다. 이는 2008년에 국내에서 시작하였으며 오늘날에는 중국, 베트남, 인도네시아 등지로 영역을 넓혀 글로벌 미래 인재 양성을 목표로 하고 있다. 프로그램에 참여하는 현지 청소년들은 영화 기획은 물론 시나리오 작성, 스토리보드 구성과 촬영, 연기와 편집 등 영화 제작 전 과정에 주도적으로 참여하며, 교육 기간 내 하나의 작품을 완성하게 된다. 그리고 이렇게 제작된 작품들은 마지막 날에 시사회 형식으로 상영되며, 우수작품에 대한 시상식 또한 개최한다. 이러한 과정을 통해 아이들은 단순히 영화 창작 노하우와 시스템만을 전수받는 것만이 아니라 같은 꿈을 가진 이들과 함께 생활하고 때로는 경쟁함으로써 꿈에 대한 확실한 동기부여까지 받을 수 있다.

이러한 CJ의 인재 양성 사업들은 앞서 말한 문화산업 육성 전략 실천에 좋은 예로 볼 수 있다. 왜냐하면 이는 차세대 영화인을 꿈꾸는 젊은이들이 서로의 문화에 대해 더욱 잘 이해할 수 있게 할 것이며 양국 간 우호를 다지는 데에도 상당한 도움이 될 것으로 보이기 때문이다. 그리고 이러한 이해와 우호관계는 향후 양국이 문화산업에 있어서 서로 협력하기 쉽게 하고, 결국에는 양국 문화산업의 동반성장에 기여할

'토토의 작업실' 교육 이후 수상식 모습. (출처) 네이버 이미지

수 있을 것으로 보인다.

할리우드 영화가 스크린을 점령하고 있는 지금, 중국과 협력하여 아시아 중심의 문화 콘텐츠 시장 형성은 우리에게 있어 피할 수 없는 과제임이 분명하다. 하지만 중국이 이제 단순히 큰 자본력과 내수시장만 갖춘 허울뿐인 문화산업기지에서 벗어나 자국의 독자적인 콘텐츠 개발에 박차를 가하고, 내실을 갖춰가고 있는 지금 우리는 소위 '재주는 곰이 부리고 돈은 왕서방이 버는' 상황을 피하기 위해 더욱 참신하고 독창적인, 우리만의 콘텐츠를 개발해야하며, 이러한 과정이 보다 장기적이고 지속적으로 이뤄지기 위해 문화산업 인재 육성에 힘써야할 것이다.

외나무가 아닌 푸른 숲을 이루기 위해

집필 막바지에 제목에 대한 많은 고민이 있었다. 워낙 내가 글재간이 부족한 탓도 있었지만 이번 탐방과 집필의 주제의식 모두를 어우를 수 있는 제목을 찾고 싶었다. 그러다 문득 다이어리를 펼쳤는데 다음의 구절이 가슴 깊이 와 닿았다. '외나무가 되려거든 혼자 서고 푸른 숲이 되려거든 함께 서라'. 화합과 협력의 중요성에 대해 가르쳐주는 인디언 속담이었다. 사실 이 제목 외에도 몇 개의 안이 더 있었고 끝까지 많은 고민을 했다. 하지만 그 고민은 길지 않았다. 나의 글을, 우리의 여행을 가장 잘 나타내주는 제목이었다.

앞에서 누차 말했듯 오늘날 우리나라가 콘텐츠 개발에 있어서 한중 합작의 방식을 택한 것은 피할 수 없는 숙명이었다. 물론 일각에서는 한중합작이니 뭐니 허울 좋은 소리일 뿐 결국 죽 쒀서 개 준 것이 아니냐는 목소리도 있었지만 분명한 것은 중국의 자본력과 내수시장을 바탕으로 우리나라의 콘텐츠도 세계 시장에서 경쟁력을 갖게 되었다는 것이다. 또한 앞으로 이러한 한중 협력양상이 근 몇 년 간은 더욱 증가하면 증가했지 결코 누그러지지는 않을 것이라는 점이다. 그러므로 우리나라는 독자적인 콘텐츠 개발과 창의적인 인재양성을 통해 우리의 입지를 잃지 않으면서 중국과 협력해 나가야 한다.

또한 문화산업 안에서 인재들 간의 협력도 중요하다. 물론 나영석 PD나 월드스타 싸이와 같은 천재적인 인재 발굴도 매우 중요하다. 하지만 앞서 말했듯이 오늘날 우리나라 문화 산업은 지속적으로 성장할 수 있는 동력이 시급하다. 아무리 비옥한 땅이라도 비료를 주지 않고, 제때 밭갈이를 해주지 않으면 무슨 소용이 있겠는가. 이러한 지속성을 위해서는 기성세대가 젊은 세대를 끌어주면서 발전해 나가야 하며 기성세대들 간에도 경쟁구도 보다는 협력 양상이 필요하다.

사실 활동 초반에는 걱정이 앞섰다. 왜냐하면 다들 각자 개성도 너무 뚜렷하고 오합지졸의 느낌이 강해서 다함께 하나의 결과물을 내는 일이 어렵게 느껴졌기 때문이다. 하지만 활동을 하면서 이러한 나의 걱정이 괜한 기우였음을 깨닫게 되었다. 그 이유는 우리 22명이 서로 거스르는 것 하나 없이 너무 잘 맞아서 그런 것이 아니라 서로 부딪혀가는 과정을 통해 더 많은 것을 배울 수 있었기 때문이다. 같은 배에서 태어난 형제자매들도 하루가 멀다 하고 싸우는데 우리라고 늘 한마음 한뜻이었겠는가. 하지만 이렇게 부딪히고 때로는 상대의 관점에서 생각해보는 과정들을 통해 우리는 우리의 사고를 더욱 유연하게 할 수 있었다. 이는 탐방을 통해 얻을 수 있는 학술적인 지식의 확장과는 다른 차원이었지만 그럼에도 불구하고 대단히 값진 것이었고, 이번 탐방이 아니었다면 여전히 몰랐을지도 모를 것이었다.

이번 탐방의 최고 수혜자를 말하자면 나는 주저 없이 나를 뽑을 것이다. 왜냐하면 이번 탐방을 통해 협소했던 나의 사고는 그래도 조금 넓어졌고, 책 한 구석에 내 이름이 실림으로써 나의 버킷리스트 중 하나를 이뤘기 때문이다. 혼자였다면, 이번 탐방이 아니었다면 전혀 상상도 못했을 일들이다. 이번 활동을 통해 외나무로 우뚝 서는 것보다 푸른 숲을 이루는 것이 얼마나 어려운 일인지 알게 되었다. 그래서 중국과 우리나라가 항상 동반성장을 외치면서도 서로를 견제하느라 바쁘고, 우리 사회 풍조는 화합과 협력보다는 경쟁을 부추기고 있지 않은가. 그런 의미에서 비록 시작은 어려웠지만 활동을 잘 마무리할 수 있어서 뿌듯하고 매우 다행스럽게 생각한다. 그리고 이런 결과가 모두의 구성원 모두의 화합과 협력을 통해 이뤄졌다는 점에서 더욱 값있게 느껴진다.

당신의 인천은 재미있습니까?

김에스더

　다소 도발적인 질문에 대해 필자의 답은 '인천은 재미없다'이다. 그리고 인천 시민의 한 사람으로서 필자는 정말 '인천이 재미있는 도시'가 되기를 바란다. 이 글은 2015년 초 중국문화탐방에 참가하면서 줄곧 가졌던 의문, 즉 '우리 인천은 왜 이리 재미가 없을까'라는 의문에 대한 필자의 생각을 정리해 본 것이다.

　우리는 인천 하면 어떤 이미지가 떠오를까? 필자에게는 '인천대, 인하대, 인천시청, 차이나타운' 정도가 전부였다. 인천대는 필자가 재학 중인 대학이고, 인하대는 인천대를 떠올리면서 자연스레 연상된 것이었으며, 인천시청은 필자가 현재 자취를 하고 있는 곳이어서 떠오른 이미지였다. 그나마 필자와의 직접적 관련 없이 순수하게 떠오른 이미지는 차이나타운 뿐 이었다.

　사실 대학에 진학하기 전까지만 해도 필자는 차이나타운에 가본 적이 없었다. 당연히 무슨 뚜렷한 이미지가 있었던 것도 아니고 그저 막연하게 '중국적 느낌이 나는 동네' 정도로 상상했던 곳이었다. 그러나 대학 수업을 통해 차이나타운을 견학할 기회들을 접하게 되면서 차이나타운의 이모저모에 관해 조금씩 알 수 있게 되었다. 아마도 차이나타운에 대한 많은 사람들의 이미지 역시 과거 필자와 같이 불분명했을 것이다. 차이나타운뿐만이 아니라 인천은 인천 소재의 대학을 다니고 있는 학생들에게도 아마 무색무취의 이미지로 떠오르지 않을까 싶다. 좀 더 구체적인 질문은 던져보자.

① 당신에게 잠깐의 시간이 주어져서 놀러간다면 인천에서 놀 건가요? 아님 서울로 갈건가요?

② (당신이 인천 지역 외부의 사람이라면) 당신에게 휴가 기간이 생기면 인천으로 여행을 올 건가요?

③ 만일 외국인에게 한국의 여행지를 소개한다면, 인천을 꼭 한 번 여행해야 할 도시로 소개할 건가요?

아마도 이 질문들에 대한 대답은 각각 다르겠지만 대부분은 이 세 가지 질문에 대해 부정적인 답을 하지 않을까 싶다. 왜 인천은 재미가 없을까? 필자는 인천에서도 특히 개항장 문화지역(중구)을 중심으로 이야기를 풀어보고자 한다.

애매모호한 개항장 문화지구는 누가 만들었나?

'재미가 없다'를 말하기 전에 우선 '재미란 무엇인가'에 대해 살펴보자. 사전적 의미에서 재미란 ① 아기자기하게 즐거운 기분이나 느낌, ② 안부를 물을 때, 일이나 생활의 형편, ③ 좋은 성과나 보람을 의미한다.[42] 재미가 있다는 것은 다시 말해 즐거운 기분이나 느낌이 들거나, 일이나 생활의 형편이 좋은 것, 또는 좋은 성과나 보람이 생기는 것이다. 그렇다면 이러한 '재미'와 관련하여 인천이라는 도시는 어떨까?

우선 첫 번째 관점에서 인천은 이미 앞에서 말한 바와 같이 크게 즐

---

42) '재미'개념의 정의. 출처: 네이버 사전

거움이나 흥미를 주는 도시와는 거리가 멀다. 오히려 아무 감정을 갖기 힘든 중립적인 도시에 가깝게 느껴진다. 두 번째와 세 번째 정의로 보았을 때 인천시민들에게 인천이 살기 좋고, 성과나 보람을 주는 도시라면 재미있는 도시에 부합할 것이다. 그러나 2012년 국정감사에서 인천시는 '시민 만족도 특·광역시중 최하위'라는 결과를 받아야 했다. 행정자치부에서 조사한 인천시의 시책별 고객체감도 조사결과를 보면 인천은 5개의 시책 중 민원행정서비스 제고·공정사회구현·안전사회건설·서민생활안정 등 4개 분야에서 특·광역시 중 최하위를 차지했으며, 그나마 최하위가 아닌 일자리 창출 부문도 5위에 그쳤던 것이다.[43] 인천을 재미있는 도시라고 할 수 있을까?

그렇다면 인천 가운데 개항장 지역은 어떤 곳일까. 개항장 지역이란 차이나타운을 비롯해서 조계지 지역들과 개항장 당시의 모습을 갖고 있는 중구지역을 말한다. 이곳은 사실상 굉장히 많은 것들을 담고 있는 곳이다. 그러나 필자가 바라본 개항장 지역은 '애매모호한 곳'이다. 나름 이 지역을 찬찬히 둘러볼 기회도 있었고, 답사를 통해 특정한 주제를 중심으로 관찰해볼 기회도 있었지만 이곳을 하나의 이미지로 표현하라고 하면 어려운 질문이 되어버린다. 아이러니하게도 이 곳 중구는 개항장 문화지구로 불리는데도 그 이름과 부합한 이미지를 떠올리기가 쉽지 않다. '개항장' 또는 '조계지'와 같은 어느 하나의 주제로 떠올리기에는 부족한 감이 있고, 그렇다고 문화지구로써의 면모를 갖고 있는가를 생각해보면 고개를 갸웃하게 된다.

사실 처음 이 글을 쓸 때의 주제는 '인천 문화도시로써의 발전을 위한 중국 문화산업 탐방'이었다. 탐방 이전에는 인천이 문화도시로써 발

43) news1, 「[국감브리핑] 인천시민 만족도 특·광역시중 최하위」, 2012.10.22

전하지 못한 첫 번째 이유가 홍보의 부족이라고 생각했다. 정보가 제대로 전달되고 있지 않으니 사람들이 잘 모르는 것이 아닐까 생각했다. 그래서 단순하게 '우리 결혼 했어요'와 같은 프로그램에서 연예인들이 이곳에 와서 데이트를 하는 장면을 찍는다든지 하면 홍보가 되지 않을까 생각도 해보았다. 그러나 탐방을 다녀오고 조사를 하면서 이러한 생각이 대단히 피상적이라는 사실을 깨달았다. 물론 '정보가 제대로 전달되고 있지 않다'는 점은 맞는 말이었다. 다만 누구에게 어떤 정보가 제대로 전달되고 있지 않은가를 제대로 알지 못했었다. 그리고 또 다른 이유로는 이 지역이 자신의 특색을 제대로 살려내지 못하고 있기 때문이라는 생각이었다. 이 지역에 살고 있는 주민들의 정서와 생각이 반영되어있고, 그들이 우선 즐길 수 있는 곳이어야 다른 이들 또한 즐길 수 있는 것이라 생각되었기 때문이다. 그렇다면 지금의 '애매모호한 개항장 문화지구'는 과연 누가 만들어낸 것일까?

자신의 얼굴을 잃은 개항장 지역 - 계획

가장 쉽게 떠올릴 수 있는 것은 정책이 잘못된 것이라고 생각하는 것이었다. 정책의 수립 과정에서 지역주민들의 의견은 배제한 채로 진행되었을 것이라 생각했다. 그래서 살펴본 것이 〈2025 인천도시기본계획〉이었다. 도시기본계획은 지역 발전을 위한 연구와 그에 따른 목표 설정 및 계획들을 밝히고 있는데, 현재의 문제점과 잠재성을 제시하고 그에 맞는 비전과 실천계획을 세우고 있었다.

인천시에서 세운 개항장 지역의 발전 목표는 '개발과 보전의 조화'로 역사와 문화자원 및 해양생태계를 보유한 지역으로 만들려는 것이었다. 그리고 현재의 문제점으로는 역사와 문화, 주변 환경 자원의 보호와 활용성이 미약하다는 점을 지적했다. 또한 이 지역이 갖고 있는 잠재성으로는 역사·문화적 자원의 발굴과 접근성 개선을 통한 풍부한 문화유산 및 해양자연환경을 거론하고 이것들을 연계한 국제적 관광 사업 육성을 목표로 설정했다.

한편 도시기본계획을 자세히 살펴보면, 인천시는 관광지역 별로 그 특색에 맞게 차별화를 하면서 효율적 집행을 위해 관광 소권을 설정하였다. 관광소권의 설정은 접근성과 관광자원 유사성 및 차별성, 관광자원 간 연계성, 유관계획과 행정체계 연계성을 주요 기준으로 설정되는데, 개항장 지역은 그 중에서 기성시가지 소권에 해당된다. 근대역사문화 등 도시 콘텐츠를 기반으로 한 창조관광 지역이자 이야기가 있는 수반 공간 및 네트워크의 중심으로 지역을 발전시키겠다는 것이다. 그렇다면 이러한 계획에 맞게 개항장 지역은 발전 되고 있을까?

아직은 계획이 추진되는 과정이라 성급하게 결론을 내리기는 어렵지만 현재까지의 개발 현황은 실망스러운 모습들을 많이 보여주고 있는 것 같다. 근대역사문화와 관련된 건물들과 길거리는 근래 시의 계획에 따라 단장을 마쳤다. 그런데 어찌된 일인지 다시 방문한 개항장 지역은 본래의 취지와는 다르게 근대역사문화와는 거리가 멀어 보였다.

인천개항장근대건축전시관   인천개항박물관(舊일본제1은행)
(舊일본제18은행)   (출처) 구글 이미지

대표적인 건물들이 박물관으로 복원되었는데 근대역사가 서려있는 모습이라기보다는 새로 리모델링된 건물의 느낌이 더 들었다. 또한 각각의 건물들은 떨어져있었는데 통일적인 개항장의 모습을 보여준다기보다는 중구난방으로 흩어져 있는 느낌을 주었다. 건물들의 거리가 떨어져 있다고 할지라도 이 구간의 전체적인 분위기를 통해 하나로 묶일 수 있을 터인데 그러지 못하고 있었다. 차이나타운에서부터 개항장 지역의 전체적인 거리 또한 현대식으로 다듬어져 있었다. 도보나 차량 운행을 용이하게 하기위해 그랬다 하더라도 주변의 가로등이나 장식물들과 어우러져 있는 거리의 모습은 더 이상 예스럽고 소소한 모습이 아니라 어설프게 화려한 느낌이었다. 이 이질감을 다시 느꼈던 것은 우리가 탐방을 갔던 베이징에 있는 중화민족문화원에서였다. 중화권의 모든 민족들의 생활양식을 주제로 한 곳인데 막상 의미를 알 수 없는 커다란 조형물들과 그저 텍스트를 옮겨서 우거 넣은 듯한 어색함이 느껴졌었다. 개항장 지역과 중화민족문화원 모두 이런 형상을 띄고 있었던 것이다.

이질감을 주는 또 다른 곳은 송월동 동화마을이다. 본래 송월동은 소나무가 많은 곳이라 '송골', '송산'으로 불리다가 소나무 숲 사이로 보이는 달의 운치 있는 모습 때문에 송월동으로 불리게 됐다고 한다. 조계지상으로는 독일인을 비롯한 외국인들이 거주하던 부촌이었다. 그런데 이런 본래의 송월동 모습과는 전혀 매치가 되지 않는 형형색색의 동화그림을 입힌 거리가 만들어져 있었다. 솔직한 느낌으로는 디즈니사 캐릭터들의 짝퉁을 그려 넣은 거리를 걷고 있는 기분이었다. 송월동 이미지가 고려되지 않은 거리가 갑자기 들어서있으니 뜬금없는 어색함이 들었다. 더군다나 디즈니사의 캐릭터들을 그대로 가져오기에는 저작권의 문제가 있어서인지 어딘지 모르게 어설프게 닮은 디즈니 캐릭터들의 모습은 왠지 나까지도 어색하게 만드는 기분이었다.

송월동 동화마을의 모습 (출처) 네이버 이미지

자신의 얼굴을 잃은 개항장 지역 – 시행

계획은 잘되어있으니 시행의 문제인걸까? 인천도시계획을 보면 실천계획 또한 상세히 나와 있다. 즉, ①인천형 창조관광 진흥, ②해양·도서 및 녹색관광 육성, ③문화 관광 거점 조성 및 산업 육성, ④국내외 관광교류 및 네트워크 확대, ⑤관광개발 차별화와 효율적 집행을 위한 관광소권 설정, ⑥유원지 신설·변경 계획 등 6개의 실천계획이 그것이다. 계획상으로는 시민의견 수렴 설문조사 실시와 전문가 자문회의 시민공청회, 시의회 의견청취 들이 구성되어있어서 앞서 우려했던 것과는 달리 지역 주민들의 의견이 반영될 수 있는 단계가 포함되어있었다.

그리고 실천계획의 목표에는 ①지역고유콘텐츠에 기반 한 창조관광 육성, ②역사문화자원에 예술인의 작가적 상상력이 결합된 창조적 공공 예술 프로젝트 활성화, ③지역주민과 예술인이 공동 접근하는 공동체 미술 프로젝트 활성화, ④아트플랫폼 확충 및 근대건축물 등을 중심으로 한 레지던스 사업추진, ⑤문화예술인 창작 공간 확보 및 근대 건축물 보존 병행 추진, ⑥거리예술 인증제 추진을 통한 수준 높은 공연 소프트 육성이 있었다. 실제로 이런 계획들이 어떻게 추진되고 있는지 지역 관계자들과의 인터뷰로 알아보았다.

우선 그곳에 대해 애착이 있고, 그곳의 일부인 그들에게는 개항장 지역이 어떤 이미지인지 물었다.

> 인천상륙작전 이라던가, 그런 게 좀 강한데... '개항'에 대한 역사는 의외로 강하지 않은 것 같아요. 개항의 의미나 흔적도 남아있는데 그에 비해 스토리나 이미지는 강하지 않다고 할까요. 예를 들어, 요코하마를 보면 개항을 유도했던 페리제독에 대한 이야기가 커요. 개항을 이끌어냈던 일본 관료나 미국 관료들에 대해 많이 알려져 있는데, 인천에는 개항에 대해서는 하나로 모아지는 그런 스토리는 별로 없는 것 같아요. 짜장면 이런 거(정도랄까)? 허허 개항장으로써의 중구나 동구는… 그거는 (이미지가) 좀 약하다? 이게 제 생각이에요.[44]

개개인마다 서로 다른 이미지들을 갖고 있었지만, 공통된 대답은 하나로 모아지는 이미지나 강한 스토리는 없다는 것이었다. 앞서 필자가 고민했던 '이미지 없는, 재미없는 인천'을 다시 떠올리게 되는 것이었다.

그렇다면 인천에서도 개항장 지역이 문화도시로써 발전할 가능성이 있다고 보는지, 가능하다면 그 잠재요소는 무엇이라고 생각하며 불가능하다면 방해요소가 무엇이라고 생각하는지 물었다. 대답은 긍정적이었다. 인천 중·동구 구도심이 역사성이 있는 곳이기에 발전 가능성이 크다는 것이었다. 그러나 방해 요소 또한 크다고 보는 입장이었다.

인천의 중·동구 구도심이 아무래도 역사성이 있기 때문에 가능

44) 필자와 지역 관계자 인터뷰 내용,

성은 있다고 봐요. 근데 방해요소가 생각보다 커요. 문화도시라는 것도, 문화도시를 추구한다고 해도 그것이 구체적으로 어떤 모습을 상상하는지는 사람마다 좀 다르더라구요. 지금도 인천시나 2025계획 같은걸 만드는 사람들도 문화도시라는 같은 용어를 써서 말하지만 그 계획에 따라 실제로 최근 3~4년 동안 이뤄지는 정책을 보면 그게 방향이 달라요. 그 사람들은 이게 문화도시로 가는 거다 주장하는 거고, 다른 사람들은 이게 어떻게 문화도시냐 그렇게 항의를 하는 거라서... 사람의 입장, 관점에 따라 많이 달라질 것 같아요. 근데 저로써는, 우리나라에서는 기본적으로 문화적인 역량이나 관심 그런 게 좀 선진국 사례에 비춰보면 아직 약해요. 그래서 상업성이나 경제성이라는 거가 좀 중심이 되요. 역사성, 문화성 이게 꼭 경제성과 갈등적인 것만은 아닌데 우리나라에서는 그게 굉장히 갈등적으로 드러나요. 방해요소라고 하면, 내 입장에서는 정책입안자들과 관료나 관료와 쭉 일했던 전문가, 문화 관광 지구를 개발하는 디자인업자들, 또 지역에서의 상인들이나 주민들 이 분들의 인식이 아직 많이 좀 제 입장에서는 부족하다 생각이 들어요. 그 분들은 말로는 문화도시, 역사도시 이런 말을 하지만, 지금 진행되고 있는데... 어쨌든 손을 대면 댈수록 공간을 망친 달까? 부정적인 판단이 더 많이 들어요. 저는 이게 이런 과정을 불가피하게 거칠 수밖에 없다고 생각이 들더라고요. 약간 좀 비관적이죠.[45]

지역 주민들의 의견이 반영이 되었음에도 어떻게 이런 결과가 나오게 된 것일까? 정책입안자들은 지역에 대한 이해보다는 효율성에 입각한 이론적인 정책을 세우기 때문에 지역의 정체성이나 역사성이 무시되는 경우들이 종종 있다. 인천 개항장 지역 역시 그런 경우라고 생각

---

45) 필자와 지역 관계자 인터뷰 내용

했었는데 의외의 이야기에 지역 주민들과 상인들의 의식에 대해 더 자세히 물었다. '지역 주민들도 정책입안자들처럼 생각하기 때문에 주민들의 의견이 반영된다고 해도 그다지 다를 게 없다고 보시는 건가요?'

상인들·주민들의 생각이 (정책입안자들과) 거의 비슷할 거예요. 그동안 내가 만나본 주민들이 그렇게 역사성·문화적인 가치 이런 거를 민감하게 또는 깊게 생각하지 않아요. 그쪽 지역 주민이나 상인들이 중요시 하는 게 일단 경제적인 욕구예요. 집값·땅값 올랐으면 좋겠고, 신축건물 올라갔으면 좋겠고, 개발제한구역 풀렸으면 좋겠고. 문화지구를 조성 한다던가 어떤 건물을 문화재로 지정 한다던가 그런 거에 대해서 주민들·상인들은 되게 싫어해요. …(중략) 문화재 재정을 풀어달라고 민원을 구청·시청에 제기해요. 개발에 제한이 돼서 풀어달라는 거거든요. 그런데 구청·시청에서는 그런 주민들의 민원이나 경제적 이익에 대한 욕구를 무시할 수 없잖아요. 그러니까 자꾸 (개발제한을) 풀어주고, 문화정책을 한다하더라도 경제적인 이익이라는 거를 중심에 놓고 사업을 하기 때문에, 학자들이 선진국의 좋은 사례를 소개하고 해도 잘 적용이 안돼요.[46]

「인천개항장 주변 일본식 건물 문화재 지정 해제를」(기사)
(출처) 중앙일보, 2015.1.28

46) 필자와 지역 관계자 인터뷰 내용.

처음의 질문으로 돌아가서 생각해보자. 정책 계획이 잘못된 것일까, 시행 과정에서 잘못된 것일까. 이에 대한 대답은 생각보다 복잡했다. 정책 계획부터 시행 과정까지 주민의 의견이 반영되지 않은 것은 아니었다. 그러나 모든 주민과 이해관계자의 의견이 반영되었는가를 묻는다면 그렇지 않았다. 애초에 각 사람들 모두의 의견을 다 반영하기란 어려운 것이 맞다. 그러나 적어도 그 의견들을 함께 털어놓고 나눌 자리가 있었다면 좀 더 다양한 방향을 다룰 수 있었을 것이다. 그러지 못했기에 지금의 개발 방향에 대한 부정적인 시각들이 나오고 있어도 뚜렷한 대책이 없는 것은 아닐까.

재미없는 인천? 우리가 먼저 즐기는 인천!

재미있는 인천. 이를 위해서 무엇이 필요한 것일까. '재미있는' 인천이기 위해선 우선 재미있는 곳이 어떤 곳인지에 대한 질문으로 돌아가야 한다. 생각만 해도 즐거운 기분이 들고, 그곳에 있으면 기분이 좋아지는 곳. 놀러 가고 싶은 곳. 그런 곳이 바로 재미있는 곳이다. 한마디로 즐길 수 있고 재미를 느낄 수 있는 곳인 것이다. 놀러 가고 싶은 곳이면 뭘 하고 놀아야 재밌을까? 여기서 두 가지 다른 재미를 생각하게 된다. 하나는 우리가 흔히들 생각하는 놀러가는 곳인 노래방, PC방, 당구장 등 각종 유흥거리를 떠올리게 된다. 이런 게 우리가 말하는 노는 것이고, 재미있는 것이 아닐까? 다른 하나는, 문화적 놀 거리이다. 박물관, 예술작품, 창작활동 등 문화 활동을 하는 것 말이다. 이런 게 정말 재미있을까?

사실 논다는 것, 즐기고 재미를 느낀다는 것은 별게 아니다. 어느 한 대학교에는 '라면 동아리'가 수십 년째 이어지고 있다고 한다. 이 동아리도 동아리인지라 활동을 해야 유지가 될 텐데 이 동아리가 하는 일이라곤 날 좋은 날 캠퍼스에서 버너를 꺼내놓고 라면을 끓여먹는 일이다. 지나가는 다른 학생들이 라면 냄새에 참을 수 없게 되긴 해도 이 동아리가 딱히 목적이 있고 보람차거나 신나게 놀 수 있거나 한 건 아니었다. 그럼에도 이 라면 동아리가 어떻게 수십 년째 이어지고 있는 것일까.

여기서 즐기는 것이 무엇인지에 대한 단초를 볼 수 있을 것 같다. '날씨 좋은 날, 사람들이랑 모여서 캠퍼스 교정에서 라면냄새 풍기며 라면을 끓여먹는 것', 이게 바로 즐기는 것이고 재미인 것이다. 즉, 나의 가치와 생각이 공유 될 때, 그것이 설령 라면을 끓여먹는 아주 사소한 것일지라도 나는 즐거움을 느끼게 되는 것이다. 노래방이나 PC방과 같은 곳은 잠깐의 즐김일 뿐이다. 그 시간이 지나고 나면 언제 그랬냐는 듯이 집으로 돌아가고 쉬이 그 감정이 끊기는 유흥거리인 것이다. 그러나 즐거움을 느끼고 재미를 느끼는 것은 다르다. 그 자체로 우리에게 즐거운 기분이 들게 하고, 계속해서 영향을 주고, 다시금 돌아오게 한다. 이것이 즐거움이고 재미인 것이다.

그런데 개개인의 생각과 가치는 모두 다르다. 누군가는 책 읽는 게 재밌고, 누군가는 게임을 하는 게 재미있을 것이다. 그러니 모두에게 재미있을 수 있는 것을 찾기란 쉽지 않다. 이러한 어려움을 타개하는 것이 바로 '지역'이다. 여러 사람들의 가치가 녹아있는 '지역'은 각각의 개개인들을 묶어줄 공유체로서 작용할 수 있다. 그곳에 있는 것만으로 아늑함을 느끼고, 즐거워지는 곳. 그 지역 사람들이 그렇게 느끼고 향유하기 시작하면, 타 지역 사람들도 이것을 느끼러 오게 된다. 인천이 바로 이런 곳, 재미있는 인천이 되어야 한다.

이런 인천을 위해선 우선 재미를 수용하는 사람부터 생각해야 한다.

재미를 수용하고 향유할 지역 주민들이 어떤 인식과 생각을 갖고 있는지 파악해야 한다. 지역 주민들의 생각을 세 가지 질문으로 정리하면 이렇다. ①'나 먹고살기 바빠', ②'경제 이익을 추구 하는 게 뭐가 나쁜데?', ③'문화도시 이걸 왜 해야 해?'

첫 번째 질문부터 보자면 지역 주민들은 당장의 먹고 사는 생계가 가장 우선시 될 수밖에 없다. 이런 지역 주민들 입장에서 문화도시나 문화 활동 같은 것들은 한가하게 노는 것으로 느껴질 수 있다. 그러다 보니 가장 중요한 먹고 사는 문제에 집중하느라 자신의 지역의 정체성 · 역사성은커녕 어떻게 돌아가는지도 신경 쓸 겨를이 없는 게 현실이다. 더군다나 이런 그들에게 문화도시의 잣대를 들이대며 문화 도시인으로써 문화를 향유해라라고 한다면 그것이 말처럼 쉽게 될 수 있는일일까. 가장 좋은 것은 지역 내 주민들 모두 경제적인 수준이 올라가서 여가를 즐기려는 욕구가 생기는 것이다. 그러나 지역주민들 모두 경제력이 향상되기를 기다리기는 힘들뿐더러 반대로 경제 수준이 낮다고 해서 문화를 즐길 수 없다는 건 더더욱 말이 안 된다. 그러니 현재 상황에서 해야 할 것은 주민들에게 문화도시와 그 도시에서 살며 문화 활동을 하는 것은 노는 게 아니라 삶의 질을 높이는 것이라는 생각을 하게끔 해주어야 한다. 먹고 사는 것에서 나아가, 잘 먹고 잘 사는 것이라는 인식을 주어야 하는 것이다.

두 번째 질문은 첫 번째 질문과 관련하여 생각해 볼 수 있다. 경제이익을 추구 하는 게 나쁘냐고 묻는다면, 안 나쁘다! 경제와 문화는 상반되는 것이 아니기 때문이다. 데이비드 트로스비(David Throsby)는 『문화경제학』에서 경제와 문화가 긴밀하게 관련 돼있는 부분에 주목했다. 그리고 일반 상품 및 서비스는 일반적으로 경제적 가치만을 산출하지만 문화상품 및 서비스는 경제적 가치와 함께 문화적 가치를 동시에 산출한다고 설명한다. 그렇기에 문화도시로써 경제적 가치와 문화적 가치를 동시에 추구할 수 있으니 이를 권하고자 하는 것이다. 트로스비에 따르면 문화가 지역의 발전에 도움을 주는 4가지 역할은 다음과 같다. 문화시설은 문화적 상징성과 도시 경제에 영향을 미치는 흡인력을 가지고 있다. 그리고 '문화특구'는 지방의 발전을 위한 중심점으로서 역할을 한다. 문화산업, 특히 공연 예술은 런던이나 뉴욕 같은 대도시뿐 아니라 작은 지방도시와 마을에까지 지방 도시의 중요한 요소가 될 수 있다. 또한 문화는 공동체 사회의 주체성, 창조성, 유대감과 생동감을 함양하고 그 도시와 도시 거주자들을 규정짓는 문화적 특성과 관습을 통해서 도시 발전을 확산시키는 역할을 한다.[47)]

세 번째 질문에 답하기 위해서는 주민들에게 인천의 발전 방향에 대한 그림을 그려줄 수 있어야 한다. 그림이 그려지지 않는 정책은 말에 불과하고 주민들 입장에서는 오래 걸리고 돈도 안 되며 정작 와 닿지 않는 일이기 때문이다. 아직 가지 않은 길에 대해 그림을 그릴 수 있는 방법의 하나는 다른 나라의 사례를 보는 것이다. 예컨대 선진 사례인 유럽의 도시정책을 통해서 인천의 발전 방향을 제고해볼 수 있다. 유럽의 경우를 살펴보면 1950~60년대에는 엘리트 예술이 도시의 생활에서 중요하게 인식되었다면, 1970년대에는 개인과 공동체 간의 발전과 참여, 인류 평등주의에 관한 관념들과 도시사회의 민주화와 도시 삶에 대한 문화적·사회적 그리고 환경적인 측면에 대한 욕구를 장려하는 것과 관련된 정책적 통합 현상이 일어났다. 그리고 1980~90년대에 이르러서는 도시문화 발전을 위한 경제적 잠재력에 강한 믿음이 생겨났고, 이는 지역경제의 고용과 총수입의 증가로 이어졌으며, 활발한 경제 중

인천, 대륙의 문화를 탐하다 - 제1부 차이나스펙트럼, 우리 눈에 비친 새얼들

47) 데이비드 트로스비, 성제환 역, 『문화경제학』, 2004. 참조

심지로서의 도시 이미지를 상승시키는 데도 기여했다. 그리고 쇠퇴해 가는 도시지역들의 사회적·물질적 재생에 문화를 하나의 경제력으로 인식하게 되었다. 현재에는 정책 초점을 세계화와 그에 따른 도시의 문화적 삶, 그리고 경제에 미치는 영향에 맞추고 있다. 이러한 과정은 문화적·경제적 관점들이 적절히 표현되고 정책들이 발전할 수 있는 총체적인 모델을 찾기 위한 탐색과정이라 할 수 있다. 여기서 추구하는 모델은 이른바 '지속가능한 도시'이다. 필자는 개항장 지역이 추구해야 할 모델 역시 이러한 지속가능한 도시여야 한다고 믿는다.

재미를 만드는 사람들

앞서 제기했던 '누구에게 어떤 정보가 제대로 전달되지 않고 있는가'의 답이 여기에 있다. 지역 주민들의 인식이나 관심이 낮은 것은 그에 대한 정보가 그다지 없었기 때문이다. 인천 지역이 어떤 지역인지에 대한 정보도 없었거니와 왜 지역에 관심을 가져야 하는지 이런 기본적인 질문부터 답을 알지 못했다. 그래서 본능적으로 경제적인 욕구를 먼저 추구하다보니 정책입안자들이 세워놓은 이론적 계획들이 지역의 정체성과 역사성에 부합하는지 보다는 경제적 수익을 낼 수 있는지에 관심을 가졌던 것이다.

개항장 지역의 발전에 대해서는 이렇게 생각해 볼 수 있다. 지금까지처럼 인천을 수익을 내기 위한 방식으로 계속 발전을 시키다 보면, 그나마 성공한다면 다른 일반 대도시들처럼 될 것이다. 이렇게 되면 일반 도시들이랑 개항장 지역이랑 다를 게 뭐가 있을까? 그마저도 안돼서 실패할 경우에는 더 큰일이다. 원래 갖고 있던 특성들은 버린 채 발전을 도모 했는데 특성도 잃고 발전도 못 이루고 이도저도 아닌 채 '과거 개항장이었던(지금은 전혀 아닌) 도시'로 퇴락할 수도 있기 때문이다.

그렇다면 재미를 만드는 사람들, 즉 정책입안자들이나 관료, 전문가, 학자, 지식인들은 어떻게 해야 할까? 우선은 재미수용자들을 먼저 생각하는 태도가 중요하다. 앞서 언급한 바와 같이 재미를 수용하는 사람들인 지역 주민들이 제대로 알지 못할 경우 아무리 좋은 내용일 지라도 그것이 제대로 토론되고 실행되기가 힘들다. 지역 주민들 역시 지역의 일부이자 정체성인데 그들의 제대로 된 의견을 반영하기가 힘들어지는 것이다. 재미수용자들에게 제대로 된 정보를 전달하여 인식을 넓혀주고, 지역 주민들과 더불어서 다양한 입장의 사람들 모두가 함께 모여 의견을 말할 수 있는 토론의 장을 제공해 주어야 한다. 지역 안의 각개인의 가치들이 다양했듯 지역을 바라보는 관점 또한 다양하다. 그러한 다양한 관점을 반영하여 해결점을 찾아나가는 것이 지역 개발에 필요하다.

> (혹시 동화마을 거리도 보셨나요?) 지금 대표적인 망친 사례죠.. 근데 사람들은 되게 좋아하거든요. 애들 데리고 가서 사진도 찍고 좋아 해요. 주민들도 사람들도 많아지고 하니까 좋아하는 것 같고. 그래서 문화도시로 발전한다는 거는, 이게 몇몇 전문가가 떠들어서 되는 것도 아니고, 몇몇 관료나, 정치인들이 나서서도 될 일이 아니고, 굉장히 여러 주민부터 시작해서 여러 사람들이 오랫동안 고민해 가면서 풀어 가야 할 문제인데. 지금은 그런, 어떤 정책결정 과정이랄까. 그런 게 우리한테는 없기 때문에. 기존의 개발하던 사람들 중심으로 중동구가 개발되고 있는 거예요. 근데 그 방향이 나나 몇몇 소수의 단체 사람들이 보기에는 좀 부정적인 평가를 하는 거예요.[48]

190

두 번째는, 시간이 필요함을 인정하는 것이다. 근대 건물 복원을 예를 들었을 때 리모델링이 아닌 복원을 하기 위해서는 근대건축물로써의 가치를 온전히 느낄 수 있도록 복원하는 것이 관건이다. 이를 위해서는 돈과 기술력, 시스템, 인력, 전문가 등을 갖춰야 하는데 단기간에 갖춰지기도 힘들뿐더러 갖춘 뒤에도 오랜 시간을 거쳐야 만이 제대로 된 복원이 가능해진다. 건물만을 생각해도 이런데 그 건물들이 있는 지역 전체를 다루는 일이라면 당연히 더 오랜 시간이 필요하지 않을까. 마치 일류 요리사가 처음 산 칼을 공들여 길들이는 것처럼 지역 개발을 위해서도 정책을 계획하고 시행하기까지 오랜 시간을 들여 공들여야지 만이 우리에게 맞는 지역의 모습을 가질 수 있다는 것을 인정하고 조바심 내지 않는 것이 중요하다.

이런 조건이 갖춰졌다면, 이제는 전체를 아우를 마스터 플랜(master plan)이 필요하다. 마스터 플랜이란 말 그대로 총체적인 계획을 의미한다. 기존에도 마스터 플랜은 존재한다. 그러나 앞서 말한 것처럼 그 계획부터 실행까지 전체를 아우르고 있는 마스터 플랜은 부재한다. 개별적 시각이 아닌 모든 주민들의 의견이 반영된 총체를 아우르는 시각에서 나온 계획으로부터 시작해서 진행 과정과 수정 과정까지 일관성을 갖고 전체를 감독할 계획이 필요한 것이다. 이런 마스터 플랜이 없이 이곳저곳 건드리다 보니 현재의 중구난방식의 난개발亂開發의 결과물만 남아있는 것이다. 이런 문제를 해결하기 위해서 진정한 마스터 플랜이 필요하다.

더불어 중요시 되어야 할 것은 객관적인 평가이다. 계획이 아무리 잘 되어 있을지라도 실행의 과정이 언제나 예상처럼 그대로 진행되지

48) 필자와 지역 관계자 인터뷰 내용.

는 않는다. 실행 과정의 변수나 속출하는 의견들의 반영을 위해서는 끊임없는 객관적 평가가 이루어져야 한다. 첫 째로는 본래의 목적에 맞게 계획이 진행되고 있는지를 계속적으로 살펴보는 것이 필요하다. 또한, 다양한 이들에 의한 평가로 객관성을 갖는 것이 필요하다. 정책입안자들에 의해서만 평가가 될 경우 눈 가리고 아웅 하는 식의 계획이 되기 쉽다. 그러므로 지역 주민들 모두에 의한 평가가 이루어져야 한다. 그리고 도시에 방문하는 타 지역 사람들이 느끼기에도 지역의 발전 목적과 같은 이미지를 느끼고 있는지에 대해서도 평가함으로써 보다 객관적인 평가를 해야만 한다. 이렇게 마스터 플랜과 객관적인 평가가 함께 상호실행 될 때 지역의 발전은 최소한의 실수 속에서 자신의 방향을 잡아갈 수 있다.

너와 나의 재미있는 인천!

지금까지 글을 읽어 온 독자 여러분께 다시 묻고 싶다. 당신의 인천은 어떤 모습이길 바라는지. 당신이 생각하는 재미있는 인천은 어떤 모습인지. 앞서 말한 것처럼, 필자에게 있어 인천은 도시 자체만의 특정한 이미지나 스토리가 없는 곳이었다. '이런 애매모호한 인천을 있게 한 것이 무엇인가?'라는 질문에서 시작해 계획단계의 정책과 실행과정들을 살펴보았다. 그 과정에서 어느 한 부분만을 잘못됐다 말하기도 어려웠고 누구의 잘못이라고 말하기도 어려웠다. 오히려 섬세하고 애정 어린 눈길로 좀 더 자세히 들여다보지 않으면 그 복잡한 이유를 알기 어려웠다.

재미를 수용하는 지역 주민들에게 재밌는 인천이 되기 위해서는 우선 주민들의 생각에 귀를 기울여야한다. 그리고 알 수 있었던 것은 시민들의 의식이나 시민사회의 역량이 아직은 부족하다는 것이었다. '문화도시'라는 주제를 생각했을 때 지금의 개항장 지역 주민들은 문화적 역량이나 관심이 선진국의 사례들보다는 미약하고, 상업성과 경제적 이익에 더 가치를 두고 있었다. 사실상 문화 산업의 난점이 드러나는 부분이었고, 나 역시도 인터뷰를 하고 조사를 하기 전까지는 문화도시로써 문화적 영향과 경제적 영향 모두를 고려할 생각은 하지 못했다. 그러나 문화도시사업, 즉 관광 사업에서는 문화적 영향과 경제적 영향이 함께 고려되는 적절한 체제가 필요하며, 이것은 지속 가능성의 관점에서 시작되어야 하는 것이다. 문화적 영향과 경제적 영향중에 군이 어떤 한가지만이 더 가치 있는 것이 아니며, 서로가 배타적인 것이 아니라는 것을 깨닫기까지 나 역시 오래 걸렸다. 그리고 이번 인터뷰를 진행하기 전까지도 이러한 생각은 이론 속에 존재하고, 실제로 문화도시 발전으로 연결시키지는 못했지만 이는 분명 중요하게 생각되어야 할 것임은 의심할 여지가 없었다.

이러한 인식은 지역 주민들 뿐 만 아니라 재미를 만드는 사람들, 즉 정책입안자들에 의해서도 고려되어야 한다. 문화도시에의 가치에 대해서 생각하면서 동시에 지역의 정체성을 담은 개발을 위해 고민해야 할 것이다. 이를 위해서 정책입안자들은 재미수용자들에게 올바른 정보를 전달하여 인식을 넓혀주고, 다양한 입장의 지역 주민들 모두가 함께 모여서 의견을 나누고 그것을 토대로 해결점을 찾아나갈 토론의 장을 제공해야 한다. 또한, 시간이 필요함을 인정하는 것이 중요하다. 정책의 특성상 효율성에 입각하거나 자신의 임기 안에 끝내기 위한 겉보기 식의 정책이 종종 이루어지곤 하는데 이는 '진정으로 재미있는 인천'에게는 알맞지 않은 방법이다. 계획의 수립과정부터 실행, 평가, 수정까지 전체를 아우르는 진정한 마스터 플랜을 확립하고, 틈틈이 객관적 평가를 통해 그 방향을 다시 바로잡아 가며 정책을 수행하는 것이 필요하다.

지금의 인천은, 재미없을지도 모른다. 그러나 이후의 인천은 어떠할 것인가. 우리는 여기에 주목해야 한다. 언제까지고 재미없는 인천일지, 재미있는 인천일지. 이를 위해 누군가는 필자처럼 고민을 할 것이고, 더 나은 방향으로 나아가기 위해 노력하고 있을 것이다. 필자는 그런 그들에게 당신과 같은 사람이 여기 또 있노라고 말하고 싶다. 당신만이 아니라고. 또한 지금 인천이 재미없을 여러분들에게는 말하고 싶다. 나도 인천이 재미가 없었다고. 그래서 이제는 우리 함께 재밌게 만들어보자고. 우리의 재밌는 인천을 위하여!!

왜 이렇게 차이나(CHINA)죠?

유예진

죽이 잘 맞는 친한 친구들끼리 모여 같은 음식을 먹어도 그 음식에 대해서 저마다 다르게 받아들일 수 있다. 누구는 딱 내 스타일이라며 다음에 또 먹고 싶어 할 수도 있고 누구는 무슨 이런 음식을 이 돈을 받고 파냐, 양심도 없다 하며 맘에 안 들어 할 수도 있다. 누구나 지금까지 자신이 살아온 방식, 가치관, 문화처럼 개인의 경험 속에서 각자만의 기준을 만들어나간다. 그래서 같은 것을 바라보아도 자신의 기준에 따라 평가를 내리게 된다.

나도 '중국이라는 나라는 이런 나라야'하는 어느 정도 나만의 기준을 가지고 있었다. 어딜 가나 사람이 붐빈다, 도시가 온통 붉은색으로 도배되어 있을 것이다, 물가가 매우 싸다 등등. 사실상 기준이라기보다는 편견이나 선입견 쪽에 더 가까운 것 같지만. 게다가 나의 생각은 하나도 없이 순전히 다른 사람들의 말과 글을 통해 만들어진 것이었다. 아무튼 이렇게 중국에 대해 아무것도 모르는 상태에서 중국 공항에 도착했을 때 처음 든 느낌은 '에게~'였다. 간판에 꽉 차있는 한자마저도 익숙해 보일 지경이었다.

내가 직접 접한 중국은 나의 상상 속 중국다운 중국의 모습이 아니었다. 내가 정확히 어떤 것을 기대했는지는 나도 잘 모르겠지만, 우선 사람들이 일본에 가면 달달한 냄새가 나고 한국에 오면 마늘냄새가 난

다는 둥 각 나라마다 고유한 향을 가지고 있다고 했는데 중국은 무향
무취의 나라였다. 애써 표현하자면 바람 냄새가 났다고 할 순 있겠다.
겨울에 가서 바람이 꽤 세게 불었으니 말이다.

　겨울 하니까 또 생각난 것이 있는데 중국에 가기 전 문화탐방팀 학
우들, 교수님과 이야기를 나눌 때마다 중국의 겨울날씨는 우리나라의
겨울날씨와 비교도 되지 않을 정도로 춥다, 굳이 말하자면 '우리나라
한파 때의 날씨와 견줄 수 있겠다'라며 다들 날씨에 대한 겁을 많이 주
셨지만 막상 도착해서 보니 한국이나 중국이나 거기서 거기라는 생각
이 들었다. 사실상 나는 한국에서도 그렇게 춥지 않더라도 항상 불안한
마음에 옷을 많이 껴입고 다녔기 때문에 중국에서도 습관처럼 잘 챙겨
입어 괜찮았던 것인지도 모른다. 지금 생각해보면 별로 춥지도 않았는
데 다른 사람들이 다 춥다 춥다하니까 따라서 추운 느낌을 받으며 다
녔던 것 같기도 하다.

　이외에도 식당에서 갔던 화장실들이 대부분 사용하기에 불편함이 없
을 정도로 깨끗한 편이었다는 사실과-사실 깨끗한 편이라는 말보다는
더럽진 않았다는 말이 더 어울릴 듯하다- 우리나라와 비슷한 물가 등
내 머릿속의 중국다운 중국의 모습과 달라 놀라웠던 점이 한 두 가지
가 아니었다. 처음엔 그런 점들이 매우 실망스러웠는데 시간이 지날수
록 오히려 신기하고 더 알아보고 싶은 욕구로 탈바꿈되었다. 비행기로
고작 두 시간이면 인천에서 북경까지 갈 수 있는데 내가 당연히 이러
이러 할 거야 하고 생각했던 중국의 모습과 실제로 직접 걸어 다니면
서 체감한 중국의 모습은 왜 이렇게 차이가 났던 걸까? 다른 동행들도
나와 같은 느낌을 받았을까 아니면 그렇지 않았을까? 우리 이번엔 진
짜배기 정보를 가지고 중국 여행을 떠나보자!

억 소리 나는 중국

중국이 다른 나라에 절대적으로 밀리지 않는 것이 하나 있다. 바로 인구수이다. 그 많은 사람들이 어떻게 정상적으로 대중교통을 이용하고, 쇼핑을 하고, 외

그거 다 편견이야.
내 두 눈으로 똑똑히 봤어.

식을 할 수 있을까 싶을 정도로 엄청난 숫자이다. 무려 13억. 우리나라의 명동, 동대문, 종로만 해도 출퇴근 시간에 몸을 움직이기도 힘들만큼 엄청나게 붐비는데 우리나라의 약 26배나 많은 인구의 중국에서는 도대체 국민들의 일상생활이 가능하긴 한 걸까? 그 수많은 사람들이 같은 땅 위에서 각자 한마디씩만 해도 나라가 엄청 시끌벅적하지 않을까?

중국에 가보기 전에는 중국은 어딜 가더라도 사람들로 꽉 차 있을 거라고 생각했다. 세계에서 인구가 제일 많은 나라이기도 하고 그 중에서도 발전된 도시인 북경과 천진에 가는 것이었기 때문이다. 그러나 중국에 딱 도착했을 때 내 예상보다 너무 조용하고 휑해서 도대체 사람들이 집에만 있는 건가 싶을 정도였다.

그런데 내가 놓치고 있는 것이 하나 있었다. 바로 인구밀도이다. 세계 인구 순위를 보면 한국이 25위, 중국이 1위로 중국의 비중이 더 높은 반면, 인구밀도는 한국이 23위, 중국은 78위로 한국이 훨씬 높다. 중국에서도 인구밀도가 높은 편인 북경과 우리나라 서울을 비교해보면 우리나라 이 작은 땅에 얼마나 많은 인구가 살고 있는지를 확실히 실감할 수 있다. 제곱킬로미터 당 북경에는 1천 명의 사람이 있다면 서울

왕부정 거리는 포화상태

에는 1만 6천명의 사람이 있다. 서울이 무려 16배나 높다. 영화관에서 영화가 끝난 후 공중화장실에 갔는데 본인 1명 만 있는 것과 16명이 쭉 줄을 서있는 것을 상상해 보라. 우리나라 사람들이 얼마나 빽빽하게 모여 살고 있는지 느껴지는가?

우리와는 비교도 안 될 정도로 중국에는 다양하고 많은 사람들이 있는데 우리는 그 많은 '모든' 중국인들을 싸잡아 너무 시끄럽다고 이야기한다. 하긴 나도 종종 중국인들이 오리처럼 시끄럽다고 생각을 할 때가 있었다. 한국어에는 없는 성조와 유난히 강하게 들리는 어조 때문이었다. 왜 중국인들은 시끄러운 걸까? 땅이 넓고 사람이 많아서 크게 말하지 않으면 소리가 잘 안 들리나? 대다수가 시끄러운 편일까? 그러나 이번 중국 탐방을 통해 만났던 중국인들은 모두 조곤조곤하고 살랑거리는 느낌이었다.

아는 분께서 여행을 좋아하셔서 중국에도 몇 번 다녀오셨는데 다른 사람들은 여자가 중국어를 하는 것을 듣고서 너무 왕왕거리는 느낌이라고 하는데도 그 분께서는 늘 여자들이 중국어를 하면 말이 참 부드럽고 예쁘게 느껴진다고 말씀하셨다. 그 때는 사실 내가 여자이고 또 중국어를 배우는 입장임에도 불구하고 약간은 의아한 마음이 들었었다.(물론 왕왕거린다는 이미지에 동감한 건 아니다) 하지만 실제로 내가 중국에 가서 보았던 여자들은 물론이거니와 남자들까지도 평소의 우리와 말소리가 비슷했다. 어딜 가더라도 우리 문화탐방팀의 목소리가 제일 크고 시끄러웠다. 우리의 볼륨이 커질 때마다 중국인들이 힐끔

인천, 대륙의 문화를 탐하다 · 제1부 차이나스페르트럼, 우리 눈에 비친 색깔들

힐끔 쳐다볼 정도로 말이다. 그래서 시끄럽고 안 시끄럽고의 차이는 국적 때문이라기보다는 그냥 개인차라는 생각이 들었고 상대적인 개념으로 이해할 수 있었다. 한국에서는 중국인들의 목소리를 시끄럽다고 하지만 실제로 중국에 갔을 때는 어느 곳을 가든 우리 동행들이 가장 시끄러웠으니 말이다. 언어적 특성이 다르니 상대적으로 더 될 수밖에.

그리고 또 다른 방면에서 생각해보면 우리가 시끄럽다고 느낀 중국인들은 대부분 중국에서 만난 중국인이 아니라 한국에서 마주한 중국인 혹은 조선족들이었을 게다. 애초에 우리나라의 많은 사람들이 그들을 무시하는 시선도 강하고 별로 좋아하지도 않는 편인데 혹시 우리사회가 그런 그들의 언어, 그들의 목소리가 들리는 것 자체만으로도 부정적이고 예민하게 반응하는 분위기라서 어떻게든 트집 잡으려던 것은 아니었을까?

양꼬치의 몸값

예전 중국어 학원 선생님께서 말씀하시길, 우리나라에선 비싸서 열 개정도밖에 못 먹는 양꼬치를 중국에선 백 개나 먹을 수 있도다. 또 우리나라 돈으로 삼십만 원 정도면 중국에서 돈을 뿌리고 다녀도 남아돈다. 근데 막상 가보니 이건 진짜 말도 안 되는 소리였다. 중국 가서 양꼬치 딱 하나밖에 못 먹었다. 안 싸다. 기념품 가게에선 마음의 문

양꼬치인지 마약인지 모르겠다

을 닫았다. 왜냐하면 안 싸다. 그렇다고 비싼 건 아닌데 우리나라랑 비교해서 그렇게 수지맞았다 할 정도는 아니다.

중국의 물가가 많이 비싸졌다는 걸 알고 있는 사람들도 있지만 아직도 예전의 중국 그대로인줄 아는 사람도 많다. 사실 내가 일명 '양꼬치 백 개' 이야기를 들은 때가 2014년이었는데 이야기는 그보다 더 과거의 사건이었고 그 곳이 하얼빈이었다는 점을 감안하면 그 말이 사실이긴 할 것이다. 아직도 하얼빈은 중국에서도 저렴한 편이니 말이다. 하지만 우리가 갔던 북경과 천진은 중국에서도 발전한 도시이다. 땅덩어리가 큰 만큼 도시별로도 차이가 크다는 것을 생각해야 한다. 한 번 실제 물가는 어느 정도 차이가 났는지 비교하기 쉽게 먹는 것들로 생각해 볼까?

먼저 양꼬치의 경우를 보자. 우리나라에서 양꼬치 1개가 대략 천 원이고 백 개를 먹으려면 10만 원이 필요하다. 북경에서는 양꼬치가 3~4위안 정도이며 한국 돈으로 따지면 약 6~8백 원이었다. 백 개를 먹으려면 보통 6~8만 원으로 사실 아주 싸다고 생각할 정도는 아니다. 중국에 갔을 때 천진 호텔 주변 슈퍼에서 산 환타 음료수도 한국과 비교해서 3~4백 원 정도 쌌을 뿐이었다. 우리나라에서도 편의점과 대형 할인마트에서 이 정도가격차는 나기 때문에 우리나라랑 어느 정도 비슷한 수준으로 볼 수 있다. 그 때 환타와 같이 샀던 과자들은 확실히 한국보다 싼 편이었는데 맛이 밍밍했고 식감도 그다지 좋지 않아서 싸면 싼 만큼 질에서 차이가 나는구나 싶었다.

먹는 얘기를 하니까 소비문화에 대해서도 비교를 해보고 싶다. 예전에 비해 요즘 우리나라 사람들은 저축을 하기 보다는 당장 눈앞의 행복, 순간의 욕구를 위해서 소비하는 비중이 늘었다. 인터넷과 스마트폰이 발달하면서 SNS의 이용자 수도 급격하게 늘어났는데 자신의 일상을 다른 사람들과 공유하고 보여주게 되면서 남들에게 과시하거나 자랑하고자 하는 마음을 갖는 사람들이 많아졌다. 자신이 지금 무얼 먹고 있는지, 어떤 것들이 괜찮은지 등 개인적이

SNS 업로드 3초 전(출처) 구글 이미지

고 사소한 것들까지 공유하면서 맛집, 파워 블로그와 같은 키워드가 떠올랐다. 그러면서 식사나 디저트같이 일회적인 소비를 많이 하게 되었고, 그럴싸하게 들리는 홍보용 말들에 현혹되고 본인만 빼고 다른 사람들은 다들 알고 있는 것 같은 심리가 들면서 그에 따른 충동적이고 불필요한 구매도 늘게 되었다. 또한 질과 양에 비해 과하게 비싸고 국민들을 바보로 만드는 국내 가격에 의해 해외 직구, 공동구매처럼 합리성을 추구하는 새로운 소비 형태도 나타났다. 현재 중국이 우리나라의 80년대처럼 경제 성장에 따라 의류·주거·여가 등 모든 방면에서의 소비가 점점 느는 추세이고, 한류의 여파로 치맥이나 신라면 등 우리나라 문화의 영향을 받는 걸 보면 소비문화 또한 우리나라와 비슷한 모양으로 발달하지 않을까?

괜히 빨간 게 아니야

'김치 없인 못살아 정말 못살아!' 하는 노래를 아는가? 옛날부터 한국인의 밥상에는 김치가 빠지지 않았다. 김치를 '당연하게' 좋아하는 사람들도 많지만 나나 내 몇몇 친구들처럼 별로 좋아하지 않는 사람들도 있다. 그렇지만 한국인이라면 김치를 좋아한다는 생각은 매우 일반적

이다. 중국의 경우에도 이와 비슷하게 일반적으로 받아들여지는 게 있는데 바로 '중국인들은 빨간색을 좋아한다'는 말이다. 그래서 중국에 가보면 온통 붉은 색으로 치장되어 있다며 소위 '빨간 중국'이라고 칭하기도 한다. 그런데 내가 본 북경과 천진은 한국의 풍경과 비슷했다. 일부러 '빨강'을 테마로 삼아 전시용 사진을 찍을 계획이었는데 생각보다 빨간색이 너무 없어서 사진 찍기가 힘들 지경이었다. 붉은색이 우리나라보다 많긴 하나 엄청날 정도는 아니었다. 그렇다면 중국인들이 붉은색을 좋아한다는 이야기를 어떻게 확인할 수 있는 방법은 없는 걸까?

우리나라엔 태극기가 있다면 중국에는 오성홍기가 있다. 태극기의 흰 바탕이 우리의 순수함, 밝음, 평화를 사랑하는 민족성을 나타내는 것이라면 오성홍기의 붉은 색은 무엇을 상징하는 것이며 왜 채택된 것일까? 중국은 왜 그렇게 붉은색을 좋아 하는 것일까?

우리나라에서는 붉은색을 그렇게 선호하진 않는다. 단순히 이름을 적는 것도 붉은 색은 어떻게든 피하려고 한다. 이는 사망선고를 했을 때 호적에 있는 사망자의 이름을 붉은 색으로 그어버린다는 점, 또 피의 색과 비슷하다는 점, 범죄를 저질렀을 때 전과기록이 붉은색으로 남는다는 점 등 심리적인 거부감에서 기인하는 것이다. 또한 1950년 북한 공산군이 불법 남침을 하면서 일어난 6.25 한국전쟁으로 인해 많은 국민들이 갑작스럽게 큰 피해와 상처를 입게 되면서 공산주의에 대한 부정적이고 과민한 반응, 일제 강점기 당시에 흰 바탕에 붉은 원이 그려진 일장기의 색깔에서 오는 거부감과 혐오감도 이유가 될 수 있다.

한국 전쟁 이후 국가 안보를 위해 펼친 반공정책에서 빨간 색을 공산주의와 연관시켜 논했던 사실도 붉은 색에 대한 부정적인 이미지를 한층 강화하는 데 한몫 했다. 공산주의자를 '빨갱이'라고 지칭하며 비하하는 것도 이와 관련이 있다. 이렇게 공산주의의 혁명성을 상징하는 빨간색에 대해 반감을 가지는 극단적인 반공주의를 '레드 콤플렉스'라고 부르는데 이런 우리나라와 달리 중국에서는 붉은색을 선호하는 이유는 무엇일까?

우리나라와 반대로 중국은 공산주의 국가이다. 농민의 전폭적인 지지를 받는 공산주의 세력에 의해 1949년 10월 1일 천안문 광장에서 중화인민공화국이 선포되었다. 그렇게 중국의 근대국가 건설로의 시작이 가능해진 이유는 여러 번의 혁명으로 인한 깨달음과 발전이 있었기 때문이다. 즉 중국은 혁명의 열매들을 먹으며 성장해 나갈 수 있었던 것이다. 그렇기에 우리나라에서는 피를 부르고 죽음을 부르는 어두운 측면으로 인식되는 혁명이 중국에서는 지금의 중국을 세울 수 있었던 원동력으로 해석되는 것이다. 이처럼 중국은 혁명이 가지는 의미와 기운을 살려 자신들을 표현하는 국기, 오성홍기에 붉은색을 적용시킨 것이다.

'단순히 빨간색을 좋아해서 그런 것 아니야?'라고 할 수도 있는데 붉은색은 이미 예전부터 나쁜 것을 쫓고 좋은 것을 불러들인다고 여겨 국민들이 전통적으로 좋아해오던 색이다. 다만 단지 붉은색이 좋다는 이유만으로 국기에 사용한 것은 아니고 민족성을 나타내고자 하는 의도와 빨간색을 좋아하는 문화가 우연히 맞물리게 되었다고 보는 것이 더 바람직하다.

중국의 빨강처럼 우리나라도 색채의 이미지로 표현할 수 있는 단어가 있다. 바로 '백의민족白衣民族'이다. 흰 옷을 즐겨 입고 흰색을 숭상하던 전통에서 유래한 별칭으로 19세기에 한국에 들렀던 많은 외국인들이 강한 인상을 받을 정도였다고 한다. 역사적으로 살펴보면 그 흰색을 억압하고 금지하려는 움직임이 있었지만 우리 민족들은 그 속에서도 흰색을 지켜내기 위해 애썼다. 백성들이 지키고자 한 흰색은 단지 옷의 색상이 아니라 우리 민족의 순수성과 자존심, 자긍심이었던 것이다.

살면서 이런 광경을 또 볼 수 있을까?
(출처) 구글 이미지

어!, 그런데 잠시만. 그럼 2002년 월드컵 때 '붉은 악마'는 뭐지?! 그때는 왜 흰색도 아닌데다가 별로 좋아하지도 않는 빨간색을 휘감고 우리나라를 응원한 건데? 우리나라의 축구 국가대표 팀의 유니폼은 태극기 문양에서 따온 붉은색이다. 1988년 이 붉은 유니폼을 입고 축구대회에서 세계 4강 신화를 일군 한국 팀을 보며 외신들은 '붉은 악령(red furies)'이라며 찬사를 보냈고 이것이 지금의 '붉은 악마'를 탄생시켰다. 따라서 붉은 악마의 빨간색은 다름이 아니라 축구에 대한, 국가대표에 대한 정열, 열광, 강인함 등을 상징하는 것일 뿐이다.

꼭 말로 해야 하나요?

어려서부터 우리는 가나다라마바사아~ 한글을 배우고 좀 더 자라서는 ABCDEFG~ 영어를 배운다. 더 자라서는 일본어나 중국어 같은 제2외국어까지도 배우곤 한다. 이렇게 사람들이 자진해서 여러 가지 언어의 바다 속에 뛰어드는 이유는 무엇일까? 언어는 보통 의사소통의 수단이라고들 생각한다. '언어가 힘이다'라는 유명한 말처럼 언어를 통해서 다른 문화를 더욱 깊게 알 수도 있고 세계의 친구들을 사귈 수도 있다. '글로벌한 인간'에 한 발 더 다가갈 수 있는 격이다. 그러나 그 힘이라는 것이 오직 언어에만 국한된 것일까? 유독 우리나라만 언어라는 '도구'에 집착하는 것은 아닐까?

예전에 학원 수업이 끝나고 밤늦게 집에 가던 길에 5명 정도 되는 여자무리가 나를 보고는 내 쪽으로 향해왔던 적이 있었다. 그들은 나에게 슈퍼가 어디에 있냐고 물었고 나는 한참을 대답하지 못하다가 겨우 겨우 위치를 알려주었다. 내가 슈퍼의 위치를 대답하지 못했던 이유는 길을 몰라서가 아니었다. 그녀들이 무서워서 그런 것도 아니었다. 그녀들이 나에게 다짜고짜 중국어로 말을 걸었기 때문이다. 처음엔 별 생각 없었는데 시간이 좀 지나고 보니 여기는 한국이고, 내가 중국어를 할 수 있는 사람인지 아닌지도 몰랐을 텐데 그녀들은 무슨 생각으로 한국에서 중국어로 말을 건 것일까 궁금했다. 생각해 보면 우리나라 사람들은 외국에 가면 꼭 그 나라 언어에 맞춰 말하곤 하지 않는가. 외국인이 와서 외국어로 말을 걸어도 어떻게든 같은 언어로써 대답해 주려고 노력하고 말이다. 그러다 자신의 미숙한 외국어 때문에 말이 통하지 않으면 스스로 좌절감과 상대에 대한 미안함을 느끼게 되고 특히 영어의 경우는 더하다. 왜 그럴까?

프랑스에서는 외국인이 영어로 질문할 경우 설령 영어를 안다 하더라도 대답을 하지 않는다는 이야기를 들어본 적이 있다. 이것은 프랑스 사람들이 성격이 좋지 않아서 혹은 무례해서 그런 것이 아니다. 과거 영국과의 잦은 충돌과 전쟁으로 인한 부정적 인식이 아직 남아있고, 그들의 언어인 영어를 사용한다는 것을 영국을 옹호하는 입장으로 해석하기 때문에 불편하게 여길 뿐이다. 프랑스는 저런 역사적·문화적 원인이 있다고 치자. 그럼 우리나라는 뭐지? 중국이나 영어권 나라와 크게 갈등이 있었던가? 일제강점기 때 우리 민족의 권리를 무지막지하게 빼앗고 탄압했던 일본의 언어마저 학교에서 제2외국어로 정해 교육하지 않는가?

우리나라의 경우에는 상대의 언어에 맞춰주는 행동이 심리적 원인에서 나온다고 보는 것이 맞다. 우리나라는 다른 나라들에 비해 '정情'문화가 발달했다. 어려웠던 시절 전통 농경사회에서는 수확한 농산물을 이웃들과 나눠먹고, 힘든 일이나 농사일을 서로 도우며 여럿이 함께 나누는 생활태도를 가지게 되었다. 정을 기반으로 한 공동체 문화는 상대방에 대한 관심, 배려, 부탁을 잘 거절하지 못하는 모습 등의 양상으로 나타났다. 지금은 점점 개인주의화되면서 그런 면이 많이 약화되었지만, 나보다는 다른 사람을 더 생각해주고 그에 맞춰주려는 한국인 특유의 마음에서 비롯된 행동일 가능성이 크다.

다른 한편 그저 영어권 나라를 우러러보고 부러워하는 경향 때문일 수도 있다. 원어민 같은 영어를 구사하게끔 하려고 일찍이 영어유치원을 보낸다든가 다른 사람의 영어가 듣기에 진짜 영어인지 아니면 콩글리시인지 평가하고 판단하는 행위들만 봐도 알 수 있다.

한 때 유명했던 반기문 사무총장의 영어에 대한 외국인과 한국인의 반응 실험을 아는가? 딱딱하고 너무나도 한국어처럼 들리는 발음에 한국인들은 촌스럽다, TV에까지 나올 정도의 실력은 아닌 것 같다고 말했지만 외국인들은 어휘 수준이 높다, 의사 전달력이 분명했다는 반응이었다. 외국인들은 영어를 잘한다는 척도를 의사 전달 능력이나 대화 능력으로 생각하는 반면, 우리나라는 그저 외국인처럼 유창하게 보이는지 아닌지를 더 중요시 하는 것이다. 외국어를 외국인과 소통하기 위한 매개체가 아니라 마치 우리가 우월하게 바라보는 자들의 반열에 끼기 위한 자격증 따위로 알게 모르게 생각하는 것이다.

나도 한때는 꼭 그 나라 말을 알아야지만 그 말에 담긴 그 나라만의 고유한 요소들과 재치를 직접 느낄 수 있고, 그 나라와 더 가까워질 것이라고 생각했다. 말이 생존의 문제와 직결되는 것이기도 하고 말이다. 하지만 경험상 한국에서도 중국에서도 실제 중국인과의 대화를 이끌어 나갔던 건 내 입에서 나온 외국어가 아닌 내 몸짓과 진심이었다. 유창하고 수준 높은 언어실력이 바탕에 깔려있다면 더할 나위 없이 좋겠지만 사실상 진정한 의사소통을 이루게 해주는 것은 서로 통하고자 하는 진심과 관심이 아닐까.

꼭 국어 선생님들만 의사소통을 잘 하는 것도 아니니까요.
(출처) 구글 이미지, 〈EBS 언어 발달의 수수께끼〉

Where Is Our Dream?

같은 중어중국학과 친구들과 이야기해보면 중국어를 배우기 위해서는 학원이 가장 효과적이었다고들 말한다. 중국어 학원을 약 두 달 밖에 다녀보지 않은 나도 동의했다. 분명 학교에서 체계적인 커리큘럼을 가지고 각 분야에서 훌륭한 교수님들과 수업을 진행하는데도 항상 '내가 원하는 건 이런 공부가 아닌데'라는 생각을 지우기가 어려웠다.

곰곰이 생각해보니 그런 생각을 했던 이유는 목표와 동기가 뚜렷하지 않아서였다. 내가 뭐 '무언가를 이루기 위해서는 먼저 꿈이 있어야 한다!' 이런 맘에도 없는 소리를 하고 싶은 것은 아니다. 누구는 가지고 있는 꿈이라는 것이 누구에겐 아직 없을 수도 있지. 나도 꿈이라고 하는 추상적인 듯 냉정한 그것을 소유하기는 커녕 발견도 못했으니까. 그냥 사실이 그렇다고 느껴졌을 뿐이다.

우리가 중국어 학원에 등록할 때 무슨 생각으로 했을까? 다른 친구들만큼 혹은 다른 친구들보다 중국어를 더 잘하고 싶어서, 회화를 하고 싶어서, 교환학생 가기 전 준비하려고 등등 중국어 실력을 향상시키려는 목표를 확실하게 가지고 있다. 이후에도 이 목표가 마음속에 계속해서 자리 잡고 있는 한 학원을 다니는 동안은 꾸준히 중국어 실력이 좋아질 것이다.

그렇다면 우리가 중어중국학과에 입학할 때 무슨 생각으로 했을까? 내가 알기로 나의 동기들 중 진심으로 중국어가 좋거나 중국을 더 탐구하고자 중어중국학과에 지원한 사람은 한 명도 없을 것이라고 100퍼센트 확신한다. 대부분 성적에 맞춰서 혹은 중국이 뜨고 있다니까, 괜찮은 학과 같아서 아니면 합격한 곳이 여기밖에 없어서 등등 중어중국학과에 열정을 가지고 입학한 사람이 없다.

조금만 더 과거로 돌아가 그럼 우리는 왜 대학에 지원하려 했는가? 공부가 더 하고 싶어서? 지도자로서의 자질을 갖추고 싶어서? 애초에 나는 어떤 이유로 대학에 가는 것이다 하는 생각을 한 적은 있었나? 그저 다른 친구들 다 가니까 안가면 나만 소외되고 뒤처지는 것 같아서, 취업할 때 불리할 것 같아서, 주변에서 가라고 하니까. 그 외에도 내가 아닌 타인, 나를 감싸는 세상 속에 묻혀 자신과의 대화 없이 바로 결정을 내렸을 것이다. 내가 중어중국학과에 무얼 위해서 왔는지, 또 대학에는 무얼 위해서 온 것인지도 모르는 채로 학교를 다니고 중국학을 배우는 것이라면 이거야말로 참으로 고급스럽고 호화스러운 시간낭비가 아닐 수 없다. 그러나 안타깝게도 대다수의 학생이 자신이 뭘 잊고 있는지도 모른 채로 시간을 흘려보내버리고 있다. 특히 좀 어렵고 복잡한 공부를 하게 되었다고 항상 '사는 데 이깟 거 몰라도

우리의 꿈은 우리 안에 있지.

별 문제 없는데 내가 이걸 왜 알아야 해!'라는 생각을 하는 사람이라면 내가 이 공부를 하게 된 과정을 쭉 거슬러 올라가 그 시작점에서 다시 한 번 고민해봐야 할 것이다.

중국은 도무지 알 수가 없는 나라이다. 우리가 가늠할 수 없을 만큼 너무나도 크고 변수가 많으며 100%로 장담할 수 있는 것이 없다. 따라서 알 수 없는 것을 알고 싶어 하는 미칠 듯이 강한 욕구가 있지 않다면, 나의 기준이 없이 남이 만들어놓은 틀, 세상이라는 액자에 억지로 몸을 끼워 맞추려고만 하는 사람이라면 드넓은 중국의 무한함과 다양함을 받아들이기 힘들 거라고 생각한다. 나 스스로가 더 깊게 알아야 할 이유도 없고 관심도 없다고 여기는데 어떻게 진정한 배움을 실천할 수 있단 말인가.

앞으로 나는 표면적인 내가 아닌 점점 성숙해나가는 진짜 '나'와의 대화를 거쳐서 나를 파악하는 일을 멈추지 않을 것이다. 절대 타인과 세상을 '나'보다 더 크게 여겨 스스로 두려움을 만드는 짓은 하지 않을 것이다. 두려움은 가능한 것도 불가능하게 만드는 못된 힘이 있기 때문이다. 중국에 다녀온 이후 깨닫게 된 것이 있다면 진짜 세상은 내가 지

금 있는 여기 이곳이 아니라 내가 앞으로 가야할 더 넓고 멋진 곳이라는 것이다. 내가 원하는 방향으로 가다보면 어느 순간 그 진짜 세상의 문이 열릴 것이다.

문화강국 중국의 면모를 맛보다

이선아

새로운 만남의 설레임

나는 인천국제교류재단에서 중국교류 업무를 수년간 해왔다. 그동안 중국의 베이징, 상하이, 다롄, 지난, 칭다오, 하얼빈 등 많은 도시를 업무 때문에 다녔지만, 이번 베이징 방문은 나에게 또 다른 새로운 중국의 모습을 보여주었다.

보통 사람들도 출장으로 가는 것과 여행으로 가는 것은 전혀 딴판인 것처럼, 이번탐방은 그 구성원에서 부터가 달랐다. 인천대학교 교수님과 인천대 22명의 학생들과 함께였기 때문이다. 나도 중문과 출신으로써 같은 꿈을 꾸고 있는 젊은 친구들을 보니 감회가 새로웠다. 마치, 타임머신을 타고 과거로 돌아간 것 같은 착각을 불러일으켰다. 젊은 대학생들과 함께한 4박5일은 매순간 즐겁고, 흥분되고 설렜다. 이 친구들이 이번 탐방을 통해 어떤 새로운 세계를 보았을까? 또 각자 어떤 꿈과 진로에 변화가 생겼을까? 등등 정말 그들의 세상이 궁금하고 흥미로웠다.

평소 술자리를 별로 하지 않았던 터라 저녁에 일정을 마치고 다 같이 함께하는 기분 좋은 술자리는 이번 여행의 또 다른 매력이었다. 먹고 마시고 취하기보다는 중국에 대한 이야기를 안주삼아 서로의 생각과 소감을 나누고, 웃으며 하나하나 알아갔다. 특히 놀라웠던 것은 이번 탐방에 온 친구들이 학년이 다 달라서 서로 잘 모르고 학교에서 어울릴 기회도 별로 없었다는 것이다. 마치 수학여행을 가서 친해지는 아이들처럼, 하루하루가 지날수록 친해져 가는 모습을 보면서 이번 여행이 참 의미 있는 시간이라는 생각이 들었다. 나만의 착각일지는 모르지만, 나도 그 속에서 그들과 익숙해져 갔다.

중국 문화산업의 재발견

우리는 중국 문화·창의 산업을 집중 육성하고 있는 톈진시(天津市)와 베이징시(北京市)를 둘러보았다. 톈진시는 인천광역시와 1993년에 자매결연을 체결한 도시로 시장 등 고위층 인사 상호방문, 경제, 산업, 문화, 예술 등 다양한 분야에서 빈번한 교류를 추진하였으며, 최근에는 빈해신구 개발로 비약적인 발전을 하고 있는 잠재력이 큰 도시이다.

우리는 빈해신구에 위치한 애니메이션 산업단지와 룽오창의산업원을 견학하였다. 이 두 곳은 톈진시 외사판공실의 협조를 통해 자세한 설명과 소개를 받을 수 있었다. 룽오창의산업원은 특히 '공청단 청년창업센터'를 설치하여 청년들의 창업을 지원하고 있어 눈에 띄었다. 애니메이션 산업단지에는 도서, 출판, 인터넷 쇼핑, 최신 중국에서 유행하는 애니메이션 회사들이 입주해 있었고, 특히 귀여운 캐릭터가 내 눈을 사로잡았다.

톈진시에서의 문화창의산업 기행을 마치고 우리는 수도 베이징으로 향했다. 베이징문화자산판공실 컨텐츠 전시센터는 베이징시로부터 어마어마한 재정지원을 받아 작년에 만들어졌다고 한다. 엄청난 규모와 전시공간이 우리를 압도했다. 천정에는 대형 스크린이 설치되어 쉴 새 없이 영상이 지나가고, 최첨단 컨텐츠를 장착한 제품들이 전시되어 있었다. 그리고 놀라운 것은 베이징시내의 문화창의산업 지구를 전체적으로 보여주는 영상지도가 있었는데, 지역별, 분야별로 체계적인 개발전략을 가지고 있었다. 그 중에 한군데인 '차이나 필름(中影集團)' 영상단지를 가봤는데, 대규모 실내 셋트장을 비롯하여 의상실, 소품실, 후반작업실 등 역시 대륙의 스케일다웠다.

여기서 안 중요한 사실은 보통 촬영보다는 외국영화사의 '후반작업(음향, CG)'을 통해 돈을 벌고 있다는 것이다. 아직까지 한국영화는 같이 작업을 한 적이 없다하니, 앞으로 한중 합장 영화도 기대해 볼 만하다.

그리고 중국에서 활약하고 있는 한류의 현주소와 생생한 현장체험을 위해 한국콘텐츠산업진흥원 베이징사무소와 CJ E&M을 방문하였다. 특히 CJ E&M은 '중국에서도 문화를 만듭니다.'라는 슬로건처럼 CGV, 한중합작드라마, 뮤지컬 중국판제작 등 많은 문화 활동에 열정을 쏟고 있었다.

베이징시 관계자와의 만남

우리는 문화컨텐츠 사업 탐방 외에 베이징시 카운터 파트인 '베이징시인민대외우호협회(北京市人民對外友好協會)' 부회장을 만나 오찬을 함께 하며 양시의 민간교류 분야에 대해서도 대화를 나눴다. 자주 만나는 분들이라 아주 반갑게 맞아주셨고, 새로 부임한 부회장님은 올해 한국을 방문할 계획이라 한국의 여러 실정에 대해서 관심이 많았다.

특히 베이징시 인구 노령화에 따른 요양산업 문제가 최근 시급한 화두가 되어 향후 인천의 요양산업 분야를 조사하여 베이징시에 알려주기로 약속했다. 베이징시에서는 11월에 개최되는 '2015 베이징 민간친선포럼'에 재단 및 인천의 관계자가 참여하고 우수사례를 발표할 수 있도록 초대해 주었다.

또 저녁에는 '2015 한중일 청소년 음악교류' 관계자를 만나 회의를 이어갔다. 한중일 청소년 음악교류는 한중일 삼국이 순환 개최하는 행사로 작년에 2014 인천아시아경기대회를 맞아 인천광역시에서 개최하였으며 올해는 7월에 중국에서 개최될 예정이라, 개최장소와 컨셉에 대해 논의하였다. 여러 가지로 수확이 많은 시간이었다.

여행을 마치며

우리는 이번 여행을 통해 업무에 치여 있던 나를 다시 한 번 돌아볼 수 있는 계기가 되었다. 중국지역 국제교류분야 말고는 잘 몰랐었는데, 중국 정부의 문화강국으로서의 파워!, 창의 산업 육성에 얼마나 많은 투자를 하고 있는지 두 눈으로 확인할 수 있었고, 우리는 이를 어떻게 활용하여 인천을 문화·창조도시로 만들지 여러 가지 아이디어도 얻었다.

특히 이번여행에서 인솔자이자 코디네이터 역할을 하면서 젊은 대학생들의 사고와 가치방식을 새롭게 이해하고, 함께 소통할 수 있는 시간이었던 것 같아 즐거웠다. 무엇보다 어디를 가는 것 보다는 누구와 가는 것이 중요하듯 좋은 사람들과 정말 오랜만에 값진 경험을 하고 온 것 같아 뿌듯하다. 앞으로 인천의 미래, 문화·창의 산업의 미래, 대한민국의 미래를 이끌어갈 젊은이들이 많이많이 나왔으면 하는 바람이다.

사진(홍지원 촬영)

고참과 신참(자금성 내)

인문교통(베이징시내 공공자전거)

나래비(퇴근길 버스정류장)

꿈을 굽는다(왕푸징 야시장)

차가움이 주는 따뜻함(798예술구)

두개의 바퀴(중화민족문화원)

CJ인디고

돈오(단체사진)

제2부

인천차이나타운,
우리 안에 품다!

눈물, 감동, 신뢰 그리고 희망
— 한중학생 인천차이나타운 공동조사 멘토링 사업을 마치며

이정희

'한중 학생 인천 차이나타운 공동조사' 사업은 본래 2~3개월을 예정하고 시작한 것이었는데 결국 7개월에 걸친 '대장정'이 되고 말았다. 고통스러운 시간과 감내하기 어려운 일을 중도에서 포기하지 않고 끝까지 함께 해준 참가 학생들에게 모든 공(功)을 돌리고 싶다. 이 보고서를 최종 편집하면서 참가 학생들과 함께 한 시간들이 주마등처럼 머릿속에 떠오르고, 학생들이 쓴 보고서와 감상문을 읽고는 끝내 눈물을 흘리고 말았다. 참가 학생들이 너무나 대견스럽고 사랑스럽고 또 자랑스러웠다.

필자가 이 사업을 구상하게 된 계기는 작년 9월 어느 날 우리 학교 중어중국학과의 권기영 교수님, 중국학술원의 송승석 교수님과 같이 식사를 하고 캠퍼스를 거닐면서 권기영 교수님께서 주신 아이디어 때문이었다. 인천대학교 학생이 인천과 중국의 관계 그리고 인천에 있는 중국 관련 시설들을 조사하고 그것을 데이터베이스화 한다면 소중한 지역 연구 자료가 될 것이라는 말씀이었다. 전적으로 동감하는 말씀이었다. 더구나 우리 인천대학교에는 200여 명에 달하는 중국인 유학생들이 있었다. 일본의 대학에서 15년간 교수 생활을 하면서 일본에 유학온 중국인 학생들이 일본인 학생과 잘 교류하지 못하고, 일본에 잘 적응하지 못하는 것을 많이 보아온 필자는 우리 학교에서 공부하고 있는 중국 유학생들의 사정도 크게 다르지 않을 것이라고 생각했다. 만일 이러한 사업을 통해 한국 학생과 중국 학생들이 교류하고 협력하면서 친구가 될 수 있다면 학생들 개개인뿐만 아니라 장차 한중 양국의 우호와 발전에도 소중한 밑거름이 되지 않을까하는 기대도 없지 않았다.

필자가 중국학술원에 본 사업계획을 제안한 것은 2014년 9월 30일이었다. 사실 학부생에게 50만 원의 조사비를 지급하면서 연구 사업을 진행하는 것은 전례가 없었던 일이었음에도 불구하고 여러 선생님들의 적극적인 호응과 협조로 예산을 확보하고 추진할 수 있었다. 10월 8일에는 학교 홈페이지를 통해 '한중 학생 인천 차이나타운 공동조사 사업' 공고를 냈는데 1차 접수 기간 동안 공고에 접속한 학생이 1,700여 명, 2차 접수 기간까지 접속한 학생은 4,694명에 달할 정도로 많은 학생들이 관심을 보여주었다. 최종 응모 학생은 총 62명으로 우리 대학의 사범대와 생명과학기술대를 제외한 거의 모든 단과대학 학생이 응모했으며, 그 가운데 한국 학생은 49명, 중국 학생은 13명이었다.

면접은 10월 16일, 20일, 21일 3일간에 걸쳐 진행했는데 오전 9시부터 저녁 7시까지 학생들의 수업 시간을 피해 1인당 20분씩 실시하였다. 면접에 응한 학생이 55명이니 필자 혼자서 총 18시간 30분 동안 면접을 진행한 셈이다. 면접 심사의 기준은 크게 다섯 가지였는데 커뮤니케이션 능력(10점), 프레젠테이션 능력(10점), 예절 및 태도(10점), 사업 참가 목적(10점), 사업기여 가능성(10점) 등이었다. 혼자서 55명의 면접을 보는 것은 쉬운 일이 아니었다. 나중에는 몸살까지 났다. 그러나 학생들 면접을 통해 요즘 학생들이 무엇을 생각하고 무엇에 관심이 있는지를 파악할 수 있었다. 우수하고 열정적인 학생이 많았기 때문에 15명만을 선발하는 것은 쉬운 일이 아니었다. 마음 같아선 모두 합격시켜주고 싶었지만 어쩔 수 없는 일이었고 학교 홈페이지에 합격자 발표를 하면서 이번에 채용하지 못한 40명에게 죄송한 마음을 전했다.

최종 합격한 학생은 15명으로 이 가운데 한국인 학생이 10명, 중국인 학생이 5명이었다. 모두에게 합격 통지를 하고 11월 10일 합격자 오리엔테이션을 진행했다. 필자는 이번 공동조사 사업이 "한중 학생이 하나가 되어 인천 차이나타운의 과거와 현재를 조사하는 활동을 통해 차이나타운을 비롯한 지역사회 발전에 기여하고 한중 학생 간 우호증진 등을 목적"으로 한다는 점을 강조했다. 조사 활동 시 협조해주는 화교 및 시민에게 예절 바르게 행동할 것과 인천대학교의 명예를 훼손하는 행동을 삼갈 것을 부탁했다. 그리고 조사 활동 결과는 2015년 1월 29일 중국학술원이 개최하는 국제심포지엄에서 발표를 해야 하기 때문에 적당히 조사해서는 안 된다는 점도 강조했다.

조사팀은 3개 조로 구성했다. 1개 조의 구성원은 5명으로 하고, 각 조에 중국인 학생 1~2명을 반드시 포함하도록 했다. 각 조에게 반드시 1명의 조장을 뽑도록 하고, 조장회의를 개최하여 각 조에게 인천차이나타운의 무엇을 조사할 것인지 찾아보라는 과제를 내고 그것을 토대로 각 조의 조사 내용과 방향을 정했다.

1조는 인천차이나타운에 많은 중화요리점, 그리고 인천차이나타운 발전을 위해 조직된 번영회를 조사하게 되었다. 2조는 인천차이나타운의 화교 관련 시설인 인천화교학교, 인천화교협회, 의선당, 인천중화기독교회를 조사하게 되었다. 3조는 인천차이나타운을 방문하는 관광객이 차이나타운에 대해 어떤 인식을 하고 있는지 알아보기 위한 설문 조사를 하기로 하였다. 그러나 각 조의 조사활동 내용은 실제 조사를 하면서 약간 조정되거나 추가되었다.

11월 27일 드디어 본격적인 조사 사업이 시작되었고 참가 학생에게 는 사전에 필기도구와 노트 그리고 각 조별로 카메라를 준비할 것을 지시했다. 참가 학생들은 처음 가보는 화교협회의 구 영사관 회의청(會 議廳) 건물, 중화기독교회를 견학하면서 무척 신기해하는 듯 했다. 이 날의 조사 활동은 『경인일보』의 1면 기사로 게재되었다.[1] 이번 공동 조사 사업은 기본적으로 조별 단위로 진행되기 때문에 다른 조와 커뮤 니케이션 할 기회가 적었다. 이 문제를 극복하기 위해 12월 5일 '인천 차이나타운 공동조사단' 밴드를 만들었다. 이 공간을 통해 각 조가 지 금 어떤 활동을 펼치고 있는지 서로 정보교류를 하도록 했는데 많은 도움이 되었다. 밴드는 지금도 운영되고 있다.

참가 학생들은 조사 개시일부터 1월 29일 국제심포지엄 발표 때까지 의 약 2개월 동안 차이나타운을 자신의 집처럼 방문하여 조사활동을 펼쳤다. 필자는 3개 조를 모두 담당해야 했기 때문에 각 조를 인솔하고 인천차이나타운과 인천화교공동묘지를 20여 차례 방문했다. 참가 학생 들과 추운 겨울 차이나타운과 인천화교공동묘지를 거닐며 조사활동을 했던 좋은 추억은 아마 평생 잊지 못할 것이다. 학생들은 수업이 끝난 후 저녁 시간에 차이나타운을 방문하여 조사와 토론을 진행하고 밤늦 은 시간에 귀가를 했다. 학생들은 한 명이라도 더 많은 사람에게 설문 지를 받기 위해 시려운 손을 호호 불어가며 이리 저리 쫓아 다녔다. 인 천화교공동묘지를 방문한 날은 마침 눈이 온 뒤라 언덕길이 대단히 미

---

1) "'한·중대학생 함께 화교 연구해요": 인천대 재학·유학생 15명 구성 국제심포지 엄 공동 준비 눈길', 『경인일보』, 2014년 11월 28일

끄러웠는데 한 학생은 결국 엉덩방아를 찧고야 말았다. 그러나 "힘들다", "하기 싫다"고 말하는 학생은 없었고 오히려 "좋은 것을 많이 배워 감사하다"는 말을 하곤 했다. 오히려 힘들어 하는 필자가 부끄러울 따름이었다.

약 2달간의 조사 활동의 결과를 세계적인 석학들 앞에서 발표한다는 것은 참가 학생 개인 뿐 아니라 중국학술원과 인천대학교의 명예와 관련된 일이라 필자 자신은 매우 긴장하지 않을 수 없었다. 정말 우리 학생들이 잘 할 수 있을까? 발표 몇 일전부터는 필자의 연구실에서 밤 11시, 12시까지 파워포인트 작업을 했다. 나의 기대 수준보다 각 조의 발표내용이 부족했기 때문에 때론 격려하기도 하고 어떤 때는 심하게 꾸중하기도 했다. 학생 가운데는 자손심이 상해 우는 학생도 있었다. 그러나 학생들은 포기하지 않고 나의 지시를 잘 따라주었다.

프레젠테이션 마친 후 학생들과 함께

참가 학생들은 1월 29일 오후 탄치벵(陳志明) 교수를 비롯한 세계의 석학과 국내의 여러 학자, 그리고 화교들 앞에서 준비한 내용을 최선을 다해 발표하였다. 조별로 20분간 발표했는데 1시간이 언제 지나갔는지 모를 정도로 박진감 넘치는 프레젠테이션이었다. 사실 이번 국제심포지엄에 참가한 학자들은 인천 차이나타운과 한국 화교의 현황에 대해 알고 싶어 했는데 바로 그러한 점을 학생들이 다양한 사진과 내용으로 보여주었다는 점에서 높은 평가를 받았던 것 같다. 그러나 무엇보다 학생들 스스로가 많은 감동을 받은 듯 했다. 밴드에 올린 학생의 글을 몇 가지 소개한다. "여태껏 경험해본 활동 중에 최고였습니다! 평생 잊지 못할 추억!", "정말 유익한 경험, 값진 경험", "이런 소중한 추억 감사 합니다", "많은 걸 배웠습니다."

참가 학생들은 국제심포지엄 발표로 이번 조사사업이 끝난 것처럼 생각했다. 그러나 우리의 최종 종착지는 좋은 보고서를 내는 것이었다. 서울대학교 인류학과 학부생들이 2000년 차이나타운을 조사하고 보고서를 냈는데 우리 조사단에게 많은 참고가 되었다. 우리 조사단도 향후 인천차이나타운을 조사하는 후배에게 참고가 될 수 있는 그런 보고서를 내야 한다고 생각했다. 학생들이 제출한 보고서를 몇 번에 걸쳐 피드백하고 수정해 나가는 것은 매우 힘든 작업이었다. 참가 학생 가운데에는 3월 들어 중국으로 단기 유학 가는 학생이 3명이나 되었고, 또한 각 조의 조장은 모두 4학년이어서 취업 준비로 보고서 작성에 할애할 시간이 많지 않았다. 필자 역시 책 집필 활동으로 학생들의 보고서에 많은 신경을 쓰지 못했다. 보고서 완성이 이렇게 지체된 것은 모두 필자의 잘못이며 책임이다.

이번 공동조사 사업에 대한 평가는 독자들의 몫이다. 그러나 참가 학생의 감상문을 읽어보면 학생들이 이 활동을 통해 인간적으로나 학문적으로 얼마나 성장했는지를 알 수 있을 것이다. 같은 조원끼리 공동의 과제를 가지고 서로 협력하며 문제를 해결해나가는 과정에서 동료애를 느꼈다. 자신보다 더 뛰어난 능력을 가진 사람이 있다는 것을 깨달았고, 또 자신의 장점이 무엇인지도 깨달았다. 한국 학생과 중국 학생이 국가와 민족의 벽을 넘어 '하오펑여우(好朋友)'가 되었다. 필자 개인적으로는 보고서의 내용보다도 참가 학생의 이런 변화에 큰 보람을 느꼈다.

이번 공동조사 사업의 보고서는 '한중 대학생 눈에 비친 인천 차이나타운'의 있는 그대로의 모습을 그려낸 것이다. 대학생들이기 때문에 전문성이 떨어질지 모르며 사실과 다른 부분도 있을지 모르겠다. 그러나 우리는 한중 대학생이 풀어낸 인천차이나타운의 현재의 모습을 많이 참고할 필요가 있다. 왜냐하면 인천 차이나타운을 찾는 관광객 중 가장 많은 연령층이 20대이기 때문이다. 또한 참가 학생이 제시한 인천 차이나타운의 발전 방향에 대한 제언은 하나같이 참신하다. 행정 당국과 인천 차이나타운 상가번영회 그리고 관계자 모두가 한 번 읽어보고 차이나타운 조성에 도움이 되었으면 하는 마음 간절하다. 그러나 처음 시작할 때 목표로 했던 인천 차이나타운 인문지도 제작을 달성하지 못한 점은 아쉬움으로 남는다. 이것은 다음 조사단이 해줄 것으로 믿는다.

이번 공동조사 사업은 많은 선생님들의 도움 없이는 이루어질 수 없었다. 송승석 교수님께 제일 감사하다는 말씀을 드린다. 필자 자신이 인천 차이나타운에 대해 잘 모르기 때문에 교수님의 지식과 네트워크의 도움을 많이 받았기 때문이다. 김판수 선생님은 학생의 원고를 읽어주시고 소중한 조언을 해주셨다. 그리고 어떤 구체적인 성과를 기대하기 어려운 사업인데도 불구하고 기꺼이 승낙해 주시고 적극적으로 밀어주신 중국학술원의 장정아 교수님, 안치영 교수님을 비롯한 모든 교수님들께 충심으로 감사드린다. 또한 중국학술원의 신미옥 실장님, 김난희 선생님의 행정적인 지원과 배려가 없었다면 이 사업을 완수하기 어려웠을 것이다.

마지막으로 참가 학생의 조사사업에 협조해주신 인천화교협회의 류창륭(劉昌隆) 부회장님, 인천화교학교의 손승종(孫承宗) 교장선생님, 의선당의 강수생(姜樹生) 선생님, 인천중화기독교회의 강대위(姜大衛) 목사님, 인천차이나타운상가번영회의 손덕준(孫德俊), 이현대(李鉉大) 공동회장님, '풍미' 중화요리점의 한정화(韓正華) 사장님과 사모님, '북경장'의 김영아(金榮娥) 지배인님, 사진작가 서은미 선생님께 머리 숙여 감사의 말씀을 드리고 싶다. 또한 여기에 일일이 기록하여 감사의 말씀을 드리지 못하지만 도움을 주신 모든 분들에게 감사 인사를 드린다.

　　　　　　　　　　2015년 5월 맑은 날 송도정(松島亭)에서

인천차이나타운의 중화요리점과 번영회

이하영 · 장용대 · 최주란 · 장야핑

필자(이하영)는 3년 전 중국에 교환학생으로서 약 1년간 유학한 적이 있다. 당시 회화수업시간에 교수님께서 '炒碼面(짬뽕)'의 어원에 대해 설명해 주신 적이 있었다. 그 내용은 이러했다. 중국 상인들은 무역을 하면서 바쁜 와중에 빠르고 간단하게 '끼니'를 해결해야 했다. 그렇기 때문에 그들은 부둣가에서 간단히 냄비에 육수를 부어 면을 볶아 먹었다고 한다. 부둣가(碼头)에서 볶아(炒) 먹었다는 뜻으로 '炒碼面'이란 단어가 탄생했다는 이야기를 듣고, 음식에는 탄생과 발전의 역사가 있다는 것을 깨달았다. 이때의 깨달음은 나의 머릿속에 오래 남아있었고, 이번 인천차이나타운 한중학생 공동조사단에 지원한 동기가 되었다. 그리고 조원들과 인천차이나타운의 중화요리점에 대해 조사하게 된 계기가 되었다. 우리는 인천차이나타운의 중화요리점에 대해 조사하다 인천차이나타운 번영회 조직이 있다는 것을 알았다. 이 조직은 인천차이나타운의 발전을 위해 매우 중요하기 때문에 같이 조사를 했다. 이번 인천차이나타운의 중화요리점과 번영회 활동을 조사하기 위해 우

리는 총 19회 인천차이나타운을 방문했으며, 5명의 관계자를 인터뷰
했다.

중화요리점은 인천차이나타운의 얼굴

인천차이나타운에서 빼놓을 수 없는 것이 바로 중화요리점이다. 인
천차이나타운을 방문한 사람이면 누구나 상점 가운데 가장 많은 것이
중화요리점이라는 것을 알고 있을 것이다. 우리는 수차례에 걸쳐 인천
차이나타운을 방문하여 차이나타운의 상점 지도를 만들었는데 그것이
ㅣ그림2ㅣ이다. 상점의 위치와 상호명을 기록해 놓았기 때문에 인천차이
나타운의 상점 분포를 한눈에 알 수 있는 지도다. 그리고 ㅣ그림1ㅣ은 서
울대 인류학과 학생들이 2000년 인천차이나타운을 조사하고 만든 상점
지도다. 두 그림을 비교하면 지난 14년간의 인천차이나타운의 상점 분
포의 변화를 파악할 수 있다.

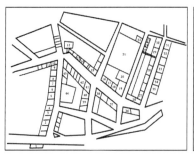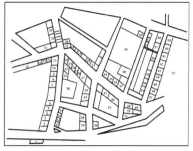

|그림1| 인천차이나타운의 상점지도　　　　|그림2| 인천차이나타운의 상점지도
(2000)　　　　　　　　　　　　　　(2014)

인천차이나타운의 상점 총수는 2000년 44개소였다. 이 가운데 중화
요리점은 자금성, 대창반점, 복래춘, 태화원, 풍미 등의 5개소에 불과했

1. 인천역	2. PC방	3. 여관	4. 수퍼	5. 의상실	6~8. 빌라	9. 게임장
10. 수퍼	11. 토산점	12. 교회	13. 대원한약방	14. 자금성	15. 중화당한의원	16. 용정탕
17. 세탁소	18. 동순동기념품	19. 대장반점	20. 인천화교소학부속유치원	21. 중산중학, 화교소학	22. 인천화교협회	23. 복래춘
24. 당원	25. 원양물산(무역)	26. 북성외과의원	27. 천주교육관	28. 풍부수산	29. 적십자	30. 인우공사
31. 주차장	32. 사파리클럽	33. 공원장	34. 태화원	35. 해안천주교	36. 태극권	37. 풍미
38. 한국문화사	39. 당구장	40. 원조뺑댕이	41. 수퍼	42. 이발소	43. 숯불갈비	44. 북성동사무소

|그림1-1| 인천차이나타운의 상점명 (2000)

1. 인천역	2. 담(3호점)	3. 유성PC방(2층) 식당, 부동산(1층)	4. 중화원	5. 가정집(3층) PC방(2층) 수퍼(1층	6. 고호	7. 안신	8. 귀빈의상실	9. 계명빌라(1,2동)
10. 정도빌라(1,2동)	11. 부엔부	12. 구구만다복	13. 산동주방	14. 만다복	15. 의선당	16. 연경	17. 청관	18. 공화춘
19. 자금성	20. 북경반점	21. 장안(중국토찬품)	22. 송가네만두	23. 영빈루	24. 북경장	25. 원보	26. 중화촌	27. 십리향
28. 로반주얼리	29. 영황무역공사(2층) 중흥무역(1층)	30. 북성동주민센터	31. 담(2호점)	32. 옛날짜장	33. 천년의흔적	34. 화하양지	35. 상해삼	36. 평양냉면
37. 신승반점	38. 송천만두	39. 화상동화원	40. 홍연	41. 통류산송(잡화)	42. 풍미	43. 짜장면박물관	44. 중국성	45. 세탁소
46. 담(1호점)	47. 대장반점	48. 유치원	49. 화교중산중학	50. 화교협회	51. 다다복	52. 복래춘	53~55. 가정집	56. 중국어마을 문화체험관
57. 태림봉	58. 본토만다복	59. 청화원	60. 휴티즈	61. 신천지	62. 오복장	63. 한중원	64. 태화원	65. 해안성당
66. 자금성	67. 카페	68. LIKE	69. 차이나타운 마트	70. 금해루	71. 지우(갤러리)	72. 한중문화원		

|그림2-1| 인천차이나타운의 상점명 (2014)

다. 그러나 2014년 인천차이나타운의 상점 총수는 72개소로 28개소나 증가했으며, 중화요리점은 이전보다 5배 이상 증가한 28개소에 달했다. 무려 전체 상점의 4할이 중화요리점이라는 결과가 나왔다. 대부분의 요리점은 화교가 운영하고 있었으며 한국인이 운영하는 중화요리점은 공화춘 이외는 없는 것 같다. 한국인 상점은 대체로 카페나 편의점을 운영하고 있었다.

우리는 인천차이나타운에 중화요리점이 처음 생긴 것은 언제인지 궁금했다. 그래서 그와 관련된 일본자료와 중국자료를 이정희 교수의 협

233

조로 참고할 수 있었다. 1907년 12월 인천에는 화교 경영의 중화요리점이 8곳이 있었다. 각 요리점의 주인 및 종업원은 남자 25명, 여자 1명으로 총 26명이었다.[1] 당시 인천중화회관이 1906년 조사한 바에 따르면 인천에는 6개소의 요리점이 영업하고 있었다. 각 요리점의 상호명은 연남루(燕南樓), 동흥루(東興樓), 합흥관(合興館), 사합관(四合館), 동해루(東海樓), 흥릉관(興隆館)이었다.[2] 우리는 조사하기 전 인천 최초의 중화요리점은 중화루와 공화춘이라고 생각했지만, 실제 자료를 살펴본 결과 그렇지 않아 놀라웠다.

1924년 일제강점기 시기의 인천의 중화요리점은 총 4곳, 일반음식점은 27곳에 달했다. 중화요리점 가운데 규모가 큰 식당은 중화루(中華樓), 동흥루(同興樓), 공동춘(共同春), 의생성(義生盛)이었다. 이 가운데 중화루가 가장 세금을 많이 내고 있었기 때문에 규모가 가장 컸던 것 같다.[3] 그런데 유명한 공화춘(共和春)은 4개의 주요한 중화요리점에 포함되어 있지 않았다. 당시는 아직 규모가 크지 않았던 것 같다.

해방 직후인 1949년 현재 인천차이나타운 및 그 주변에는 크고 작은 중화요리점이 69개소에 달해 큰 성황을 이루었다. 당시 유명한 큰 중화요리점은 송죽루(松竹樓), 공화춘, 중화루, 만취동(萬聚東), 빈해루(濱海樓), 복생루(福生樓), 금매원(錦梅園), 평하각(平下閣)등이었다.[4]

그러나 인천차이나타운의 쇠퇴와 함께 유명한 중화요리점은 하나 둘 문을 닫고 결국 살아남은 요리점은 중화루와 공화춘 두 개뿐 이었으나

1) 仁川日本人商業會議所 (1908), 『明治四拾年仁川日本人商業會議所報告』, 84쪽.
2) 1906년, 「華商人數淸冊: 各口華商淸冊」, 『駐韓使館檔案』(대만중앙연구원근대사연구소소장, 관리번호 02-35-041-03).
3) 朝鮮總督府 (1924), 『朝鮮に於ける支那人』, 106쪽.
4) 朝鮮銀行調查部 (1949), 『1949年版 經濟年鑑』, II-71쪽.

두 요리점도 결국은 일시 사라지는 아픔을 겪었다. 인천차이나타운의 중화요리점은 역사적으로 볼 때 일제강점기 때와 해방 초기 크게 융성했는데 그 후 쇠퇴기를 거쳐 2000년대 들어 새롭게 부흥하는 국면에 있는 것 같다.

인천의 중화요리는 이런 거야!

우리는 인천차이나타운의 중화요리점에 대해 보다 구체적으로 알아보기 위해 4개소의 중화요리점의 사장을 인터뷰 했다. 4개소의 중화요리점은 중화루, 풍미, 공화춘, 북경장이다. 우리는 4개소를 선택할 때 역사와 중화요리점으로서의 상징성을 기준으로 했다.

중화루의 손덕준(孫德俊)사장은 현재 태화원, 자금성 중화요리점도 경영하고 있다.[5] 그의 말에 의하면 '자금성'은 18년 째, '태화원'은 15년 째 경영하고 있고, '중화루'의 역사는 110년이나 된다고 한다.

손덕준 사장 인터뷰 모습

---

5) 손덕준 사장의 인터뷰는 2015년 1월 5일 태화원에서 이뤄졌다.

그는 중화요리에 대해 매우 해박한 지식을 가지고 있었다. 필자가 관심이 많은 짬뽕에 대해 그는 매우 상세하게 가르쳐 주었다. 그는 초기의 중화요리는 제철채소를 사용해서 만들었다고 한다. 초기의 자장면 재료는 제철채소를 사용하여 만들었고, 값이 싼 재료를 사용해서 요리했다고 한다. 하다못해 봄에는 채소가 재배되지 않기 때문에 저장해 놓은 고구마와 감자, 무말랭이 등을 삶아서 다진 후 자장면 양념으로 사용하기 까지 했다는 것이다. 화교 가정은 옛날에 집집마다 장독에 춘장을 만들어 재웠는데, 과거 산동식 짬뽕은 빨갛지 않았다고 한다. 채소와 고기, 해산물 등을 넣어 만들어 먹었고, 특정한 짬뽕재료는 없었다고 한다. 나가사끼 짬뽕은 뼈를 고아 짬뽕육수로 사용한다고 가르쳐 주었다.

그는 자장면의 시초는 부둣가에 일하던 노동자들이 불을 피우고 물을 끓이면서 집에서 만든 춘장과 즉석에서 뽑은 면, 파를 썰어서 비벼 먹은 데서 유래했다고 했다. 짬뽕과 비슷했다. 이렇게 자장면이 탄생했고, 처음에 화교는 자장면을 리어카에 싣고 끌고 다니면서 장사를 했다고 한다. 그리고 각 중화요리점은 가게마다 다른 가게와 차별성을 두고 장사를 했다. 어느 가게는 돼지비개를 넣어 자장면을 만들었고, 또 어느 가게는 고기와 비싼 채소를 사용하여 만들었다. 그는 이런 경쟁을 통해 자장면의 종류가 다양해진 것이라고 가르쳐 주었다.

인천차이나타운의 풍미(豊美) 중화요리점은 1957년에 개업했다. 중화루와 공화춘은 역사는 이보다 훨씬 오래되었지만 중도에 문을 닫았다 최근에 다시 문을 열었기 때문에 1957년부터 현재까지 약 60년간 인천차이나타운을 지켜 온 것은 풍미밖에 없다.

풍미의 한정화(韓正華) 사장의 부인에게 몇 번의 인터뷰를 요청한 결과 겨우 성사되었다.[6] 그는 짬뽕은 원래 하얀 색이었고, 자장면은 지금처럼 진하지 않았고 갈색의 카레색이었다 한다. 색깔의 진한 정도는 장으로 조절을 했다. 자장면은 옛날에 참 맛있었는데 그 이유는 냉동하지 않은 생고기를 썼기 때문이라고 가르쳐 주었다.

사장 부인은 인천차이나타운의 80년대와 90년대 모습을 이야기 해줬다. 80년대 화교가 인천차이나타운을 많이 떠났고, 서울로 일하러 가는 사람이 많았다고 한다. 장사가 안 되니까 먹고살기 힘들어 떠났다는 것이다. 90년대까지 차이나타운은 유령도시라 할 정도로 분위기가 좋지 않았다고 한다. 풍미도 장사가 안 되어 만두도 팔고 빵도 팔았다고 한다.

사장 부인은 풍미를 찾는 젊은 고객에게 쓴 소리를 아끼지 않았다. 우리들도 알고 있어야 될 것 같아 그의 이야기를 그대로 싣도록 한다.

> "세대 차이라고 할 수 있죠. 암만해도 옛날과 지금은 세대가 다르고 안 맞으니까요. 말하자면 젊은 학생들이 그전에는 어른들이 많으면 얼른 먹고 일어나 갔는데 요즘 학생들은 버젓이 앉아서 화장하면서 수다 떨어요. 위아래 없이 내가 돈 내고 먹었으니까 누릴 수 있다는 생각으로 오는 것 같아요. 이해심도 약간 부족한 것 같고요."

마지막으로 인터뷰한 것은 공화춘의 이현대(李鉉大) 사장이다.[7] 이현대 사장은 한국인이다. 공화춘은 1912년 개업해서 1983년에 문을 닫았다. 인천차이나타운의 대표적인 중화요리점으로 약 70년간 영업한 것이다. 이전의 공화춘 자리는 현재 자장면박물관으로 활용되고 있다. 오랜 기간 동안 문을 닫고 있었던 공화춘이 이현대 사장에 의해 다시 개업한 것은 2004년이었다. 이현대 사장은 어떤 경위로 공화춘을 경영하게 되었을까. 이것은 매우 중요한 이야기이기 때문에 조금 길지만 그

---

6) 인터뷰는 2015년 1월 8일 '풍미'에서 이뤄졌다.
7) 인터뷰는 2015년 1월 14일 '공화춘'에서 이뤄졌다.

대로 싣고자 한다.

공화춘 이현대 사장 인터뷰 모습

"어떤 계기가 있었다기보다 공화춘이란 브랜드 자체가 사실은 굉장히 가치가 있는 것이잖아요. 그것이 버려져 있는 것이 좀 안타까웠어요. 공화춘의 브랜드 가치가 매우 높다는 것을 저는 금방 알았습니다. 그래서 차이나타운 조성이 한창이던 때에 이곳에 건물을 짓고 영업을 시작하게 된 것이지요. 내가 이 요리점을 개업하기까지 공화춘이 가지는 역사적 의미를 사람들은 잘 모르고 있었던 것 같아요. 요즘 세계는 브랜드전쟁이라고 하는데 이 브랜드가치가 대단한 겁니다. 이러한 브랜드의 가치를 보고 상표등록을 했던 것입니다. 원래 중국사람 상표이긴 한데 내가 주인이 된 것이지요."

즉, 이현대 사장이 공화춘의 역사적 의미와 브랜드 가치를 빨리 깨닫게 된 것이 2004년 공화춘의 재출발로 이어졌다는 것이다.

우리는 인천차이나타운에서 그렇게 유명한 곳은 아니지만 중국 본토의 요리에 가장 가까운 요리를 하는 곳으로 유명한 북경장(北京莊)의

김영아(金荣娥) 지배인을 인터뷰했다.[8] 북경장은 개업한지 약 13년으로 그 역사는 그렇게 길지 않았다. 북경장의 사장은 화교라고 한다. 북경장은 다른 중화요리점과 달리 '훠궈(火锅)'(샤브샤브요리) 요리가 중심이다. 김영아 지배인은 사장님이 훠궈요리 기술을 갖고 있어서 시작했다고 하며, 양꼬치도 꽤 유명하다고 한다. 북경장은 본토에서 온 요커들이 많이 찾는 요리점이다. 그래서 메뉴판도 중국어와 한국어의 두 종류를 두고 있다. 김영아 지배인은 이곳을 찾는 요커는 훠궈요리와 양꼬치 요리를 먹어보고 중국 본토의 맛과 거의 차이가 없다며 다시 오는 요커도 있다고 자랑했다. 특히, 중국인 요커가 좋아하는 요리는 감자볶음(土豆丝), 가지볶음(茄子丝), 띠싼씨엔(地三鲜)라고 소개해주었다.

차이나타운의 발전은 우리 손안에!

우리는 원래 인천차이나타운의 번영회를 조사할 계획이 없었다. 그러나 손덕준 사장과 이현대 사장이 현재의 번영회의 공동 회장을 맡고 있기 때문에 중화요리점에 대한 질문에 추가하여 번영회 질문을 한 것이다. 그런데 두 공동회장으로부터 번영회에 대해 귀중한 이야기를 많이 들었기 때문에 번영회 조사도 함께 했다.

인천차이나타운번영회의 역사는 2004년부터 시작된다. 번영회는 매달 개최하는 회의에서 건의사항들을 듣고, 문제들을 해결하는 기관이었다. 번영회의 초대 회장은 손덕준 사장이었고 2대 회장은 다른 화교가 담당했으며, 3대는 다시 손덕준 사장이 맡았다고 한다. 그 후 만다복 중화요리점의 서학보 사장이 회장을 맡았다.

---

8) 인터뷰는 2015년 1월 11일 '북경장'에서 이뤄졌다.

그러나 번영회 조직은 활발한 활동을 전개하지 못하고 번영회 소속 인원도 지속적으로 감소했다. 2014년 9월 말경부터는 인천차이나타운 번영회 기능이 거의 정지된 상태로 차이나타운 관련 문제점들을 해결할 능력을 상실하게 된다. 인천차이나타운이 위치한 중구청은 번영회의 중요성을 인식하고 번영회의 활성화를 위해 발 벗고 나섰다. 2014년 11월 인천차이나타운상가번영회가 공식 출범했다. 번영회의 회장은 손덕준 사장과 이현대 사장이 공동으로 맡았다.

번영회 소속 상점은 총 73개에 달한다. 번영회는 운영위원 32명, 일반회원 41명으로 구성되어 있다. 번영회 운영회비는 매월 운영위원 3만원, 규모가 큰 요리점은 2만원, 소규모 상점은 1만원이다. 손덕준 회장은 "이번 번영회는 차이나타운에 입점한 음식점들에만 국한되지 않고, 인천항 근처의 상점들까지 포함하여 모두 '화목'해지자는 모토를 가지고 있다"고 말했다. 이어서 "차이나타운의 번영을 위해서는 모든 가게들이 화목해야 하고, 화목하지 않으면, 번영회를 운영하는데 어려움이 크다"라고 강조했다.

인천차이나타운의 축제(2014.10.5.)

이현대 공동회장은 "번영회는 상인과 지역주민간의 소통의 통로가 되어야 한다. 그리고 한마음 한뜻이 되어 지역사회에 도움 되는 존재이어야 한다. 장사꾼의 이권만을 위한다면 한계가 있을 수밖에 없다."며, 한국인과 화교 회원 간의 단결과 화합을 강조했다. 두 공동회장이 비슷한 인식을 하고 있는 것 같다.

풍미의 한정화 사장은 인천차이나타운이 한 단계 더 발전하기 위해서는 더 많은 노력이 필요하다고 제언했다. "저는 인천방송 개국할 때도 얘기했지만 내가 자장면 장사를 하기 때문에 자장면 장사 허가를 주라마라 말할 수는 없어요. 단지 내가 하고 싶은 말은 이 동네를 발전시키려면 여기 오는 모든 사람들이 눈으로 보고, 배우고, 즐기고 그런 게 있어야 해요. 지금 상황에는 보시다시피 전부 자장면 집이니까. 저는 수없이 이런 얘기를 했어요. 제가 샌프란시스코 차이나타운도 가봤지만 거기 같은 경우에는 중국 천 같은 거 파는 곳도 있고, 야채가게, 찻집도 있고 이런 걸 여기에 정착을 시켜서 사람들을 오게 해야 해요. 이곳은 너무 자장면 집만 있으니까. 그러니까 중구청에서 어느 정도 지원 해줘야 합니다. 사람들이 와서 쉴 수도 있고, 쇼핑도 하고 해야지 그런 곳을 만들어야 해요."

이현대 공동회장은 인천차이나타운의 발전을 위해 규제완화가 필요하다고 강조했다. "인천시장님과 구청장님에 대한 요구사항인데요. 규제를 완화해 주셔야 합니다. 왜 완화되어야 하냐면, 여기서 뭐라도 하려면 규제가 많아서 자장면집밖에 할께 없어요. 여기는 중국거리로서 중국 전통 마사지 집도 들어와서 장사를 할 수 있어야 하는데 그것이 규제 때문에 안 됩니다. 말이 차이나타운 관광특구지 특구의 역할을 할 수 있는 조건이 전혀 갖춰져 있지 않아요. 규제완화를 하면 다양한 업종의 상점이 생겨나서 차이나타운이 보다 활성화 될 거라 생각해요."

새롭게 공식 출범한 번영회는 2014년 12월 4일 인천화교 라이온스클럽과 함께 200여 명의 노인들에게 자장면 무료 급식 행사를 실시하고 참가 노인에게 기념품으로 양말을 제공했다. 손덕준, 이현대 공동회장은 이날 행사에서 "추운 날씨에도 불구하고 식사를 하러 오신 노인들에게 따뜻한 한 끼를 대접할 수 있어 보람이 됐다"며 "앞으로도 지속적으로 이런 행사를 추진해 경로효친을 몸소 실천하도록 노력 하겠다"[9]고 말했다.

그리고 손덕준, 이현대 공동회장은 불우한 이웃에 써달라며 적십자 특별회비를 각각 100만원씩 북성동 주민센터에 기탁했다. 전달식에 앞서 손덕준, 이현대 공동대표는 "아직도 우리주변에는 고통을 받고 있는 이웃들이 많다고 생각된다"며 "어려운 이웃들에게 희망을 채워 줄 수 있도록 더욱 더 노력 하겠다"[10]고 말했다.

인천차이나타운상가번영회는 말 그대로 인천차이나타운의 발전을 위해 힘쓰는 단체이다. 번영회가 지역의 불우이웃을 돕는 것은 좋은 일이다. 하지만 우리는 번영회가 기부 및 무료급식과 같은 이미지 개선활동에 힘써야 할 때가 아니라고 생각한다. 과거보단 차이나타운 관광객 수가 많이 증가했다고 하지만, 아직까지 많다고 할 수 없다. 더구나 차이나타운 내의 음식점 경영상황이 나아질 기미를 보이지 않고 있고, 번영회는 이에 대한 해결책을 우선적으로 마련해야 할 것이다.

9) 「인천 중구 북성동, 짜장면 무료 급식」, 『아시아뉴스통신』, 2014년 12월 05일.
10) 「인천 차이나타운 상가 번영회 공동회장 '적십자 특별회비' 기탁」, 『헤럴드경제』, 2015년 01월 20일.

인천차이나타운의 발전을 위한 제언

차이나타운은 관광객들이 찾아오는 명소이다. 명소는 방문객들이 쾌적하게 이용할 수 있도록 편의 시설들을 마련해야 하는 것이 기본이다. 하지만 인천차이나타운에는 여러 가지의 편의시설들이 부족하다. 우리는 차이나타운을 방문하여 조사하던 중에 화덕만두를 구매하여 먹은 적이 있었다. 먹은 후 쓰레기를 버리기 위해 휴지통을 찾았지만, '한국근대문학관'에 도달할 때까지 휴지통을 찾아볼 수 없었다. 그래서 어쩔 수 없이 쓰레기를 주머니에 넣고 귀가할 수밖에 없었다. 이러한 애로사항은 비단 우리에게만 있는 것은 아닐 것이다. 차이나타운을 걷던 중 몇몇 관광객들로부터 쓰레기통이 없어서 불편하다는 소리를 들은 적이 있다.

하루는 차이나타운 조사하던 중 급하게 화장실을 찾은 적이 있다. 태화원에서 손덕준 사장 인터뷰를 마치고 귀가하던 중이었다. 그러나 주변에 화장실이 없었다. 공중화장실은 공화춘 부근 공용주차장에 있었다. 태화원에서 화장실까지의 거리는 약간 멀었다. 소변 혹은 대변이 급한 사람들에게는 꽤나 먼 거리로 느껴질 수 있다. 현재 차이나타운에서는 북성동 동사무소의 화장실과 공용주차장의 화장실 두 곳의 공공화장실이 있을 뿐이다. 관광객들이 두 공공화장실을 이용할 수 있지만 두 곳은 외곽지에 있기 때문에 찾기가 쉽지 않다. 또 차이나타운 조사하기 위해 가끔 차를 갖고 방문한 적이 있는데 주차하느라 어려움을 겪은 적이 한 두 번이 아니었다.

인천차이나타운하면 떠오르는 것은 자장면과 짬뽕이다. 이러한 상징적인 음식들의 개념을 타파해야 한다. 친구들 혹은 주변 지인들에게 차이나타운에 간다고 하면 "자장면 먹으러 가냐?"라는 말을 자주 듣는다.

그만큼 한국 사람들에게 차이나타운은 '자장면을 먹으러 가는 곳'으로 각인되어 있다. 외국인 관광객을 제외하고, 요새는 다른 지역의 맛집을 아무리 멀다고 하더라도 찾아가서 먹는 사람들이 많아지긴 했지만, 아직까지 한국 사람들은 흔하게 먹을 수 있는 음식들을 먼 곳까지 가서 먹는 사람은 많지 않다. 그렇기 때문에 자장면, 짬뽕과 같은 흔한 음식을 먹으러 굳이 차이나타운에 갈 필요성을 못 느낀다고 생각한다. 그렇기 때문에 차이나타운의 요리점은 자장면, 짬뽕 이외에 값이 싸면서도 맛있는 음식을 개발할 필요가 있다. 또한 맛있는 음식을 소책자로 담아 홍보할 필요가 있다.

인천차이나타운 조사활동 모습

필자(이하영)는 가끔 중국에서 같이 공부했던 친구들과 모임을 가질 때 서울 대림역 주변의 차이나타운에 자주 간다. 서울이란 지리적 이점도 있지만, 대림에서는 중국에서 자주 먹었던 '마라탕'(국물국수), '훠궈'(샤브샤브요리)를 먹을 수 있기 때문이다. 게다가 음식의 가격은 인천차이나타운과 비교했을 때 상당히 저렴하다. 인천차이나타운의 훠궈 가격은 1인당 2만원이다. 하지만 대림 차이나타운의 훠궈 가격은 1인당 1만4,000원으로 6천원이나 싸다. 또한 대림 차이나타운에서 훠궈를 먹으면 고기를 제외한 면, 채소, 어묵 등과 같은 것들은 무한으로 나온다. 하지만 인천차이나타운은 모든 것들이 한정되어 나온다. 대림의 훠궈집에서는 배불리 먹을 수 있지만 인천차이나타운은 그렇지 못했다.

또 하루는 중국 유학할 대 옆방을 쓰던 형이 중국음식 생각이 난다며 꿔바로우(锅包肉, 탕수육의 일종)와 챠오미엔(炒面, 뽁음면)을 먹으러 가자고 했을 때 대림 차이나타운에 가서 먹었다. 이유는 많은 식당들이 중국 본토음식들을 판매하고 있고, 가격에 비해 많은 양에 가격도 저렴하기 때문이다. 꿔바로우의 가격은 1만5,000원, 챠오미엔의 가격은 5천원이었다. 두 가지 음식밖에 시키지 않았는데 우리 둘은 음식을 조금 남겼음에도 불구하고 배불리 먹을 수 있었다. 두 가지 사례를 봤을 때, 인천과 대림 차이나타운의 가격차이, 음식의 양이 상당히 차이가 있음을 확인할 수 있다.

또한 인천차이나타운은 판매 업종을 다양화해야 한다. 많은 관광객을 끌어들이려면 음식 하나 가지고는 한계가 있다. 따라서 다양한 업종의 가게들을 유치해야 한다. 중국으로 교환학생을 갔었을 때, 아침에 등교 전, 한 손에는 쩐쥬나이챠(珍珠奶茶, 버블티)혹은 죠우(粥, 죽), 또 다른 한 손에는 로우찌아모(肉夹馍, 중국식 햄버거) 혹은 찌엔빙(煎饼, 중국식 전병)을 들고 가며 학교에 갔었다. 중국인들은 간단하게 '끼니'를 해결하는 경우가 많다. 식당에서 혹은 길거리에서 음식을 주문하고 비닐봉지에 음식을 담아 집 혹은 기숙사에 가져가 먹는 광경을 볼 수 있다. 인천차이나타운에서도 이러한 간단한 요깃거리를 판매한다면 더 많은 사람들이 찾을 것이다.

다음은 번영회 조직의 활성화다. 일본 고베차이나타운인 난킹마치는 번영회 조직이 매우 활발하다. 번영회 조직인 '난킹마치상가진흥조합'은 차이나타운 조성에 자발적이면서도 주체적으로 참가했다. 번영회 조직이 난킹마치 조성의 주인이라는 의식이 강하다.[11] 이에 비해서 인천차이나타운 조성의 경우 모든 것을 관이 주도하고 있다. 중구청은 상가의 간판, 건물 모양, 심지어 기왓장 하나까지 규제한다. 손덕준 공동회장은 대림 차이나타운과 같이 인천 차이나타운에서도 중국에서 전문요리기술자를 초빙하여 다양한 업종들을 꾸리고 싶지만, 정부의 규제 때문에 실행하지 못하고 있는 실정이라고 하소연했다.

이 외에도 인천 차이나타운 내의 상가간의 대화가 많이 부족하여 번영회의 힘이 약한 것 같다. 우리나라의 3·1 항일운동, 프랑스 시민혁명 등의 시민운동은 부도덕한 정부에 대항하기 위해 시민들이 일으킨 운동이자 혁명이었다. 물론 정부에 맞서 싸워 승리를 쟁취하자는 것은 아니지만, 번영회가 중심이 되어 회원 간 친목을 도모하고 교류를 활성화하여 좋은 아이디어와 생각들이 많이 나와야 차이나타운 조성에서 제 힘을 발휘할 수 있을 것이다.

---

11) 이정희 (2014), 「일본의 차이나타운 연구: 고베 난킹마치(南京町)를 중심으로」, 『중앙사론』 제40집, 303쪽.

◎ 【조사후기】

왼쪽부터 장용대 · 최주란 · 장야핑 · 이하영

이하영

이번 공동조사단에 지원하게 된 목적은 중어중국학과 학생이고, 중화권에 살아본 경험으로 할 수 있는 활동이었기에 신청을 했다. 이러한 마음가짐으로 나는 면접에 임했었고, 면접 시 지원동기에 대한 교수님의 질문에, 중국 교환학생 때 중국어 선생님으로부터 炒码面(짬뽕)의 어원을 배웠던 것을 상기하여 답변했다.

나는 차이나타운과 화교에 대한 지식이 얕았기 때문에 차이나타운 공동조사단 활동을 잘할 수 있을지 자신이 없었다. 하지만 이런 우려와 달리 결과는 매우 성공적이었다.

차이나타운 공동조사단 첫 행보에서 나는 큰 어려움을 겪었다. 조장을 맡아 조원들을 이끌어 가는데 처음에는 화합이 잘 이루어지지 않았다. 이러한 상황에서 나 또한 조사활동에 소극적이었다면 우리 조는 일찌감치 소멸될 가능성이 있었다고 생각한다.

그래서 나는 누구보다도 적극적으로 조사활동에 임하려고 노력했다. 먼저 자발적으로 중화요리점 인터뷰 대상 가게들을 섭외하고, 시간과 날짜를 정하여 인터뷰를 하는 등의 활동을 했다. 이러한 자발적 행동이 우리 조의 초반 불협화음을 점차 화합되는 모습으로 바꿔 주었다.

우리 조는 함께 조사활동을 펼쳐 최종 보고서를 제출했다. 그때의 기쁨이란 이루 말할 수 없었다. 우리 조 모두가 어떤 성취감을 맛볼 수 있어 매우 기뻤다. 가끔 조원들에게 명령조로 이야기 했던 점이 죄송스럽고 잘 따라 준 조원들에게 감사의 말을 전하고 싶다.

이번 조사활동의 결과는 '동아시아 화인 화교 심포지엄'의 큰 무대에서 발표한 것이 가장 큰 보람이었다. 심포지엄 발표를 위해 나와 조원들은 늦은 밤까지 PPT를 만들고, 발표할 내용을 반복하여 점검했다. 그리고 학교에 나와 교수님의 지도를 받으며 수정하는 등 많은 시간들을 심포지엄을 준비하는데 사용했다. 교수님은 우리의 PPT 결과물에 대해 칭찬을 많이 해주셨다. 심포지엄 당일의 발표는 큰 성공을 거두었다.

이번 공동조사단에 참가한 각 조의 활동내용들이 한 권의 책으로 만들어질 예정이다. 내가 직접 조사한 결과가 인천차이나타운을 조사하는 후배에게 하나의 자료로 사용된다는 것은 큰 영광이다. 우리들은 서울대 인류학과 학생들이 2000년 인천차이나타운을 조사한 보고서를 많이 참고했다. 우리의 보고서도 그렇게 활용되기를 바라는 마음에서 우리는 심혈을 다해 보고서를 작성했다.

장야핑

나는 공동조사단 신청을 해서 열정이 없어 보였는지 떨어졌다. 그때는 실망을 많이 했다. 몇일 지난 후 교수님으로부터 연락이 와서 공동조사단에 참가할 의향이 있느냐고 물었다. 나는 매우 감격했다. 바로 하겠다고 대답했다.

이렇게 나는 이번 공동조사단에 참가하게 되었다. 우리 조원들은 모두 대단했다. 이렇게 열정적일 줄은 생각지도 못했다. 차이나타운을 방문하여 여러 음식점 사장님을 만나 많은 것을 배웠다. 우리가 평소에 궁금했던 것들을 물었을 때 사장님들은 매우 친절하게 대답해주셨다.

나는 이번 공동조사단 활동을 통해 한국어 실력이 향상되기를 바랐고 성격도 외향적으로 바뀌기를 바랐다. 동료들이 매우 진지하게 열정적으로 임하는 자세에 감동했다. 이번 활동을 통해 깨달은 바가 매우 많다. 앞으로 우리 조원들 사이에 연락이 지속적으로 이뤄지기를 바란다. 이번 활동을 통해 두터운 우애를 다졌고, 많은 지식을 쌓았고 많은 경험을 했다. 이후에 이런 기회가 다시 있다면 또 참여하고 싶다.

장용대

드디어 멀고도 험한 공동조사 연구를 마쳤다. 이게 끝이 아니다. 이것을 시작으로 더욱더 많은 연구와 조사가 이루어지기를 기대한다.

우리는 일상 속에서 다양한 중국을 접한다. 영화나 노래, 학문 속에서도 우리는 중국을 접할 수 있다. 그중에서도 가장 밀접하게 연관되어 있는 건 바로 중국 음식이지 않을까 싶다. 평소 자주 보고 즐겨먹었던 중국 음식이 바로 그것이다.

나는 중국학술원에서 연구보조원으로 화교와 관련된 자료를 보존하고 디지털화 하는 아카이빙작업을 하면서 화교에 대한 관심을 높여 갔다. 바로 그때 공동조사단에 참가하여 중화요리를 연구하게 된 것이다.

인천차이나타운 공동조사사업에 지원하고 합격한 후, 주제에 관한 이야기가 나왔을 때, 중화요리를 망설임 없이 선택했다. 차이나타운의 중화요리점에서 판매하는 모든 음식을 먹어보겠다는 목표로 우리 조모임은 시작됐다. 우리는 화교화인 국제 심포지엄에서 한 섹션을 맡아 발표를 해야 했기 때문에 부담감은 엄청나게 컸다.

우리는 함께 모여 앞으로의 일정을 계획하고 주제에 관련된 세부내용을 정할 때는 순조로운 출발처럼 보였다. 하지만 차이나타운의 가게를 조사해야하고 차이나타운의 모습을 직접 발로 돌아다니며 하나하나 눈으로 사진을 찍고, 손으로 기록해야 했기 때문에 힘들었다.

그리고 추운 겨울날씨는 우리의 활동에 큰 장애물이었다. 처음에는 단단해보였던 팀워크는 멤버 한명이 중국 단기유학으로 탈퇴하게 되자 균열이 생겼다. 하지만 조원의 지속적인 모임으로 균열을 하나하나 메워나갔다.

솔직히 힘들었다. 밤새 보고서를 만들며 만들어진 보고서를 토대로 피피티를 만들고, 내용을 수정하고 교수님께 피드백 받고 작품을 완성해 나갔다. 처음에는 '시간 안에 가능할까'라는 걱정부터 앞섰다. 하지만 힘든 만큼 얻은 것은 많았다.

해외 유명 화교학자들과 교수님들 앞에서 발표할 기회를 얻었다는 그 자체가 평생 잊지 못할 추억이 되었다. 어느 정도 격식에 맞는 발표를 위해서는 중국어로 하는 것이 가장 나을 수 있다는 의견이 나왔다. 맞다. 당연한 이야기일수도 있다. 하지만 중국어로 발표하기 위해서는 틀에 맞춰진 대본이 필요하다. 틀에 박힌 내용 발표는 한정된 내용만을 전달 할 수밖에 없다. 동시통역도 있었기 때문에 차이나타운의 모습을 있는 그대로 전달할 수 있는 건 한국어로 발표하는 것이라 생각했다. 이런 내 생각을 조원들에게도 전달하고 함께 발표를 준비해갔다.

인내는 쓰지만 그 열매는 달다. 발표를 준비하기까지는 정말 힘들고 고통의 연속이었다면 마무리를 한 지금은 그러한 경험들이 달콤한 열매처럼 나에게 남아있다. 이러한 경험을 통해 앞으로 어떠한 큰 무대에 서든지 자신감 있게 진행할 수 있을 것 같고, 또한 어떤 어려움이 오더라도 헤쳐나갈 수 있는 용기를 얻었다.

이 발표가 끝이 아니다. 한중 학생이 함께한 이 공동조사 모임을 지속적으로 이어나가야 한다. 여기서 만들어진 우리의 작품은 앞으로 진행될 두 번째, 세 번째 공동조사사업의 기초가 되기를 바란다.

최주란

먼저 모든 조사와 보고서 작성 및 발표가 끝나고 소감문을 쓰는 지금 제가 이러한 조사에 참여했다는 것 자체가 영광이었고 유익이었으며 값진 경험을 했다고 생각합니다. 처음 조사팀원을 모집할 때가 생각납니다. 참가 신청을 했는데 원체 과 활동이나 중국에 관련된 활동을 하지 않았던 터라 관심은 있었지만 엄두가 나지 않았습니다. 좋아하지 않는 일을 잘해낼 수 있을까 부터 시작해 내가 짐이 될 수도 있다는 부담감이 저를 억눌렀습니다. 여러 가지 생각이 저를 괴롭힐 때 즈음 이정희 교수님과 일대일 면접 후에 활동을 시작하게 되었습니다. 저는 차이나타운의 중화요리와 번영회에 대해 4명의 팀원들과 한 팀이 되어 조사했습니다. 그리고 모든 활동이 마무리 단계에 접어든 지금 저는 얻은 것이 참 많습니다.

처음엔 정말 막막했습니다. 낯선 사람들과 3개월 동안 함께해야 하는 것도, 어려운 교수님과 계속 피드백을 해나가야 하는 것도... 제가 우려하던 일들이 더욱 크게 저를 억누르기 시작했습니다. 정말 감사하게도 시작한 일이니 정말 최선을 다해 해보려는 팀원들을 만났습니다. 조사가 좀처럼 안 풀려도 긍정적으로 다시 부딪히고 매사에 에너지가 넘치다보니 저 또한 이 조사에 대한 욕심이 생겼고 이왕 하게 된 일 제대로 해보고 싶은 의지가 생겼습니다. 팀원들이 아니었다면 또 좋은 팀워크가 아니었다면 끝까지 오지 못 하고 지쳐서 보다 질이 떨어지는 발표를 하지 않았을까 생각해봅니다.

화교. 학교에서 '화교사회론'이라는 수업을 듣고 있던 중에 조사 활동을 시작하게 되었습니다. 화교에 대한 기초를 알고 조사를 하니까 인터뷰를 진행하거나 자료를 찾는데 있어서도 큰 도움이 됐습니다. 조사 활동을 통해 차이나타운에 거주하는 화교들의 이야기를 보다 많이 들을 수 있었고 점점 화교에 대한 관심과 흥미가 늘어갔습니다. 나중에는 다른 팀원의 조사 내용까지 욕심이 났습니다. 제가 무엇에 대해 깊이 알아가고 있다는 느낌이 좋았던 것 같습니다.

또한 인천에 살면서도 잘 찾지 않는 차이나타운에 대해 알아가는 것도 뜻 깊었습니다. 관심이 생기니 문제점도 보이고 개선점도 보였으며 나중에는 시간이 지나도 개선되지 않는 문제점들에 대한 안타까움도 생겼습니다. 더 발전할 수 있는 역량이 충분히 보임에도 불구하고 정부의 규제나 상인들의 의견차이 등 차이나타운이 발전해나가는 길에 장애물이 너무나 많았습니다. 우리가 좀 더 노력하고 조사하고 연구하면 차이나타운 그리고 더 나아가서는 인천에 조금이나마 도움이 되진 않을지 생각하고 또 생각하게 되는 기간이었습니다. 교수님들께서 늘 우스갯소리로 '너흰 인천대 학생이니까 인천을 위해 공부해라' 하시던 말씀이 떠올랐습니다. 앞으로는 계속해서 차이나타운에 관심을 기울이게 될 것 같습니다.

제가 활동기간동안 가장 크게 얻은 것은 과에 대한 흥미와 관심입니다. 저는 중어중국학과에 재학 중이면서도 전공에 대해 관심은 고사하고 하기 싫은걸 해야 한다는 생각에 날이 갈수록 전공이 싫어지고 있었습니다. 매일 배우는 중국의 사상이나 역사에도 도통 흥미가 없고 중국어도 마찬가지였습니다. 그러나 이 활동을 하면서 조금이나마 전공에 관심을 가지게 되었고 전공과 관련해 제 꿈을 펼쳐보고 싶다는 생각도 들었습니다. 특히나 화교에 대한 이야기와 조사 내용들은 한편의 드라마처럼 재미있게 다가왔고 중국인 유학생 언니와 함께한 시간들은 제가 중국어에 좀 더 관심을 가질 수 있도록 해주었습니다.

많은 해외 석학과 국내 교수님들이 참석하신 심포지엄에서 학생의 신분으로 조사한 내용을 발표할 수 있다는 것 자체가 정말 감사한 기회였고 유익한 경험이었습니다. 이런 영광을 누릴 수 있도록 해주신 교수님들께 감사드리며 소감을 마치겠습니다.

화교학교 · 중화기독교회 · 의선당 · 화교협회

김도희 · 오은경 · 김원섭 · 왕홍원

우리는 인천차이나타운에 있는 인천 화교 관련 시설 및 기관을 조사했다. 우리 네 명은 인천차이나타운에 가 본 적은 있지만 별로 좋은 이미지를 갖고 있지 않았다. '차이나타운'에서 중국적인 풍경이나 문화를 기대했지만 중화요리점만 즐비한 것에 실망했기 때문이다. 그러나 우리는 인천화교 관련 시설인 인천화교학교, 인천중화기독교회, 의선당, 화교협회를 조사하고 나서 인천차이나타운은 우리가 알고 있는 그런 '자장면 거리'가 아니었다. 인천차이나타운에는 우리가 모르는 세계가 존재하고 있었고, 화교들만의 삶의 방식이 녹아 있는 곳이었다. 특히 이 네 시설 및 기관은 인천화교를 오늘날까지 지속시키는데 중요한 역할을 했다는 것을 확인할 수 있었다. 우리는 이들 시설 및 기관에 관한 기초 문헌 자료를 읽고 궁금한 점은 각 담당 책임자를 직접 찾아 인터뷰 조사를 실시했다.

인천화교의 교육 요람

중국어와 중국문화의 전수

우리는 지난해 12월 23일 인천화교학교를 찾았다. 중구청 앞에서 오른쪽으로 약 150미터 올라가면 언덕 위에 타이완(대만)의 국기가 흩날리고 있었다. 교문의 왼쪽에는 '한국인천화교소학'(韓國仁川華僑小學), 오른쪽에는 '한국인천화교중산중학'(韓國仁川華僑中山中學)의 글자가 적혀 있었다. 그리고 교문 위에는 '我愛中華文化 我愛說中國語'(나는 중국문화를 사랑하고 나는 중국말 하는 것을 좋아합니다)이란 현수막이 걸려 있었다. 우리는 교문을 보고 이곳은 한국의 학교와는 뭔가 다르다는 것을 금방 알 수 있었다. 이곳이 바로 인천화교학교이다.

인천화교학교 교문

인천화교학교는 '한국인천화교소학'과 '한국인천화교중산중학'를 합해 부르는 명칭이다. 한국으로 말하자면 인천화교소학은 초등학교, 인천화교중산중학은 중고등학교에 해당한다. 따라서 화교 자녀가 인천화교소학에 입학하면 대부분은 인천화교중산중학에 진학하여 고등학교를 마치게 된다. 인천화교학교는 유치원도 병설하고 있다.

2014년 인천화교학교에 재학하고 있는 학생 수는 총 301명이었다. 부설유치원 25명, 초등학교 118명, 중학교 76명, 고등학교 82명이었다.[12] 1999년의 학생 수는 총 488명으로 부설유치원 27명, 초등학교 203명, 중학교 118명, 고등학교 140명이었다.[13] 즉, 15년 전에 비해 학생수가 187명 감소한 것인데 특히 초등학교의 학생 수가 가장 많이 줄어들었다.

이렇게 학생 수가 감소한 원인에 대해 손승종(孫承宗) 교장에게 물어봤다. 기본적으로 화교 인구가 준 것이 가장 큰 원인이고 화교 자제라 하더라도 인천화교학교의 설비가 한국의 학교에 비해 노후화되어 있다는 것을 꼽았다.

> "각 가정이 화교학교에 왜 안 보내게 되느냐 하면 먼저 설비가 잘 안 되어 있어요. 시설이 노후 되어 있어요. 그래서 저는 재임기간 중 시설의 현대화에 역점을 두려 해요. 또 중요한 게 선생님들의 가르치는 방법의 현대화예요. 옛날에 가르치는 방법으로 하면 안 되겠더라고요. 일단 교과서가 타이완 거니까 뭐가 먼지 애들이 몰라요. 타이완의 과일이라고 얘기하면 한국에는 없어서 몰라요. 일단 그것을 보여줘야 되지 않을까 생각해요. 그러니까 컴퓨터 같은 시설을 갖춰야 해요."(인천화교학교 손승종 교장, 2014년12월23일 교장실에서 인터뷰)

---

12) 교육부 홈페이지(www.isi.go.kr, 2015년 3월 7일 열람).
13) 김도정 · 이재홍 · 김지현 (1999), 「교육-인천화교중산중학을 중심으로」, 서울대학교 사회과학대학인류학과편, 『화교 사회의 변화를 찾아서-인천 화교촌을 중심으로』, 38쪽.

그러나 이러한 시설의 확충은 돈이 들지만 인천화교학교는 그런 재정적 여유가 없다. 인천화교학교는 교육부로부터 '각종학교'의 인정을 받고 있어 한국의 일반 학교처럼 정부나 지방자치단체로부터 지원금을 받을 수 없다고 한다. 타이완 정부로부터도 교과서 이외의 지원은 없는 상태다. 그래서 인천화교학교는 학생들의 학비로 운영된다. 학생들의 학비는 다음과 같다. 고등학생의 경우는 연간 270-280만 원이며, 한 학기당으로 하면 약130-140만 원 정도이다. 그런데 서울, 부산, 대구의 화교학교에 비해 인천화교학교의 학비는 상대적으로 싸다고 한다. 부족한 학교 운영비는 인천화교 가운데 뜻있는 화교나 학교 이사회의 임원의 기부로 충당된다고 한다.

학교의 재정 사정이 이러하다보니 시설 투자뿐 아니라 학교 교원의 복지에도 문제가 있다고 한다. 인천화교학교 교원의 월급은 한국의 학교의 교원에 비해 월급이 훨씬 적고 각종 복지 혜택도 누리지 못하고 있다. 손승종 교장은 유치원, 소학교, 중학교를 모두 담당하며 1인 3역을 하고 있다. 아침 조회는 초중고생을 모두 한자리에 모아서 하기 때문에 어느 학생에 초점을 맞춰 말해야 할지 참 어렵다고 한다. 서울과 부산의 화교학교는 소학교와 중학교는 각각 교장을 두기 때문에 인천화교학교는 교장 1인의 비용이 그만큼 적게 든다.

화교학교의 최대의 특징은 교사가 타이완의 교과서로 수업을 중국어로 한다는 점이다. 고등학교 1학년이 배우는 교과와 수업시간은 다음과 같다. 공민 2시간, 중국어 6시간, 영어 6시간, 수학 6시간, 한국어 3시간, 역사 3시간, 지구과학 2시간, 지리 3시간, 물리 3시간, 컴퓨터 1시간, 음악 1시간, 미술 1시간, 체육 1시간, 생활지도 1시간이다. 중국어와 영어가 각각 6시간인데 비해 한국어 시간은 3시간에 불과했다.

그런데 요즘 인천화교학교는 화교학교 학생이 중국어보다 한국어를 더 많이 사용하여 중국어 능력이 이전의 학생보다 많이 떨어졌다는 것을 걱정한다. 학생들은 중국어보다 한국어를 더 편하게 여기며 중국어를 쓸 때도 한국어와 혼용해서 사용하는 경우가 많다. 예를 들면, '가자'의 의미를 가진 '走吧(저우바)'라는 단어도 한국어와 혼용해서 '저우자(走자)'로 쓰기도 하고, '吃飯吧(츠판바-밥먹자)'도 '츠판자(吃飯자)'로 쓰기도 한다.

손승종 교장은 예전에 비해 화교학생의 중국어 실력이 하락한 것에 대해 다음과 같이 다음과 같이 설명했다.

인천화교학교 손승종 교장 인터뷰 모습

"아이들의 변화죠. 왜냐하면 그때만 해도 아이들이 중국말을 잘했었어요. 지금 요 한 10년 안팎, 십 년 정도 되었습니다. 아이들이 한국말을 많이 해요. 중국말을 잘 못하고 있습니다. 동화되어서. 요새 환경, 매스컴 같은 것 때문에. 또 부모님께서 아이들한테 한국말을 많이 하니까. 제 소견인데, 저희들 어렸을 때 집에서 다 중국말을 했거든요. 저의 한국말은 지금도 서툴지만 옛날에 더 서툴렀어요. 한국말을 전혀 할 줄 몰랐었습니다. 그런데 그 때 당시에 어머니, 아버지가 애들 데리고 나가서 중국말을 하면 한국 사람들이 놀렸어요. 그 때 부모님 시절에 그런 흉을 당했으니까 자기 아이들이 혹시나 그런 흉을 당할까봐 조심하는 것 같아요. 그래서 한국말로 직접 얘기하잖아요. 괜히 중국 사람이라고 자기가 그렇게 인식해왔으니까 어려서부터. 그래서 그렇게 된 것이 아닌가, 저는 그렇게 생각하고 있습니다.”(인천화교학교 손승종 교장, 2014년12월23일 교장실에서 인터뷰)

그러나 학생들 탓만을 할 수는 없다. 화교 학생들은 거의 모두가 한국에서 태어나 자랐다. 요즘은 화교 학생의 모친이 한국인인 경우가 많아서 가정에서 중국어를 접할 기회가 많지 않다. 그리고 학교 교문을 벗어난 일상생활은 한국어에 노출되어 있어 화교학교 학생은 한국문화에 자연스럽게 친숙해져 있다는 것이다.

손승종 교장도 이러한 사정을 충분히 인식하고 있어 학생들이 한국어를 많이 사용하는 것을 말릴 수만은 없다고 했다. 화교학교 학생 가운데 졸업 후 타이완이나 중국 본토에 유학가지 않고 한국의 대학에 진학하는 학생이 많기 때문이다. 그리고 중국어가 서툰 졸업생들이 타이완이나 중국 본토에 유학 가서 반년이나 1년 공부하면 금방 중국어를 원어민 수준으로 말할 수 있게 된다고 한다. 손승종 교장은 화교학교의 최대의 장점으로 한국어든 중국어든 학교에선 서툴지 모르지만 각각 대학에 진학하면 원어민 수준으로 언어를 습득하게 된다는 것을 들었다.

다음은 화교학교 졸업 후의 진로에 대해 살펴보자. 예전에는 타이완의 대학으로 진학하는 학생이 상당히 많았지만, 90년대 타이완의 법제도가 바뀐 이후 호적 문제가 까다로워지자, 현재는 졸업생의 3분의 1만이 타이완의 대학으로 진학하고 있다고 한다. 중국 본토의 대학에 진학하는 학생은 안정적인 직업을 찾기 위해 의학 관계의 대학 혹은 학부에 입학한다. 그러나 한국에선 중국에서 취득한 의료 관계 자격증을 인정하지 않기 때문에 중국 대륙의 대학에 진학하는 학생은 매우 적다. 아직까지 중국 본토로의 진학은 그다지 보편화 되어있지 않은 상황이다.

타이완과 중국 대륙에 진학하지 않는 학생은 한국의 대학에 진학한다. 화교학생은 한국의 대학에 진학할 경우 외국인 특례 입시를 볼 수 있어 상대적으로 유리하다. 또한 한국 대학 졸업 후 이곳에서 취직하면 타이완이나 중국보다 급료와 복지적인 측면에서 더 좋다고 한다. 이런 이유 때문에 최근에는 한국의 대학을 선호하는 학생이 증가하고 있다. 대학 진학을 하지 않는 학생은 바로 취업을 한다. 대개 이들은 중화요리점의 점원, 중국인 대상의 관광가이드 등의 일을 한다.

한국최초의 화교학교

인천화교학교의 역사는 1902년 설립되었기 때문에 113년의 역사를 자랑한다. 한국에는 2009년 9월 기준으로 화교학교는 총 23개소 있다. 화교소학교는 19개소, 화교중학은 인천을 비롯해 서울, 부산, 대구에 있다. 이들 화교학교 가운데 인천화교학교는 역사가 가장 오래됐다. 서울의 한성화교소학은 1909년에 설립됐다. 1912년에 부산화교소학, 1935년에 영등포화교소학, 1941년에 군산화교소학과 대구화교소학이 차례로 설립되었다. 그 이외의 다른 지역 소학교는 모두 해방 이후 설립된 것이다.

인천화교소학은 1914년 이전의 서당과 같은 사숙(私塾)의 형태에서 1914년에는 근대적 교육기관으로 탈바꿈했다. 처음에는 교사(校舍)가 없어 인천중화회관의 방을 빌려 교실로 사용했고 1922년에 새로운 건물을 지어 이전했다. 그러나 이 건물은 1955년 화재로 불탔다. 인천화교는 1955년 새로운 교사 건축을 위한 모금운동을 전개하여 새롭게 건축된 것이 현재의 교사다.

또한 인천화교중학은 1957년 9월 설립되었다. 인천화교소학을 졸업한 학생은 서울의 한성화교중학에 가야 했기 때문에 불편했다. 그래서 인천화교는 먼저 중등부를 설립하고, 고등부는 1964년 9월 설립했다. 중고등부의 교사는 1978년 준공되어 현재에 이르고 있다.

한국 정부는 1999년부터 화교학교를 '각종학교'로 인가했다. 한국정부 수립 이후부터 1977년에 이르기까지 우리나라에는 외국인 학교에 관한 관련법규가 없었다. 그 후 1977년 9월 13일에 '각종학교에 관한 규칙'을 공포하였고, 이 때 화교학교들도 학교 체제를 인정받는다는 조건을 얻어낸 후 '외국인 단체'로 등록했다. 그리고 1999년 법 개정으로 외국인 학교가 '각종학교'로 인가 받을 수 있는 길이 열렸다. 인가를 받게 되면 세제 혜택, 재정 개선 등의 실질적인 이점이 있기에 다수의 학교가 가입했지만 실질적으로 큰 지원은 받지 못하고 있는 실정이다.

우리는 이번 인천화교학교 조사를 통해 이 학교가 인천화교의 삶의 정체성을 유지시키는데 매우 중요한 요소라는 것을 알았다.[14] 인천화교가 타국의 어려운 환경 속에서 백년 이상의 긴 세월 동안 살아올 수 있었던 것은 바로 '교육'이 있었기 때문이었다. 인천화교학교는 설립된 이후 오늘날까지 화교 학생들을 지속적으로 교육시키고 양성하여 한국 사회에 첫 발을 내딛을 수 있도록 발판 역할을 해주었다. 화교학교는 화교의 정체성 유지에 큰 이바지를 했다고 생각한다.

---

14) 한국의 화교학교가 화교들에게 문화적 자산을 제공한다는 논의는 다음을 참조 바람. 정은주 (2013), 「디아스포라와 민족교육의 신화」, 『한국문화인류학』 46권1호.

화교의 영적인 안식처, 중화기독교회

화교신앙공동체

인천차이나타운에 화교교회가 있다는 것은 이번에 처음 알았다. 필자(오은경)는 교회를 다니는 기독교인이기 때문에 자연스럽게 인천중화기독교회에 관심을 가지게 되었다. 인천중화기독교회는 조금 찾기 힘든 곳에 있다. 중화요리점 연경(燕京)에서 자유공원으로 올라가는 계단이 있다. 이 계단을 50미터 올라가다 오른쪽에 있는 2층 건물이 인천중화기독교회다.

필자는 인천중화기독교회에 대해 알아보기 위해 3차례 방문했다. 중화기독교회가 어떤 교회인지 알아보기 위해 2014년 12월 25일 성탄절 예배에 참석해 보았다. 예배의 방식은 한국의 교회와 거의 비슷했다. 마침 성탄절 예배라 성찬식이 거행되었다. 그런데 성찬식 때 나눠주는 빵은 한국 교회는 보통 식빵이 보통인데 이곳은 동그란 모양의 떡이었다. 이날 예배에 참석한 인원은 약 30명 정도였다. 신도는 젊은 사람도 간간히 보였지만 대부분은 노인이었다. 예배 시간은 약 1시간 30분 동안 진행되었다.

한국인 강대위(姜大衛) 목사가 중국어로 설교를 했다. 필자는 예배 참석하기 전 왠지 예배 분위기가 딱딱할 것이라는 선입견을 가지고 있었지만 전혀 그렇지 않았다. 강대위 목사는 설교 도중에 교인들에게 질문을 던지며 서로 소통하는 설교를 했다.

현재 인천중화기독교회의 교인은 약 50명 정도다. 이 가운데 절반은 화교, 절반은 한국인 신도다. 필자는 화교교회인데 왜 한국인이 이렇게 많은지 궁금했다. 강대위 목사의 말에 의하면 그 이유는 다음과 같다. 한국화교의 인구가 급속히 감소하는 추세여서 인천화교의 기독교 신자

수가 줄어들었다는 것이다. 반면에 인천 시민 가운데 중국어나 중국문화에 관심을 가진 사람이 최근 교회에 오는 자가 많아졌다고 한다. 원래는 화교교회이기 때문에 화교가 거의 대부분을 차지했지만 이러한 사정으로 절반은 화교, 절반은 한국인 신자의 구성으로 바뀌게 된 것이다.

인천화교기독교회 성탄절 예배 직전 모습

인천중화기독교회의 예배는 매주 일요일 오전 11시와 오후 2시, 그리고 수요일 오전 11시 총 세 번 있다. 그리고 금요일 저녁 7시에는 기도회가 있다. 화교교회지만 모든 예배가 중국어로 진행되는 것은 아니다. 매주 일요일 오전 11시 예배는 중국어로, 오후 1시 예배는 한국어로 진행된다. 예배 때에는 목사 부인이 예배당 뒤쪽의 통역 부스에서 한국어와 중국어로 통역을 한다.

강대위 목사는 교인이 화교와 한국인으로 구성되어 있기 때문에 둘 간의 화합에 매우 신경을 쓴다. 강대위 목사가 2009년 인천중화기독교회에 부임하기 전에는 중국어로만 예배를 드렸다고 한다. 그러나 한국인 교인이 늘어나면서 중국어로만 예배를 드릴 경우 한국인 교인이 소외감을 느끼는 것이 아닐까 하고 생각했다고 한다. 또한 젊은 화교 교인의 경우, 중국어보다 한국어에 더 익숙하여 중국어 설교를 듣기가 어려운 사정도 있었다.

강대위 목사는 중국어 설교를 고집하면 한국어 교인은 줄어들고 화교 교인은 자연감소하기 때문에 결국은 인천중화기독교회가 문을 닫게 되지 않을까 걱정했다. 그래서 강대위 목사는 화교와 한국인 교인 간의 화합의 차원에서 일요일 예배는 오전은 중국어 예배, 오후는 한국어 예배로 바꾸었다. 그 결과 두 교인 간은 화합하고 동질감을 느끼게 되었다 한다.

인천중화기독교회는 화교에게 어떤 공간일까? 강대위 목사는 다음과 같이 그 의의를 설명했다.

"그 분들이 한국에서 힘들고 어려울 때, 예를 들면 한국에서 인종차별을 당할 때 마음의 위안을 삼을 곳이 마땅치 않았어요. 화교들만의 공간인 화교교회가 이들에게 마음의 위안이 되었던 거예요. 교회가 이들의 영적인 안식처, 집이나 마찬가지였지요. 지금도 화교는 교회를 자기들 집보다 더 귀하게 생각해요. 여기는 자기들만의 공간이잖아요. 교회의 신앙생활을 통해 마음의 위로와 평안을 얻고 복도 많이 받았을 거예요."(2014년 12월 22일 인천중화기독교회에서 강대위 목사에게 인터뷰 한 내용)

즉, 인천화교 기독교인에게 인천중화기독교회는 마음의 안석처이자 집과 같은 존재라는 것이다. 이국땅에서 우리들이 모르는 설움을 많이 당했을 것이다. 그런 마음을 하소연할 데도 없고 이런 스트레스와 불만을 교회의 신앙생활을 통해 극복했다고 볼 수 있다. 개인적인 것만이 아니라 좁은 화교사회의 갖가지 갈등과 마찰을 교회가 해소해주는 역할을 했기 때문에 화교 공동체 유지에도 큰 역할을 했을 것이다.

곧 100주년을 맞는 인천중화기독교회

미국의 여 선교사 더밍(Derming)과 화교 손래장(孫來章)이 1917년 인천중화기독교회를 세웠다. 당시는 정식 예배당은 없었으며 작은 방을 하나 세내어 예배당으로 사용했다. 화교는 도교의 민간신앙이 투철하여 복음을 전하는 것이 쉽지 않았다고 한다. 인천중화기독교회가 독자적인 예배당 건물을 건축한 것은 1922년이었다. 한 자산가의 기부와 화교 교인의 모금으로 교회당이 세워졌다.

1922년 건립된 인천중화기독교회 건물
(강대위 목사 제공)

한중학생 인천차이나타운 공동조사보고

265

손래장이 중국에서 신학대학을 졸업한 후 1923년 인천중화기독교회에 부임했다. 그가 인천중화기독교회의 초대 목사이다. 2009년 부임한 강대위 목사는 인천중화기독교회의 21번째 목사이다. 교인이 많을 때는 약 100명에 달했지만 화교가 미국 등지로 재이주하면서 교인의 수는 감소, 현재는 50명으로 줄어들었다.

1922년 세워진 교회당 건물은 건축 80주년이 되는 2002년에 헐리고 현재의 건물이 세워졌다. 아름다운 교회당 건물로 칭송받던 구 교회당 건물을 부수고 새로운 건물을 건축한 것에 대한 의견이 분분하다. 구 교회당 건물을 부순 것을 찬성하는 당시의 목사는 당시의 건물이 너무 낡아 예배를 보는데 불편했고, 새 건물을 임대하여 교회의 안정적인 수익을 확보할 수 있을 것이라고 교인들을 설득했다고 한다. 그러나 그것에 반대하는 사람들은 결과적으로 아름다운 예배당을 부순 것은 교인들의 마음에 상처를 주었으며 실제로 큰 경제적 도움이 되지 않았다고 반박한다. 어느 쪽이 옳은지 판단하기 어렵지만 이전의 아름다운 예배당이 없어진 것은 아쉽다.

|표1| 인천화교의 인구 추이

교회별	설립연도	교인수
한성중화기독교회	1912	약100
인천중화기독교회	1917	약50명
부산중화기독교회	1929	약4-5명
영등포중화기독교회	1958	약60명
대구중화기독교회	1957	약10명
수원중화기독교회	1955	약10명
총계	-	약235명

현재 한국에는 인천중화기독교회와 같은 화교교회가 6개소 존재한

다. 한성중화기독교회는 1917년 설립되었고 교인 수가 100명에 달하여 가장 크다. 1958년에 설립된 영등포중화기독교회의 교인은 60여명으로 인천보다 많다. 1929년에 설립된 부산중화기독교회는 현재 교인 수가 4-5명에 불과하다. 수원과 대구중화기독교회는 각각 10여명의 교인밖에 없다. 군산과 대전에 있던 중화기독교회는 이미 문을 닫은 상태다. 이들 6개 화교교회의 교인 총수는 약235명밖에 되지 않는다. 화교 교회는 전반적으로 위기적인 상황에 처해 있다. 화교인구가 줄어들어 화교들만의 교회의 유지가 힘들어 지고 있기 때문이다.

　이번 인천중화기독교회의 조사를 통해 화교에게 교회가 매우 중요한 공간이라는 것을 깨달았다. 이것을 통해 필자가 다니는 한국 교회에 대해서도 생각해 볼 수 있는 좋은 기회였다.

인천화교 화합의 장, 의선당(義善堂)

　의선당은 인천차이나타운의 서쪽 끝 지역에 있다. 일반 관광객은 기념품 가게 정도로 생각하고 지나치는 장소이다. 조금 누추하기도 하고 뭔가 기분 좋은 장소로 여기지 않기 때문일 것이다. 그러나 필자(김원섭)은 의선당을 조사한 후 이 공간이 화교에게 얼마나 중요한 곳인지 깨달았다. 우리는 의선당 조사를 위해 몇 차례에 걸쳐 의선당을 방문하여 조사했고, 강수생(姜樹生) 의선당 관리인을 인터뷰 했다.

온갖 민간신의 집합체

　의선당의 문은 매우 작다. 그러나 작은 문을 들어서면 꽤 넓은 세계가 펼쳐진다. 들어가서 중앙 건물에는 중국의 각종 민간 신(神)이 모셔져 있고 건물에는 편액이 많이 걸려 있다.

의선당 정문에 의선당에 관한 안내판이 붙여져 있다. 그런데 한국어 설명과 중국어 설명이 서로 조금 달랐다. 의선당의 중국어 설명과 한국어 설명을 취합하여 설명하면 대체로 이런 곳이다.

중국인은 해외에 이주하면 꼭 고향의 전통 문화를 전승하기 위해 사당을 짓는 것이 일반적이다. 인천화교의 인구가 증가하자 민간신앙의 하나로 의선당을 짓고 간단한 종교적 의식을 가진 것으로 보인다. 근대 시기 서울에는 거선당(居善堂), 원산에는 보선당(普善堂), 평양에는 적선당(積善堂)이 있었다. 인천화교는 화교 간의 친선과 고향에서 믿던 민간의 신을 제사지내기 위해 의선당을 지었다. 의선당이 지어진 것은 인천화교의 이주 초기이기 때문에 100년 이상의 역사를 가진다. 의선당의 원래 이름은 화엄사였다고 하며, 그 후 의선당으로 바뀌었다.

인천화교는 중국의 명절과 기념일 때 의선당에서 제사를 지낸다. 차이나타운의 쇠퇴와 함께 화교사회가 위축되어 1970년대에는 거의 폐쇄되다시피 하여 1980년대에는 팔괘장 전수도장으로 겨우 명맥을 이어갔다. 2006년 화교들의 모금과 중국정부의 지원으로 대대적인 수리를 거쳐 현재의 의선당의 모습이 되었다.

의선당의 건물은 중국의 사합원(四合院) 건축 양식을 따르고 있어, 정전(正殿)을 중심으로 좌우에 건물이 배치되어 있다. 의선당 건물에 쓰인 기와 주춧돌, 목재 등은 산동반도에서 운반했다고 한다. 의선당에는 일제강점기인 1920년-30년대에 기증된 편액(뜻이 담긴 현판)과 오래된 기물이 많이 남아있다.

또한 의선당에는 12개의 가로 형 현판과 정전의 기둥에 부쳐진 4개의 세로형 현판 등 총 16개의 현판이 걸려 있다. 가로 형 현판 중 의선당으로 들어서는 작은 대문에 '義善堂(의선당)' 이라고 쓰인 현판이 걸려 있

다. 정전에 모셔진 신들과 관련된 8개의 편액이 걸려있고 정전을 기준
으로 좌측 별당의 경로청(敬老廳)이라고 쓰인 현판 1개, 우측 별당에
유구필응(有求必應)이라고 쓰인 1개의 편액이 걸려있다. 이밖에도 100
여 년 전 중국에서 가지고온, 흙으로 빚어진 불상 등의 유물이 있다.

　의선당에는 중국 전통의 불교, 도교, 토테미즘, 실존인물 등 여러 신
들을 모셔져 있다. 의선당의 정전의 신단에는 대표적인 다섯 신이 모셔
져 있고, 정전의 양 측면과 별당에 다양한 신들이 모셔져있다. 중요한
신을 소개하면 다음과 같다.[15]

의선당 내부

　'호삼태야'는 10월 11일을 탄생일이라고 하여 이날 제사를 지낸다고
한다. 의선당의 호삼태야는 용포에 청나라 관리의 모자를 쓰고 있으며,
목에는 염주를 걸고 있다. 호삼태야(胡三太爺)의 호(胡)는 여우의 '호

---

15) 인천광역시립박물관 (2008), 『개항장 화교의 신앙과 민속』, 38-44쪽을 요약하여 소
　　개함.

(狐)'에서 왔다. 여우(狐仙)는 재앙을 물리치고, 평안을 가져다주는 존재로 여겨져 산동지방에서는 여우는 집을 보호하는 신인 동시에 교활하고 변화무쌍하기 때문에 생사(生死)도 관장하는 신선으로도 여긴다고 한다.

용왕신은 인천화교에게 매우 중요했다. 화교는 중국을 왕래하며 무역활동을 하고 있었고 어업에 종사하는 화교도 있었기 때문에 해상 안전이 무엇보다 필요했던 것이다. 그래서 바다를 관장하는 용왕신을 의선당에 모셨다고 한다. 의선당의 사해용왕은 왕관에 붉은 얼굴, 검은 수염을 달고 있다.

용왕 및 용은 중국에서와 같이 화교들에게도 신선한 존재로 여겨진다. 그래서 새 해가 되면 사람들은 용 그림을 문에 붙이고, 용이 들어간 입춘첩을 붙였다.

관음보살은 화교사회에서 집안의 태평과 아이를 보호하는 신으로 인식되어 있다. 의선당의 다른 신들과 달리 평상시에도 즐겨 찾는 신이기에 일상생활 속에 가장 친밀한 신이기도 하다. 의선당의 관음상은 하얀 옷에 합장을 하고 있는 모습이며, 불상 아래에는 아이들의 모습이 그려져 있다.

관공(관우)는 중국에서와 마찬가지로 인천화교들에게도 의(義)와 재물신으로 받아들여진다. 의선당의 관우상은 민간에 전해지듯이 붉은 얼굴에 긴 수염, 붉은 포를 입은 모습이다. 관우상 뒤에는 관우의 용맹한 모습을 다룬 그림이 그려져 있다. 5월 13일은 관우의 생일이라 의선당에선 관우상 앞에 특별한 음식을 차리고 제의를 거행하였다고 하지만 현재는 이루어지지 않고 있다.

마조는 바다의 여신으로 타이완에서 많이 섬기는 신이다. 의선당에는 마조의 신상이 모셔져 있다. 어업과 해운에 종사하는 자들이 이곳을 찾아 제의를 올리고, 또한 마조의 도움으로 배가 난파당하지 않았다고 여기는 사람들은 자신의 배 모형을 마조 앞에 바치는 풍습이 있었다고 한다. 현재 의선당에도 마조상 앞에 배 모양의 틀이 놓여 있다.

화교공동의 재산

우리는 의선당 관리인인 강수생(姜樹生)씨를 어렵게 인터뷰할 수 있었다. 몇 차례 연락하고 요청했지만 거절당한 것이다. 그러나 끈질긴 우리의 요청을 가엾이 보았는지 결국 허락해 주었다. 우리는 강수생 관리인에게 의선당이 화교에게 어떠한 의미를 가지는지 궁금해서 물어보았다. 그는 다음과 같이 대답했다.

> "자 그러면 여기서 제일 중요 한 게 뭔지 알아요? 100년 전에 사람들이 화합을 했다는 거예요. 제일 중요한건~! 무슨 신이 모시고 있는지 이것은 중요하지 않아요. 한국은 요새 통합진보당 없어졌죠? 한나라당 있죠, 민주당 있죠? 화합이 안됐죠? 하다못해 100년 전에 중국에 있는 거의 모든 신들이 여기에 있는 거예요. 종교에는 벽이 없어요. 차이나타운의 화교는 의선당을 통해 서로 화합을 했어요."(2014년 12월 23일 강수생 씨 의선당에서 인터뷰한 내용)

필자는 이 말을 듣고 깨달은 바가 있다. 의선당이라는 공간은 신을 모신 곳이지만 이 공간을 통해 화교는 단결하고 화합할 수 있다는 것에 말이다. 의선당이 이전과 완전히 다르게 보였다. 그리고 강수생 관리인은 이런 말을 했다.

> "의선당은 화교의 공동의 재산이에요. 학생들이 이곳을 조사하

는 것은 큰 의미가 있어요. 이론이 중요한 것이 아니라 직접 와서 보고 조사해야 알 수 있어요. 여러분들이 조사한 것을 다른 사람들에게 알릴 의무도 있고요."(2014년 12월 23일 강수생 씨 의선당에서 인터뷰한 내용)

강수생씨 인터뷰 모습

의선당을 조사하면서 많은 것을 배웠다. 의선당은 한국에선 본 적이 없는 민간신앙의 공간이었다. 그러나 우리나라 농촌에도 이전에 이런 민간신앙의 전통은 있었을 것이다. 농촌에서 태어난 필자는 앞으로 고향에 돌아갔을 때 의선당을 통해 배운 것에 유념하여 고향을 조사해보고 싶은 생각이 들었다.

인천화교의 구심점, 화교협회

인천화교협회는 약 3천 명에 달하는 인천화교의 구심점이다. 화교협회의 역할은 크게 세 가지로 나눌 수 있다.

첫째는 화교의 출생신고, 혼인신고, 사망신고, 호적등본 등의 기본 업무를 담당한다. 류창룽(劉昌隆) 인천화교협회 부회장은 "여기는 한국의 구청이나 동사무소 그런 역할을 해요. 근데 다른 나라에는 이런 역할을 하는 협회가 없다고 합니다. 오직 한국에만 화교협회와 같은 화교의 호적 등본 등을 관리하는 곳이 존재해요."(2014년 12월 23일 인천화교협회에서 인터뷰한 내용)

둘째는 화교의 호구조사, 가족 상황 및 직업군 등의 통계조사를 실시한다. 인천화교의 현황 파악을 통해 화교의 발전과 보호를 기하려 하는 것이다.

셋째는 각종 행사의 주관이다. 화교협회에서 주최하는 중요한 행사는 부녀절(3월 8일), 청년절(靑年節, 3월 29일), 쌍십절(雙十節, 10월 10일), 화교의 날(華僑節, 10월 21일), 장제스(蔣介石) 총통 생일(10월 31일) 등이 있다. 화교협회는 주로 타이완의 기념일을 중심으로 행사를 개최한다.

화교협회의 역사는 1887년 설립된 중화회관의 역사까지 거슬러 올라가 약 130년의 역사를 자랑한다.

왼쪽부터 김원섭 · 손승종 인천화교학교장 · 김도희 · 왕홍웬 · 오은경

김도희

우리 2조는 이번에 인천 차이나타운 내에 위치한 인천화교협회, 인천화교학교, 인천중화기독교회, 의선당 네 곳을 조사했다. 사실 예전에 나는 인천차이나타운이나 화교에 대해 관심을 가져 본 적이 없었다. 그래서 기본적인 사실도 매우 낯설었다. 심지어 차이나타운에 이러한 장소들이 있었고, 활발히 운영되어오고 있었다는 사실조차 조사를 하며 알았다. 그래서 이번 조사 활동을 통해 정말 많은 것들을 배웠다고 생각한다. 현지 조사에 앞서 이정희 교수님과 함께 여러 문헌을 통해 화교의 역사를 되짚어보고 삶을 살펴보았다. 그리고 그들이 낯선 타국에서 어떻게 터전을 꾸려왔는지, 이 환경에 적응해오며 어떤 어려움을 겪었을지 조금이나마 느낄 수 있었다.

조원들과 함께 직접 인천 차이나타운을 방문하여 조사하면서 가장 크게 느꼈던 것은 인천화교의 역사가 오늘날까지 지속되는 데에 있어, 이 네 곳이 중요한 매개체로 작용했다는 것이다. 화교들은 이 장소를 중심으로 서로 화합하며 그들만의 고유한 정체성을 지켜왔다. 나는 그 중에서 화교학교를 집중적으로 조사하였는데, 화교학교가 인천 화교 사회를 지금까지 이끌어오는 데에 아주 큰 공헌을 했다고 생각한다. 화교 학생들을 지속적으로 육성시켜 사회로 나아갈 발판을 제공한 곳이라는 점에서 큰 가치가 있기 때문이다. 그리고 고유한 정체성을 지닌 화교들이 한국 사회에서 영향력을 확대해가며 화교의 역사를 유지해왔던 것이다.

하지만 한 가지 우려되는 점도 있었다. 바로 요즘 화교 학생들이 지나치게 '한국화' 되어가고 있다는 점이다. 물론 대부분의 학생들이 한국에서 태어났고, 또 한국의 영향을 많이 받으며 자라기 때문에 어쩌면 당연한 변화일 수도 있다. 하지만 화교학교의 진정한 의미는 화교만의 정체성을 유지하는 데에 있다고 생각한다. 그렇기 때문에 만약 학생들이 계속해서 한국적인 모습으로의 변화하게 된다면, 화교 학교의 의미가 사라질 수도 있다고 생각한다. 이런 상황 속에서 화교 사회는 학생들의 가치관의 변화를 어떻게 받아들이고 어떻게 대응해야 할지 많이 고민해야 할 것이다.

이번 조사 활동을 통해 화교 사회에 대해 깊이 배우고 고민해 볼 수 있었고, 그들의 터전인 차이나타운에 좋은 인식이 생길 수 있어서 나에게 좋은 기회가 되었다고 생각한다. 마지막으로 많은 도움을 주신 교수님들과, 인터뷰에 적극 응해주신 담당자 분들, 열심히 함께 참여해 준 조원들에게 감사의 말을 전하고 싶다.

이번 조사하기 전에 차이나타운을 2번 정도 방문했었다. 사실 차이나타운을 방문하고 나서 많이 실망 했었다. 차이나타운에서 중국의 풍경이나 문화를 기대 했지만 그렇지 않았다. 중국식 장식으로 중국의 흉내만 낸 음식점 정도가 다였다. 이번 조사에 참여 하게 된 동기는 인천 차이나타운의 중국다운 모습과 화교들의 독특한 특징을 잘 발굴해서 인천차이나타운을 좀 더 중국다운 차이나타운으로 만들고 싶어서였다. 그러면 좀 더 좋은 관광지, 관광 상품이 될 거라고 생각했다.

그런데 조사를 하면서 내 생각이 틀렸다는 것을 느꼈다. 차이나타운은 '중국'이 아니었다. 또한 원래부터 관광지가 아니었다. 그곳은 중국과는 또 다른 모습을 가진 '화교촌'이었고 관광지가 아닌 화교들의 생활터전이었다.

화교들은 한국에 적응하기 위해 많은 노력을 했으며 그 속에서 자신들의 주체성과 문화를 잃어버리지 않기 위해 많은 노력을 해왔음을 알 수 있었다. 그러는 과정에서 화교들의 문화적 유산들이 만들어 졌다.

조사 중 인상 깊었던 부분 중 하나는 화교학교 교장 선생님을 인터뷰하면서 화교 부모님들이 자녀들에게 한국말을 쓰게 했다는 점 이었다. 또 화교 1-2세대들 중에서 솔직히 한국 사람을 좋아할 사람이 그리 많지 않다는 것도 와 닿았다. 우리나라는 화교들이 그들의 모습을 지키며 살도록 배려하지 않았다. 예를 들면 '만보산사건' 때 화교들을 탄압하거나 우리나라의 구성원으로 감싸려 하기 보다는 배척하는 정책이 많았다. 거기에다 일반 국민들의 부정적 인식도 그들이 한국사회에서 화교의 신분으로 살아가는 것을 어렵게 했다.

우리나라도 인구 구조상 다문화 사회로 나아가고 있다. 많아지는 외국인 거주자들과 결혼이민자, 그들의 2세 등 정부도 성숙한 다문화 사회를 만들기 위해 노력하고 있다. 그러나 미래를 보기 앞서 과거를 돌아 볼 필요가 있을 것 같다.

이전의 우리나라는 화교들을 어떻게 받아들였는가? 성숙한 다문화는 그들의 문화를 우리중의 하나의 온전한 문화로 받아들이는 것이다. 결국 그들의 다른 문화도 우리의 문화중 하나가 되는 것이다. 우리는 화교들을 무시하고 많이 배척 해왔던 게 사실이다.

조사를 하면서 우리나라가 화교들에게 한 과거의 잘못들에 대해 알게 되었다. 이제 과거의 잘못을 바로 잡고 화교들에게 화해의 손을 건넬 때이다. 우리의 조사와 프로젝트가 화해의 손이 될 수 있었으면 좋겠다. 우리뿐만 아니라 많은 사람들이 화교들의 문화와 화교들을 이해하게 되는데 조금이라도 기여할 수 있었으면 좋겠다.

또 조사를 하면서 가장 어려웠던 점이 화교들에 대한 자료 부족이었다. 생각보다 자료가 많지 않았다. 조사 중 상당 부분이 인터뷰로 이루어 질 수밖에 없었던 이유 중 하나였다. 그만큼 화교에 대한 조사가 앞으로 더 많이 이루어 질 필요가 있다고 생각한다. 우리의 조사가 앞으로 이루어질 화교 연구의 작은 도움이 되길 바란다.

오은경

이번 조사단 활동에 참여하기 전까지 나에게 차이나타운은 중국음식을 먹는 장소에 지나지 않았다. 화교협회, 화교학교 등 화교시설도 차이나타운 길거리에 있는 여러 건물들 중 하나로만 인식하였고, 화교시설에 대해 아무것도 아는 것이 없었다.

그러다 조사단 활동을 시작하며 차이나타운에 음식점이 아닌 오랜 시간동안 화교사회를 유지할 수 있게 한 화교시설에 처음으로 관심을 가지며 조사를 시작했다.

조사를 통해 화교와 화교시설에 대해 잘 몰랐던 부분들에서 많은 궁금증이 해소되었다. 새로 알게 된 사실이 많지만, 조사 중 가장 인상 깊었던 것은 차이나타운에 자리 잡고 있는 화교시설이 화교들에게 지니는 의미였다.

각 화교시설들이 화교사회에서 수행하는 역할이 다르기는 하지만 공통적으로 화교시설들은 각자의 역할 속에서 화교들이 화합할 수 있도록 하고 나아가 화교사회가 안정적으로 유지되도록 만든다고 한다. 주말에 차이나타운을 방문하면 많은 사람들로 북적북적한다. 사람들은 음식점이나 카페에서 식사를 하거나, 중국 분위기가 느껴지는 건물들 앞에서 사진을 찍으며 차이나타운을 즐기고 돌아간다.

조사를 하다 어느 날 의선당 앞을 지나가다 한 관광객이 친구에게 의선당에 한번 들어가자고 하자, 친구는 딱히 볼 것도 없다며 그냥 가자고 하는 장면을 본 적이 있다. 나도 고등학생 때는 이 앞을 이런 생각으로 지나갔다. 조사단 활동을 시작한 후에도 사전조사 없이 의선당을 방문했을 때는 어떤 장소이며 화교들에게 어떤 의미인지 전혀 감이 잡히지 않았다.

며칠 후 의선당에 대해 이것저것 조사하고 의선당 관리인과 인터뷰까지 한 후에야 이곳이 화교들에게 의미하는 것을 알게 되었고, 의선당이 새롭게 보이기 시작했다. 다른 화교시설들도 마찬가지이다. 차이나타운 안에서 생활하는 화교들은 차이나타운 안의 화교시설들이 하나하나 다 중요하고 의미가 있다는 것을 알겠지만, 중국 음식을 먹고 중국 분위기를 느끼기 위해 가볍게 놀러온 관광객들에게는 화교시설들이 큰 의미로 다가오지 않을 지도 모른다.

그래서 어설프고 부족하지만 우리가 이번에 조사한 내용들을 많은 사람들과 함께 공유하고 싶다. 우리의 조사 내용이 방문객들에게 화교 시설의 역할과 의미에 대해 알게 되는 도움이 되었으면 좋겠다.

왕훙웬

이번 활동에 참가하고 심포지엄에서 발표해서 매우 영광스럽고 즐거운 시간을 보냈다. 이 조사하기 전에 저는 화교의 존재를 전혀 몰랐다. 화교들이 언제 한국에 왔는지 여기서 얼마나 살았는지 어떻게 지내 왔는지 모두 몰랐다. 그리고 학교학교, 화교협회 이런 단체 있는 것도 처음 알았다. 저는 이번 활동에서 교수님이랑 한국학생과 방문 조사하고 많은 것을 얻었다.

제가 이 활동을 통해 화교에 대해 많은 것을 알게 되었을 뿐만 아니라 다른 사회에 가서 어떻게 적응해서 살아가야 하는지도 깨닫게 되었다. 그리고 몇 달 동안 교수님하고 한국학생들이랑 같이 작업하면서 너무 친해 졌다. 제가 못하는 게 너무 많았는데 교수님하고 한국학생의 도움으로 이 조사를 잘 마쳤다. 너무 감사드린다. 또한 작업하면서 교수님이 많은 것을 가르쳐줘서 나중에 일할 때 교수님처럼 계획적으로 해야 한다고 생각했다. 이번의 활동이 저한데 아주 소중한 추억이 될 것이다.

인천차이나타운의 과거, 현재 그리고 무덤

김학래 · 김대연 · 최지혜 · 주옌원 · 첸량

필자(김학래)는 '화교'라는 존재가 매우 가까이에 있었음에도 불구하고 이 활동에 참가하기 전까지 그들이 어디에서 왔고, 어떻게 살아왔는지에 대해 아무것도 모르고 있었다. 아니 아예 관심조차 없었다. 그러나 이번 한국인 학생과 중국인 유학생이 하나 되어 인천차이나타운 조사를 하면서 화교의 애환을 알게 되었고 그들의 마음을 조금 이해하게 되었다.

우리들은 먼저 인천차이나타운의 역사를 조사한 후, 현재 인천차이나타운을 찾는 관광객이 인천차이나타운을 어떻게 인식하고 있는지 설문조사를 실시했다. 그리고 인천화교의 발자취가 인천차이나타운만 있는 것이 아니라는 것을 알고 그들의 죽음의 세계인 공동묘지도 조사했다.

130년 역사의 인천차이나타운

인천차이나타운의 역사는 한국근현대사의 축소판이라 할 정도로 많은 역사를 함축하고 있다. 중국인이 현재의 인천차이나타운에 거주하기 시작한 것은 1882년 10월 조선과 청국 간에 체결된 조청상민수륙무역장정(朝淸商民水陸貿易章程)이다. 이 조약에는 양국 간의 해로 무역, 서울의 개항, 상무위원(영사)의 파견, 조계(租界) 설정, 화상(華商) 보호 등의 내용이 포함되어 있다.

인천항은 1883년 1월 국제 무역항으로 개항(開港)되어 인천에 중국인이 본격적으로 유입되었다. 인천 거주 화교상인(화상) 보호를 위해 청국 인천상무분서(인천영사관)가 설치되어 이내영(李乃榮) 초대 영사가 1883년 11월 업무를 개시했다. 인천차이나타운 조성이 시작된 것은 1884년 4월 조선과 청국 간에 체결된 인천구화상지계장정(仁川口華商地界章程)이었다. 여기서 '구'(口)는 항구를 의미하며 '화상지계'는 화상이 거주하는 땅의 경계의 뜻으로 당시는 '청국조계'라고 했다. 또한 청국조계에는 1885년 1월 청국영사관 건물이 완공되었다. 그래서 이곳을 '청관'(淸館)이라고도 했다.

청국조계(淸國租界)는 현재의 차이나타운 일대 약 5천 평의 면적이었다. '조계'란 조약에 의해 한 나라가 그 영토의 일부를 한정하여 외국인의 거주와 영업을 허가한 땅을 말한다. 국제법상 보통 거류지(居留地)라 한다. 조계가 처음으로 설치된 곳은 청국 광동(廣東)이었다. 청국이 아편전쟁에서 영국에 패전한 결과 광동에 영국조계가 설치되고, 상해, 천진(天津), 한구(漢口), 하문(廈門) 등의 개항장에 조계가 설치되었다. 또한 청일전쟁 후 청국에 설치된 조계는 크게 늘어나 영국·프랑스·독일·일본 등 8개국의 조계가 무려 28개에 달했다.

조선은 일본과 맺은 강화도조약(1876)에 의해 부산, 원산, 인천의 3개 개항장에 일본의 조계가 설치되고, 청국조계도 인천, 부산, 원산에 각각 설치됐다. 청국 각지에 외국의 조계가 잇따라 설치되었는데 해외에 이렇게 청국조계를 설치한 곳은 조선이 유일했다. 청국조계는 조선의 행정권이 미치지 않았으며 청국의 행정권이 행사되는 '치외법권'(治

外法權)이 인정되는 곳이었다. 조선의 주권이 침해되고 청국의 경제적 확대의 전초기지 역할을 했다. 또한 조계에는 행정이 한 조약국에 속하는 전관조계와 몇 나라에 속하는 공동조계가 있다. 인천의 청국조계는 청국 한 나라에 국한되는 전관조계(專管租界)이며, 인천 각국조계는 공동조계(共同租界)였다.

화상은 청국조계에서 자유롭게 거주하며 상업 활동을 펼쳤다. 처음에는 주로 식료품과 잡화류를 판매하였지만 점차 면직물, 마직물, 견직물, 한약재, 서양잡화 등을 판매하며 그들의 상권을 확대했다. 청국조계에 거주하는 화교는 산동성(山東省)출신이 많았다. 그러나 중국의 화남지역인 절강성(浙江省), 광동성(廣東省), 복건성(福建省) 출신 화상도 적지 않았다. 이들 화상은 홍콩, 상하이(上海), 옌타이(煙臺) 그리고 일본 오사카(大阪) 등지서 직물과 잡화류를 수입하고, 인천서는 해산물, 한약재, 미곡 등을 수출했다.

화상은 상호 협력하기 위해 동향조직을 만들었다. 산동성 출신 화상은 북방(北幇), 광

인천 청국조계에 설치된 영사관 건물 입구
(출처) 「사진으로 보는 인천이야기-8 청국영사관 위세 등등했던 개항장 인천의 영사관들 자국 이익 확보 위해 치열한 싸움 전개」, 『인천일보』, 2013.9.27.

동성 출신 화상은 광방(廣幇), 절강성, 강소성, 복건성 출신 화상은 남방(南幇)을 각각 조직했다. 그리고 이들 세 개의 방이 협력하여 1887년에 설립한 것이 중화회관이었다. 이 중화회관이 현 인천화교협회의 전신이다.

그런데 인천에 이주한 화교 가운데는 상인만 있었던 것은 아니었다. 주로 야채재배를 하는 농민인 화농(華農)도 많았다. 이들이 처음으로 인천에 이주한 것은 1887년이었다. 인천에 거주하는 서양인과 일본인에게 야채를 공급하여 많은 소득을 획득했다.

원세개(袁世凱)는 청국조계가 가득차서 더 이상 화교를 수용할 수 없게 되자 조선정부에 새로운 조계의 설치를 요구했다. 그래서 획득한 것이 인천 각국조계(各國租界)의 동쪽에 있는 삼리채(三里寨)였다. 이곳은 새롭게 획득했다고 해서 인천화교는 삼리채 조계를 '신계'(新界)라 불렀다. 그러나 조선정부는 삼리채 조계를 공식적으로 인정하지 않아 양자 간에는 각종 마찰이 발생했다고 한다.

1894년에 청일전쟁이 발발(勃發)하여 조선에서 청으로 귀국하는 인천화교가 급속히 증가했다. 하지만 1895년 청일전쟁이 끝난 후 본국에 귀국한 화교가 다시 돌아오면서 인천화교 인구는 곧 회복됐다. 화상과 화농의 경제활동은 더욱 활발해져 중국에서 이주하는 화교는 더욱 증가했다. 이것은 |표1|에서도 확인할 수 있다. 인천화교 인구는 일제강점기 이전 이미 약 4천명에 달했다. 일제의 조선 강점은 청국조계와 인천화교에도 변화를 초래했다. 일제는 치외법권 지역인 청국조계와 각국조계를 회수하려 했다. 중화민국과 일본 간 청국조계의 철폐 조약을 체결한 것이 '조선의 중화민국 거류지 폐지협정'이다. 이 조약은 일제강점 이후인 1913년 11월이었다.

이 조약의 내용은 다음과 같다. (1) 인천, 부산 및 원산에 있어서 청국조계는 1913년 3월 31일에 한해 이를 폐지한다. 조계는 조선 지방 행

정구역에 편입되며 공공 사무는 모두 일본 해당 관청에서 담당하도록
한다. (2) 조선정부가 화교에게 기존에 발급한 영대차지권(永代借地權)
을 소유권으로 취득할 수 있도록 한다. (3) 소유권을 취득한 부동산은
일본인 및 조선인 소유의 부동산과 동일한 취급을 받는다.16)

|표1| 인천화교의 인구 추이

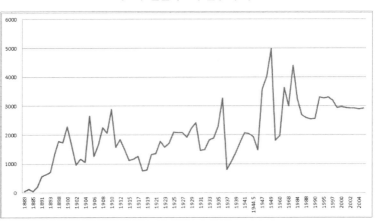

(출처) 아래의 참고문헌을 토대로 필자가 작성했음. 이옥련, 『인천 화교 사회의 형성과
전개』, 인천문화재단, 2008년. ; 李昶昊, 「한국 화교(華僑)의 사회적 공간과 장소」,
한국학중앙연구원 박사학위논문, 2007년. ; 이정희, 「해방초기 인천화교의 경제활
동에 관한 연구」, 『인천학연구』제9호, 2008년.

이리하여 청국조계는 철폐되고 화교가 보유한 청국조계의 부동산은
그대로 소유권을 인정받았다. 그러나 이전에 향유하던 치외법권은 사
라졌으며, 일제의 행정구역인 인천부(仁川府)에 편입되었다.

|표1|은 인천화교의 장기적인 인구 추이를 나타낸 것이다. 인천화교
인구는 1910년대와 1920년대 꾸준히 상승했다. 인천화교 인구가 급감

16) 이옥련 (2008), 『인천 화교 사회의 형성과 전개』, 인천문화재단, 97쪽.

한 것은 두 차례 있었다. 1931년과 1937년이다. 1931년의 감소는 그해 7월 발생한 '만보산사건'으로 인한 '화교배척사건(華僑排斥事件)'의 영향이다. 1931년 화교배척사건은 만주에 거주하던 조선인 농민이 중국인 농민과 관헌에 다수 살상되었다는 오보가 조선 내에 전해진 후, 반중여론이 조성되어 평양 등 조선 각지서 200여명의 화교가 무참히 살해된 사건을 말한다. 가장 먼저 화교배척사건이 일어난 곳은 인천이었다. 이 사건으로 화교 2명이 살상되는 참변이 일어났다. 이 사건 발생 후 인천화교는 생명의 위협을 느껴 본국으로 대량으로 귀국했다. 이것이 |표1|에 그대로 나타나 있다.

그리고 1937년 7월 발발한 중일전쟁은 인천화교를 일제의 '적국의 국민'의 입장에 놓이게 했다. 이것을 불안하게 여긴 인천화교는 대량으로 본국으로 귀국했다. 이로 인해 인천화교 인구는 1936년 12월 3,265명에서 1937년 12월에는 805명으로 급감했다. 그 후 점차 증가하지만 약 2천명에 머물렀다. 인천화교배척사건과 중일전쟁은 인천화교의 경제에 큰 영향을 주었다. 중국산 제품에 대한 일제의 고관세 부과, 일본산 대체 제품의 등장 등으로 규모가 큰 화교포목상과 잡화상 가운데 도산하는 상점이 증가했다. 그리고 중일전쟁 말기에는 전시통제가 강화되어 제대로 영업할 수 없었다.

1945년 8월 일본의 무조건 항복과 동시에 한국이 해방되면서 한국화교를 둘러싼 환경은 완전히 바뀌었다. 미국은 일본이 조선을 재(再)식민지화 시키는 것을 방지하기 위하여 일본과의 무역을 금지시켰기 때문에 물자가 부족했던 한국은 중국, 홍콩과의 무역을 선택하지 않을 수 없었다. 이러한 무역환경은 1950년 6월 25일 한국전쟁 발발 전까지 인천화교의 경제를 일시적으로 부흥시켰다.

인천화교의 인구는 급속히 증가했다. 중국 대륙에서 '국공내전'을 피해 인천으로 대량으로 이주했고, 북한지역에서도 불안한 정정을 피해 한국으로 대량으로 이주했다. 인천에 상대적으로 인구 유입이 집중된 것은 인천은 대 중국무역과 홍콩무역의 전진기지로 화교경제가 활발했기 때문이다. 그 결과 인천화교 인구는 1949년 5월 4,938명으로 역대 최고의 인구를 기록했다.

1931년 7월 화교배척사건을 보도한 『동아일보』 사설
(출처) 「2천만 동포에게 고합니다」, 『동아일보』, 1931년 7월 7일.

당시 인천의 화상은 주로 무역회사를 경영했다. 주요한 화상 무역회사는 인천에 본거지를 두고 있었으며, 화상 만취동(萬聚東)은 당시 한국 최대의 무역회사였다. 이들 인천의 화상 무역회사가 한국무역을 장악하고 있었던 것이다. 그리고 무역업의 활황으로 인천차이나타운 일대는 중화요리점, 잡화점 등이 성황을 이뤘다.

그러나 1948년 8월 대한민국의 수립과 국제환경의 변화는 이러한 인천화교의 환경을 완전히 바꿔버렸다. 한국정부는 무역업이 화상에게 독점되어 있는 것을 시정하기 위해 화상에 불리한 각종 규제를 가했다. 여기에 1949년 10월 중화인민공화국의 수립으로 중국 대륙이 공산화되자 한국정부는 이에 대처하여 중국에서 한국으로 유입되는 중국인의 입국을 금지하고, 무역을 금지시켰다.

한국화교의 모국인 장제스 국민당 정부는 타이완으로 옮기면서 한국의 대중 교역은 타이완 교역으로 바뀌었다. 인천화교는 새로운 인구 유입의 차단과 대중 무역의 중지로 큰 타격을 받았다. 이러한 가운데 터진 것이 1950년 6월의 한국전쟁이었다. 한국전쟁으로 인천화교의 다수는 피난을 갔다. 휴전이 성립된 후 인천화교는 이전과 같은 경제를 부흥시킬 수 없었다.

인천화교 인구는 중국 대륙으로부터의 인구 유입 차단으로 인구는 거의 2-4천 명 사이에 머물렀다. 대중 무역의 차단으로 인천화교가 할 수 있는 것은 중화요리점밖에 없었다. 중화요리점이 화교의 주요한 직업이 된 데는 이러한 사정이 있었던 것이다. 1950~1960년대까지만 해도 화교가 경영하는 중화요리점은 형편이 좋은 편이었지만, 1960년 후반부터 한국 정부의 각종 규제 정책과 화교 중화요리점에서 기술을 배운 한국인이 독립하면서 중화요리점의 경영은 점점 악화되기 시작했다. 이 같은 상황이 계속되면서 인천화교 경제는 더욱 침체에 빠졌다.

인천화교를 비롯한 한국화교는 1970년대에 들어 새로운 활로를 찾아 대만, 미국, 캐나다, 일본 등지로 재이주 했다. 1971년의 한국화교 인구는 3만 2,605명이었는데 1990년에는 2만 2,842명으로 약 1만 명이 줄어들었다. 인천화교의 인구는 1949년 약 5천 명에서 약 3천 명으로 줄어들었다. 현 인천화교의 인구는 1990년 인구 수준에서 거의 변화가 없다.

한편, 한중국교 수립 이후 중국 대륙에서 이주한 이른바 신화교(新華僑)가 급증했다. 현재는 신화교가 한국 사회의 곳곳에 세력을 넓혀

가고 있다. 한중 수교 이전 195명에 불과했던 신화교 인구는 2007년 12월 약 50만 명에 달했다. 그러나 이 가운데 33만 명은 조선족이며 한족은 17만 명이었다. 이전부터 한국에 거주하는 노화교(老華僑)의 인구는 약 2만 명에 불과하다. 조선족을 제외한 신화교 인구는 노화교의 약 8배에 달한다. 인천화교도 이와 비슷한 상황에 있다. 인천화교는 노화교와 신화교가 혼합된 새로운 화교사회의 도래를 맞이하고 있다고 볼 수 있다.

인천차이나타운에 대한 설문조사

인천차이나타운은 앞에서 살펴본 대로 인위적으로 만들어진 곳이 아니라 자연스럽게 형성된 곳이다. 인천차이나타운은 한국전쟁 발발 이후부터 1990년대까지 약 40년간 쇠퇴의 길을 걸었다. 인천차이나타운의 거대 화상의 상점인 포목상점, 무역상점은 사라지고 중화요리점 중심의 거리로 전락하여 이전과 같은 활기를 점차 잃어갔다. 여기에 인천화교의 해외 재이주는 인천차이나타운의 쇠퇴에 더욱 박차를 가했다.

인천차이나타운이 새로운 발전의 전기를 마련한 것은 1992년의 한중 국교정상화였다. 약 40년간 막혀있던 중국 대륙과의 무역과 사람의 이동이 자유롭게 되었다. 국교정상화를 계기로 인천과 산동성 및 단동(丹東)과 정기항로가 개설되었으며, 이 항로를 통해 사람과 물자의 이동이 활발해졌다. 여기에 한국의 IMF 경제위기 때 외국인 자본을 유치하기 위한 일환으로 그동안 화교의 부동산 소유를 제한해 온 부동산소유법을 고쳐 화교도 자유롭게 부동산을 소유할 수 있게 되었다. 인천시와 인천시 중구청은 중국인 관광객 유치와 대 중국 교류와 무역의 전진기지로서 인천차이나타운을 활용하기 위해 쇠퇴한 인천차이나타운의 개발에 나섰다. 그 시기는 1990년대 말이었다.

인천시와 인천시 중구청의 노력이 결실을 맺어 정부는 2001년 6월 인천차이나타운을 비롯한 주변 지역을 '월미관광특구'로 지정했다. 인천시는 북성동 2·3가, 선린동, 항동 1·2가 일대를 '인천 중구 차이나타운 지역특화발전특구'의 명칭으로 개발을 추진했다. 그 세부사항으로는 첫째, 차이나타운과 송월동 동화마을을 연계하여 관광수요 확대. 둘째, 월미관광특구 활성화 사업(차이나타운 거리 예술제 등 각종 행사). 셋째, 차이나타운 기반시설 정비 및 보수. 넷째, 선린동 38-1에 자장면 박물관 조성. 다섯째, 한중문화관 지하공영 주차장 건립 및 쉼터 조성. 여섯째, 중국어 문화체험교실 운영. 일곱째, 차이나타운 포토존 설치. 이러한 기본 계획 하에 인천차이나타운 조성이 추진되어 현재와 같은 모습을 갖추게 되었다.

그러나 이와 같은 인천차이나타운 조성으로 이전보다 관광객이 많이 증가하고 활기를 되찾았다는 긍정적인 측면과 인위적인 차이나타운 조성으로 이전의 차이나타운 풍경을 훼손하고 너무 상업성에 치우친 개발이라는 비판을 받고 있다.

우리는 인천차이나타운을 찾는 관광객들이 차이나타운을 어떻게 인식하고 있으며 어떤 것에 만족하는지, 문제점은 무엇인지에 대해 설문조사를 실시했다.

우리는 2014년 11월 16일 인천차이타운 관련 자료 수집을 위해 현장을 답사하며 조사활동을 펼쳤다. 방문일이 일요일이라 그런지 차이나타운에는 사람들이 꽤 많았다. 그중에 특히 가족단위 방문객과 젊은 20-30대 커플들이 많이 있음을 어렵지 않게 발견할 수 있었다. 대부분은 식사를 위해 나온 듯 보였다. 우리는 간단히 주변을 둘러본 뒤 차이나타운 내에 있는 전시관과 어떤 상점이 있는지 살펴보았다. 이 후 인터넷을 통해 차이나타운의 역사와 현재의 모습과 관련 된 자료를 수집하였고, 이를 통해 설문조사의 내용을 조금씩 구상해 나갔다.

우리는 11월23일 조사한 자료와 현재 차이나타운의 모습을 대조하면서 보다 구체적으로 인천차이나타운의 변화상을 확인하려 했다. 지난 10년간의 인천차이나타운 모습의 변화는 새로 생긴 음식점 몇 개 말고는 큰 차이점이 없었다. 자료에 대한 검증을 마치고 설문조사지 샘플을 완성했다.

12월 7일 인천차이나타운을 방문하여 샘플 설문지를 돌리며 조사를 진행했다. 그 날은 날씨가 추워서인지 관광객들은 비협조적이었다. 하지만 우리가 만들어 간 샘플은 모두 설문조사를 완수할 수 있었다. 샘플 설문지의 조사 결과를 분석하고 설문조사지의 미진한 부분, 고쳐야 할 부분을 수정하여 최종 설문지를 완성했다.

드디어 우리는 12월 9일 완성된 설문조사지를 가지고 인천차이나타운으로 갔다. 그런데 이날은 평일이라 관광객이 매우 적었다. 평일은 주말에 비해 관광객 수가 10분의 1에 불과하다는 것을 알았다. 날씨 또한 매우 추워서 소수의 관광객들에게조차도 협조를 구하는데 큰 어려움을 겪었다. 우리는 어쩔 수 없이 식당 안에 있는 손님 몇 명에게만 설문조사를 시행했다. 이 후에도 두 번 정도 평일에 방문하여 설문조사를 시도했지만, 결과는 마찬가지였다. 결국 우리는 12월 24일 크리스마스이브의 공휴일을 택해 설문조사를 실시했다. 공휴일이기 때문에 관광객들이 많을 것이라 예상했기 때문이다. 우리의 예상은 적중했다. 그 날은 평소보다 훨씬 많은 설문조사를 시행 할 수 있었다.

하지만 그 날은 크리스마스이브라는 특징 때문에 20-30대의 젊은이들이 상대적으로 많았다. 가족 단위로 오는 관광객은 거의 찾아볼 수 없었다. 그 이유는 가족들이 교통체증과 혼잡함을 피하기 위해 원거리인 인천차이나타운을 피한 것에 있다는 생각을 했다.

우리는 보다 다양한 연령층으로부터 설문조사를 하기 위해 올해 1월 4일 다시 인천차이나타운을 찾았다. 그날은 설문조사를 실시할 수 없을 정도로 추웠으며 관광객은 매우 적었다. 우리는 우리 주변에 있는 지인의 도움을 얻어 보다 많은 사람들로부터 설문조사를 실시하려 노력했다. 하여튼 우리는 총116명으로부터 설문을 받을 수 있었다.

그러면 우리들이 어렵게 실시한 인천차이나타운 설문조사의 결과를 그래프를 이용하여 소개하고자 한다.

|표2|에서 알 수 있듯이, 인천차이나타운 방문자의 주요 연령은 20대가 가장 많았다. 전체의 64%나 차지했다. 이것은 20대의 응답률이 높고, 다른 연령대의 응답률이 저조한 때문이기도 하다. 그러나 우리들은 육안으로 파악했을 때 20대가 가장 많다는 것을 확인할 수 있었기 때문에 이 결과는 잘못된 것은 아닐 것이다. 20대는 다른 연령대에 비해 적극적으로 설문조사에 응해준 것은 이들 연령층이 인천차이나타운에 대해 다른 연령층에 비해 보다 관심이 많다는 것을 말해준다.

|표2| 설문조사에 응한 관광객의 연령대

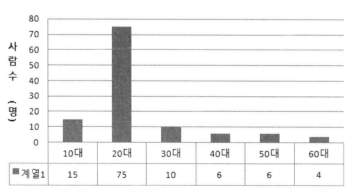

응답자의 성별은 여자 62%, 남자가 38%였다. 만약 전수조사를 실시할 수 있었다면, 응답자의 성별은 거의 동일했겠지만, 실제 차이나타운을 방문하는 사람들에 대한 전수조사는 불가능하다.

이번 조사에 응한 사람들의 거주지는 대부분 수도권이었고, 특히 인천 거주자가 81명으로 전체의 69%를 차지했다. 이는 수도권 또는 인천 거주자가 다른 지역 거주자들에 비해 비교적 쉽게 차이나타운에 접근할 수 있기 때문으로 보인다.

흥미로운 것은 인천 차이나타운에 대한 개인적 방문횟수가 비교적 높았다는 점이다. 응답자 중 4번 이상 방문한 사람은 47명으로 전체의 40% 비율을 차지했다.

인천차이나타운을 처음 방문하게 된 계기에 대한 질문에 대해, 응답자 중 34%는 중국 음식을 먹고 싶어서라고 답했고, 또 14%는 중국 문화를 체험하기 위해서라고 답했다. 실제로 중국 음식은 한국에서 가장 보편적이고 일상적인 음식이라고 할 수 있는데, 인천 차이나타운 방문자들 중 많은 사람들이 '중국 음식'을 위해 방문한다고 답한 것은 의외였다.

|표3| 인천차이나타운을 처음 방문하게 된 계기

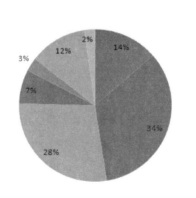

- 중국 문화를 체험하기 위해
- 중국 음식을 먹고 싶어서
- 주변 관광지를 들렀다가 근처에 있어서 한 번 들려봄
- 인천시나 학교에서 주관한 프로그램으로 인해
- 중국 물품을 사려고
- 친구나 가족, 주변 사람들의 권유
- 대중매체를 통해서

응답자들이 인천차이나타운을 두 번 이상 방문했을 경우 재방문한 이유는 첫 방문에 대한 응답과 대체로 동일했다. 다만, 주변 관광지를 방문했다가 근처에 위치한 이유로 다시 방문한 이유는 첫 방문 때의 이유인 28%보다 조금 낮은 17%였다.

응답자들에게 좀 더 넓은 시각에서 '중국 문화 중 가장 흥미로운 것'에 대해 물었을 때, 전체 응답자 중 38%가 '음식'이라고 답했다. 이는 |표3|과 비슷했다. 그러나 음식 이외에 중국 역사에 대한 관심이 19%, 중국어가 12%, 중국의 생활풍습이 11%, 중국 의상과 중국 고전에 대한 관심이 각각 9%였다. 즉, 중국 음식만 아니라 중국의 역사, 생활풍속, 언어 등 다양한 분야에 관심을 가지고 있다는 것을 확인할 수 있었다.

|표4| 흥미로운 중국문화

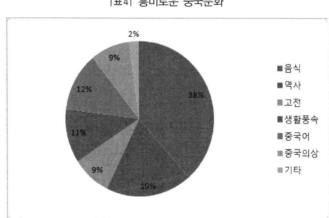

응답자들이 인천차이나타운에 대해 느끼는 아쉬운 점은 '중국 음식이 다양하지 않음', '중국식 문화시설이 없음', '체험이나 프로그램이 부족함', '중국만의 볼거리가 부족함' 등이 비교적 높은 수치를 보였다.

|표5| 인천차이나타운에서 아쉬운 점

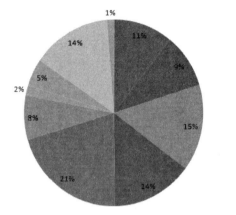

- ■장소가 좁음
- ■중국적인 분위기가 없음
- ■중국 음식이 다양하지 않음
- ■중국식 문화시설이 없음
- ■중국만의 볼거리가 부족함
- ■위치가 별로임
- ■중국 식료품점이 부족함
- ■옛날 중국 느낌인 빨간색이 과함
- ■체험이나 프로그램이 부족함
- ■기타

　그리고 응답자의 78%는 인천차이나타운을 재방문할 의사가 있다고 응답했다. 지인에게 인천차이나타운을 소개할 의사는 84%로 매우 높았다. 이 응답 수치는 매우 긍정적이라 할 수 있다.

　우리는 상기의 설문조사 결과를 토대로 한국인 학생과 중국인 유학생이 모여 인천차이나타운이 보다 많은 사람들로부터 사랑받기 위해서 무엇이 필요한지 토론했다. 토론의 결과를 정리하면 다음과 같다.

　첫째, 인천차이나타운은 자동차가 많이 다니기 때문에 자유롭게 여행할 수 없는 단점이 있다. 여행자가 자동차 신경을 쓰지 않고 여행할 수 있도록 해야 한다.

　둘째, 중국유학생이 보기에 인천차이나타운은 '중국적인 것'이 부족하다. 상점의 점원도 한국말이 아니라 중국말로 손님에게 말은 건다든지 중국의상을 입고 판매하면 더욱 좋을 것이다.

　셋째, 인천차이나타운은 최근 중국서 판매되는 인기 잡화나 중국의 잡지나 책을 판매하는 곳이 없다. 그렇게 되면 한국에 거주하는 중국인이 보다 많이 찾을 것이다.

넷째, 인천차이나타운의 역사와 화교의 생활을 알려주는 전시관이나 박물관이 없다. 그리고 인천차이나타운의 소개 책자나 오래 동안 추억으로 간직할 기념품이 없다. 인천차이나타운만의 기념상품 개발이나 로그가 필요하다.

다섯째, 인천차이나타운의 중국문화 체험을 보다 확대하려면 인천지역에서 유학하는 중국인 유학생을 보다 많이 활용해야 한다.

인천화교의 죽음의 세계, 화교공동묘지

우리가 인천부평가족공원 내 '중국인묘역'을 찾은 것은 지난해 12월 23일과 올해 1월 11일이었다. 공교롭게도 두 날은 묘역 앞을 흐르는 강물이 꽁꽁 얼어붙을 정도로 추운 날씨였다. 처음 방문했을 때 우리는 화교공동묘지를 찾지 못해 애를 먹었다. 한 분이 가르쳐 준 방향으로 산을 올라갔지만 가도 가도 나오지 않아 '헛탕'을 친 적이 있다. 그리고 12월 23일은 눈에 내린 뒤라 길이 매우 미끄러웠다. 그래서 우리 중 한 명이 미끄러져 엉덩방아를 찧는 사고가 났다.

'중국인묘역'은 평지가 아니라 산비탈과 산 정상 부근에 위치해 있어 우리는 동토(凍土)를 밟고 천천히 묘역으로 다가갔다. 산비탈의 중국인 묘역은 현재 공사중으로 묘지의 철거작업이 한창 진행되고 있었다. 산비탈에 위치한 묘지는 각각 묘비가 세워져 있어 어떤 화교의 묘지인지 금방 알 수 있었다. 산비탈의 묘지는 거의 대부분이 산동성 출신의 화교였다. 출생지, 출생일, 사망일이 기록되어 있었다. 그러나 산비탈에 위치한 묘지는 관리가 잘 안 되어 있었고 방치된 묘지도 많았다. 우리는 묘지 하나하나를 조사하려 안간힘을 썼지만 그 작업은 쉽지 않았다. 파괴된 묘비도 있고 가시나무가 묘지를 둘러싸 묘비를 확인할 수 없는 것이 많았다. 그래서 산비탈의 묘역 조사는 포기할 수밖에 없었다.

광동성 출신 화교묘역

산 정상 쪽으로 걸어올라 가니 눈앞에 질서정연한 묘역이 나타났다. 이곳은 광동성 출신 화교의 공동묘지였다. 비석과 묘지가 똑 같은 것으로 봐서 처음 묘역을 조성할 때 통일을 기한 것은 아닐까 생각했다. 이곳의 묘비에는 망자(亡子)의 성명만이 적혀 있고 출생과 사망 관련 정보는 아무것도 없었다. 그러나 산동성 묘역에 비해 조사하기는 편리했기 때문에 각자 분담해서 묘역의 관리번호, 망자의 성명을 하나하나 기록했다. 그와 동시에 각 묘지를 디지털 카메라로 담아서 기록했다. 그때의 기록과 사진을 대조하면서 작성한 것이 |표6|이다.

|표6| 광동성 묘역의 묘지번호 및 망자의 성명

묘지번호	성명	묘지번호	성명
바-6-63	陳輝光	바-6-100	黃泉奎
바-6-64	陳禮恩	바-6-101	鄭麗金
바-6-65	張黃氏	바-6-102	雲陳氏
바-6-66	譚亡氏	바-6-103	張生公
바-6-67	朱文星	바-6-104	關女士
바-6-68	關羅氏	바-6-105	林擧鎭
바-6-69	梁亞雁	바-6-106	關帶寬
바-6-70	梁避聯	바-6-107	林任氏
바-6-71	劉運氏	바-6-108	鄭許氏
바-6-72	林之公	바-6-109	關靈氏
바-6-73	陳和公	바-6-110	關東林
바-6-74	吳麗貞	바-6-111	林光明
바-6-75	鄭月明	바-6-112	鄭徐淑
바-6-76	靈載存	바-6-113	司徒想
바-6-77	梁公明	바-6-114	司徒俊
바-6-78	俞傑亨	바-6-115	梁金□
바-6-79	俞光禮	바-6-116	譚曉
바-6-80	關健平·關善金	바-6-117	鄭培基
바-6-81	葉閏成	바-6-118	周學宏
바-6-82	關王氏	바-6-119	關宋氏
바-6-83	司徒關	바-6-120	馬平禮
바-6-84	陳和生	바-6-121	李靜波
바-6-85	周樹德	바-6-122	鄭渭祥
바-6-86	王□三	바-6-123	鄭愼寬
바-6-87	雲昌觀	바-6-124	古雲氏
바-6-88	周昭贊	바-6-125	馬祿億
바-6-89	畢□氏	바-6-126	莫方氏
바-6-90	雲茂川	바-6-127	袁鄭氏
바-6-91	陳盛祥	바-6-128	鄭福鄕
바-6-92	梁麗珠	바-6-129	鄭蕭氏
바-6-93	古觀超	바-6-130	鄭帝忠
바-6-94	司徒胡	바-6-131	容文秋
바-6-95	林王氏	바-6-132	黃桂榮

묘지번호	성명	묘지번호	성명
바-6-96	梁陳氏	바-6-133	袁敬之
바-6-97	黃子輝	바-6-134	袁德孚
바-6-98	雷逢崇	바-6-135	鄭泰生
바-6-99	曺俊之	바-6-136	鄭余氏

출처: 각 묘비를 조사하여 작성 함.

광동성 묘역의 묘지의 총 개수는 74개소였다. 이 가운데 성별(姓別)로 볼 때 가장 많은 성은 정(鄭)씨로 총 12명이었다. 그 다음은 관(關)씨로 총 9명, 양(梁)씨 성 6명, 진(陳)씨 성 5명, 임(林)씨 성 5명, 사(司)씨 성 4명, 원(袁)씨 성 3명, 운(雲)씨 성 3명의 순이었다. 한국에 온 광동성 출신 화교는 묘지로 볼 때는 정(鄭)씨와 관(關)씨가 가장 많은 것으로 드러났다. 이외에 장(張)씨, 유(兪)씨, 고(古)씨, 마(馬)씨, 주(朱)씨, 담(譚)씨, 이(李)씨 등은 1-2명에 불과했다.

광동성 묘역 바로 옆에는 '인천화교공묘선교위령탑'(仁川華僑公墓先僑慰靈塔)이 우뚝 솟아 있었다. 이 위령탑은 1990년 6월 30일에 세워졌다. 이 위령탑에는 무연고자 1,900명이 안치되어 있었다. 이들은 이 국땅에서 많은 어려움을 겪었을 것이고 가족과 친척 없이 무연고자가 된 데는 많은 사연이 있을 것이다. 우리는 무연고자 화교가 저 세상에서라도 편안히 쉬도록 헌화하고 묵념했다.

이곳의 인천화교공동묘지의 부지는 약 1만8천 평이다. 묘지 수는 2,866기에 달한다. 그러나 이 공동묘지가 만장되어 더 이상 분묘로 쓸 장소가 없고, 인천시가 이곳을 생태공원으로 만든다는 계획을 세웠기 때문에 이장을 해야 했다. 그러나 도시화의 진전으로 새로운 토지 물색이 어렵고 묘지는 기피시설이기 때문에 새로운 이장지 확보는 매우 곤란했다. 인천시와 인천화교협회는 이 문제를 협의한 끝에 화교 분묘를 화장하여 중국식 봉안시설을 설치하는 것에 합의했다. 이 합의에 따라 인천시는 새로운 봉안 시설 건축을 위한 공사를 진행하고 있다.

인천화교공동묘선교위령탑'에서 무연고자를 위한 묵념 사진

그러나 인천화교공동묘지는 몇 번이나 이장하는 슬픔을 겪었다. 해방 이후 인천화교공동묘지는 원래 남구 도화동에 있었다. 그러나 1958년 해당 묘역은 인천시에 의해 시립 인천대학교 부지로 선정되어 인천화교공동묘지는 인천시 외곽에 위치한 남동구 만수동으로 이장했다. 만수동 공동묘지도 인천시의 도시개발계획에 의해 현재의 인천부평가족공원으로 다시 이장했다. 손덕준 중화루 사장의 화교공동묘지의 의미에 대한 이야기는 우리에게 많은 것을 생각하게 했다.

"우리가 이 땅으로 건너오면서 가지고 들어온 것들, 또 우리가 이 땅에 살면서 경험했던 갖가지 사건들, 이게 다 우리 화교공동묘지 안에 들어있다고 보시면 됩니다. 뭐 다른 건 잘 몰라도 우리 공동묘지는 화교역사의 기록이라는 점에서 보더라도 보존할 만한 가치가 있는 것입니다."[17]

　한창 진행중인 화교공동묘지의 공사를 보면서 화교들은 어떤 생각을 하고 있을지 상상이 갔다. 우리는 오랜 이웃으로 살아온 화교에게 조금 더 이해하려 하고 배려하는 마음을 가져야 한다고 생각했다.

17) 송승석 (2015), 「인천 중화의지(中華義地)의 역사와 그 변천」, 『인천학연구』 22, 150-151쪽.

◎【조사후기】

왼쪽부터 김대연 · 최지예 · 주옌원 · 첸량

김학래

　화교라는 존재가 매우 가까이에 있었음에도 불구하고 이 활동에 참여하기 전에는 그들이 어디에서 왔고, 어떻게 살아가고 있는지에 대한 기본적인 것조차도 몰랐었고 관심조차 없었다. 또한 그들이 어떤 역사와 전통을 가지고 있는지에 대해서는 더 말할 필요도 없었다.

　하지만 이번 기회를 통해 화교들이란 어떠한 사람들이고 또한 그들이 가진 애환과 심정을 엿볼 수 있었고 약간은 이해할 수 있었다. 그리고 이러한 '공감'은 조사하고 자료들을 수집했던 화교들에게만 한정적으로 느껴진 것이 아니라, 내 삶 속에서 만나는 사람들과 어떻게 소통하고 또한 타인의 감정을 어떻게 느껴야 하는지 좋은 경험이 되었다.

　처음에는 매우 많은 것들이 낯설었다. 공대생에게 이런 인문학적인 고찰과 내용은 모든 것들이 전부 어렵게 다가왔다. 또한 시작부터 작고

자잘한 문제점들이 많이 발생했다. 그러나 낯선 것들과 문제점들은 곧 하나의 새로운 기회로 만들어져갔다. 처음부터 모든 것이 순탄하게 진행되고 아무런 어려움을 겪지 않았었다면 내 삶에 새로운 변화들을 가져다주지 못했을 것이다.

조원들과 어려운 의견화합은 상대방의 입장을 다시 한 번 생각해 볼 수 있게 해주는 계기가 되었고, 어려웠던 인문학적인 고찰과 조사방법들은 공대생들이 배울 수 없는 새로운 지식과 기술이었다. 지금은 이런 문제들을 기회로 만들었던 하루하루의 시간들이 하나의 소중한 추억들로 남아있다.

활동을 하면 할수록 얻어지는 '공감'의 감정은 우리를 하나의 가족으로 만들어 주었으며 이것은 우리의 활동을 즐겁게 할 수 있는 원동력이 되었다. 책임감이 무거운 조장의 직책을 맡으며 이 길고도 짧은 대장정을 마치게 된 것을 감사하게 생각한다.

물론 결과에 미흡한 점이 매우 많다고 생각한다. 하지만 이러한 미흡한 점들 덕분에 우리들의 조사와 활동이 더 진실 되고 더 소중한 것이 아닐까 한다. 평소에 '공감'이라는 것이 그렇게 크고 중요하다고 생각하지 않았던 나에게 이러한 '공감'의 감정과 새로운 가족 같은 친구들을 만들 기회를 준 이정희 교수님께 감사하고 우리 소중한 조원들 한명 한명에게 고맙다는 말을 전하고 싶다.

최지예

나는 나중에 관광 오퍼레이터로 다양한 관광 상품을 개발하는 꿈을 가지고 있어서 이번 조사에 참가해 차이나타운을 연구하며 경험을 쌓으면 나중에 꿈을 이루는데 도움이 되지 않을까 싶어 지원하게 되었다.

그리고 차이나타운 관광지도를 만들고 싶어 의견을 많이 냈었다. 그러나 결국엔 화교공동묘지 조사와 차이나타운에 대한 개선방향을 모색하고 발전시키려는 목적으로 설문조사를 진행하는 것으로 주제가 정해져 많이 아쉬웠다.

설문조사를 진행하는 과정에서 생각보다 어려운 설문지 작성과 차이나타운 방문객들의 저조한 참여 때문에 힘들었다. 더군다나 화교공동묘지조사는 갑작스럽게 정해진 주제라 어떻게 해야 할지 정확히 몰라 많이 우왕좌왕했다. 그래서 심포지엄이라는 큰 자리에서 발표를 한다는 것이 부담스럽고 걱정이 될 수밖에 없었다. 하지만 바쁜 일정에도 자신의 시간을 기꺼이 할애해 발표준비를 했던 조원들과 교수님 덕분에 무사히 발표를 잘 끝낼 수 있었다.

그동안 학교를 다니면서 꽤 많은 조별과제와 발표를 했지만 올해 22살인 내가 막내로서 나이차가 좀 나는 선배들과 이렇게 장기적으로 진행되는 조별과제를 진행한 것은 이번이 처음이라 많은 어려움이 있었다. 그러나 그로 인해 선배들의 노하우도 전수받을 수 있었으며 다른 곳에서는 겪을 수 없는 경험을 쌓을 수 있었다. 덕분에 생각의 폭이 많이 넓어질 수 있었다. 비록 생각하던 내용과 다른 주제로 진행된 조사였지만 나중에 어떤 일을 하던지 간에 많은 도움이 될 것 같다.

김대연

기숙사에 살던 2학기 매번 지나다니던 기숙사 길에서 한 포스터가 눈에 띄었다. '한중대학생 공동조사 프로젝트'라고 쓰인 포스터에서 차이나타운의 각 상점을 조사해서 지도를 만들어 손님들에게 배포하는 활동을 한다고 쓰여 있었다. 마침 소비자들을 대상으로 하는 마케팅에 관심이 많았기에, 차이나타운의 장점을 효과적으로 기획하여 마케팅하겠다는 꿈을 안고 지원하게 되었다. 사실 중국인들에게 큰 관심이 있었던 것은 아니었지만, 해외의 여러 나라들을 방문하며 캐나다, 미국, 유럽, 동남아시아 등지의 차이나타운을 보고 느꼈으며 홍콩과 같은 중국문화도 느꼈다는 점이 나의 지원동기가 되었다.

인천차이나타운에 이전에 가보았지만, 그때는 음식을 먹기 위해서였다. 이번은 조사를 하기 위해 천천히 차이나타운을 둘러보게 되었다. 다른 나라의 차이나타운과 결정적 차이점을 알게 되었다. 지금까지 경험했던 외국의 차이나타운은 물론 관광의 용도로서 이용되는 것이 많았지만 기본적인 것은 중국인들의 삶의 터전이었다.

그곳의 상점들은 차이나타운에 모인 중국인들의 필요를 충족하기 위해 생긴 것들이었다. 이와 반대로 인천차이나타운의 상점들은 내부의 중국인들이 아닌 한국인 관광객을 대상으로 하고 있었다.

중국 식료품점이 상대적으로 다른 나라의 차이나타운에 비해 적었다. 이와 같이 차이나타운의 목적과 방향이 다르기 때문에 무엇보다도 한국인을 대상으로 한 마케팅이 중요한 곳이었다.

이번 조사활동을 통해 지금까지 몰랐던 중국의 문화에 대해 많은 것을 파악할 수 있었다. 이는 마치 다른 세상에 들여다보는 것만 같았다. 외국인을 대하는 태도가 그 나라의 수준을 결정짓는다고 한다. 이제는 우리의 수준을 향상시켜야 할 때다.

주옌윈

以前說到仁川華人街總有種似曾相識的感覺，來韓國之前雖然沒去過，但在異國他鄉的某個地方能找到自己祖國的感覺是很讓人欣慰的。來韓國之前就聽說在韓國仁川華人街是以前中國人聚集最多的地方，那裏仍然保留著中國的特色及中國人的風俗習慣，所以很想去看看，對那裏也充滿著好奇。這次，很榮幸能與韓國仁川大學中國學術院的教授和品學兼優的同學們壹起參加這次華人街調研活動。也正是這次難得機會讓我更深入地了解了仁川華人街，同時也對仁川，對華人街，對我們的學校仁川大學有了更深刻的了解。

華人街住著很多中國人，也有很多各種各樣的中餐飯館，也依然保留著中國最喜慶的大紅色，偶爾也會聽到攤主們用流利的漢語對話。由于這些中國人在韓國的時間比較長，甚至土生土長在韓國，所以有很多生活習慣已被同化。盡管如此，依然可以感受到那股來自中國人內心的熱情與溫暖。無論走到哪個餐館，也都可以吃到具有中國味道的佳肴，哪怕壹個簡簡單單的水餃，都能讓我深深感覺到祖國家鄉的味道。看到華人學校裏的學生，聽到他們說著韓語裏面還夾雜著漢語，真有壹股沖動，想盡我們留學生力所能及的力量來幫他們更透徹得了解自己的祖國。以前在國內，經常會遇到外省的人，那時覺得我們是兩個省，內心深處自然而然就會產生點點隔膜。但來韓國之前，只要說是中國人，就會有總壹家人的感覺，不知不覺就會變得很親，就像親人壹樣。會問妳的家是哪的啦，妳家都有誰啦，韓國生活怎麼樣啦，來韓國的目的啦，以後的打算啦等等噓寒問暖的話題。同樣，也很想問問這些在韓國的華橋們，很想知道他們對自己這個特殊身份是怎樣理解的，他們眼中的韓國，中國和我們是否壹樣。希望他們會世世代代把這個特殊身份扮演好，把中國的文化及風俗習慣感染給更多的想了解中國文化的人，把仁川華人街變得更加興盛，吸引更多的國內外遊客。

雖然我對曆史了解的不多，但我對曆史壹直好奇，想知道那個年代人們的生活習性。我喜歡聽歷史故事，喜歡看歷史人物，更喜歡了解歷史事情。與調查仁川華人街同時進行的還有仁川華人墓地。說實話，這個更吸引我。這裏留下了代中國人的足迹，看到他們墓碑上的名字，聽著他們多少十年前留下的故事，再看到他們坐落的地理位置，心裏有總說不出來的滋味。像敬畏我們先列壹樣敬畏他們，像記念我們戰士壹樣記念他們……異國他鄉，壹定受了不了苦，也正是妳們無謂的犧牲壹直地勇往直前才建立了兩國更融洽更便利的貿易關系。真心祝福妳們的子女，子孫會過得更好。雖然沒能安葬于祖國，雖然壹次次的遷移肯定會有遺漏，但看著國人壹點點的進步，祖國壹步步的高升，希望妳們可以安息。說到這，其實最讓我心痛的是，當時中國人的地位不高，難免會受到些歧視，所以墓地的位置也會受到限制。看到這些，真的很心痛，如果我們是那些發達國家的人，是不是會有改變壹下事實？以前是這樣，直到今天多少還是會有些這樣的歧視。想到這，很不甘心，這麼多年了，我們改變的是什麼？現在應該改變的是什麼？心裏很焦急，想盡快改變這壹現實，但有時真的感覺到有些無能爲力，心有余而力不足。好想好招大家壹起奮發圖強，給妳動力的同時也給了我動力。

　　通過這次調查研究使我學到了很多書上學不到的知識，也清楚地認識到了自己的不足，明確了自己要努力的方向。很感壹直支持我們的教授，很感謝相互加油的同學們，更感謝仁川大學中國學術院給我們這樣鍛煉自己的機會，我會更加努力，希望能爲中韓友好關系奉獻出壹份小小的力量。在自己前進的道路上，再添壹些色彩，壹些努力的汗水與背影。謝謝！

첸량

지난 학기 초 우리학교 식당 앞에서 인천차이나타운공동조사의 공고를 봤다. 나는 2년 전에 딱 한번 인천차이나타운으로 가봤다. 기억나는 것은 '사람이 없다'와 '밥이 맛없다'는 것 밖에 없었다. '차이나타운'이라 하지만 중국과 관련이 없을 거라고 생각했었다. 그래서 이 공고를 보고 무엇을 조사할 수 있는지 매우 궁금해 했다. 그리고 공고에 나온 '중국학술원'이 어떤 곳인지 호기심이 들었다.

활동 시간이 마음에 들어 친구랑 같이 지원을 했다. 같이 신청서를 제출하고 같이 면접시험도 보았다. 면접할 때 교수님을 만나고 이 프로그램의 대략적인 내용을 좀 알게 되었다. 그래도 조사할 것이 많이 없을 거라고 생각했다. 또 교수님께서 신청한 사람이 너무 많다고 하셨는데, 같이 지원한 친구는 정말로 떨어졌다.

활동 시간이 예정보다 많이 늦게 시작되고 끝났다. 그런 바람에 우리 중국 유학생은 끝까지 참여하지 못 할 것이 분명했다. 이 때문에 할지 말지 고민을 많이 했었다. 그 다음 날에 친구도 통지를 받아서 같이 할 수 있으니 그냥 하자고 결정했다. 시간이 좀 더 지나서 조도 바뀌고 조사내용도 바뀌었다. 조장은 정열적이고 책임감이 강했다.

우리 조는 설문지부터 만들어 조사를 시작했다. 설문지를 만들려고 해서 그 기간 안에 친구를 만날 때마다 거기로 갔다. 차이나타운의 박물관, 시장, 공원, 월미도까지 도보로 가봤다. 설문지의 질문을 작성하고 교수님을 찾아서 몇 번씩 수정했다.

나는 설문조사에 자주 응했기 때문에 형식은 대충 알고 있었다. 하지만 한 번 만들어진 설문지를 중간에 고치면 전에 만들었던 결과에 영향을 미칠 수 있기 때문에 처음부터 정확히 해야 했다. 그렇다 보니 계속 수정과 수정을 거듭하였고, 마침내 설문지를 완성했다.

설문지를 인쇄해서 조끼리 차이나타운을 몇 번 방문도 하고 밥도 먹으며 설문 조사를 실시했다. 그 과정에서 우리는 깊은 우정이 생겼다. 인천차이나타운도 첫 인상보다 내용이 좀 있어 보이고 조사할 필요성도 있을 것 같았다.

그 후 교수님과 같이 부평가족공원에 두 번 가봤다. 처음에는 길도 모르고 눈도 와서 가기가 어려웠지만 얘기를 많이 나누었고 많은 것을 배웠다. 재미있었다.

나는 어렸을 때부터 공부를 좋아하는 학생이 아니었다. 학술이라는 것은 이렇게 구경하면서 배울 수 있는 것인 줄 몰랐다. 묘비의 사진을 찍고 숫자를 기록하고 통계 내는 것도 어렵지 않고 재미있었다. 조사 도중 사정이 있어 중국으로 갔다. 이번 공동묘지 조사의 경험이 있어 타이완 여행 갔을 때도 그 지역의 묘지를 관심을 가지고 보았다.

나는 끝까지 참여하지 못 하였지만 팀원들이 중국에 보내준 문장을 번역하고 피피티도 볼 수 있었다. 우리 조가 정말 잘 하고 많은 고생을 했다고 생각한다. 이런 활동은 정식적인 수업이 아니라 자신이 관심이 있어 참여한 것이었기 때문에 소중한 친구가 많이 생겼다. 다음 학기 때 만나면 많은 얘기를 나누고 싶다.

인천차이나타운 조사 인터뷰 기록

1. 손덕준(孫德俊)

· 중화루, 태화원, 자금성의 사장
· 인천차이나타운상가번영회 공동회장
· 인터뷰 일자: 2015년 1월 5일
· 인터뷰 장소: 태화원 중화요리점
· 인터뷰 질문: 1조

(문) 차이나타운내 중화요리점의 경영자는 한국인입니까?

(답) 그렇지 않습니다. 차이나타운 내 대부분의 중식요리점은 화교들이 하고 있고, 한국인 몇몇 사람들이 중국 요식업에 종사하지만, 대부분은 슈퍼, 밴댕이음식점, 프랜차이즈 업종에 종사하고 있습니다.

(문) 과거의 짬뽕은 어떤 재료를 사용해서 만들었고, 형태는 어떠했습니까?

(답) 초기의 요리들은 제철채소를 사용해서 만들었습니다. 초기의 자장면 재료들은 제철채소를 사용하여 만들었고, 값이 싼 재료를 사용해서 만들었어요. 하다못해 봄에는 채소가 재배되지 않기 때문에 저장해 놓은 고구마와 감자, 무말랭이 등을 삶아서 다진 후 자장면 양념에 사용했습니다. 옛날 어른들이 종종 과거의 중식요리를 많이 찾는데, 나의 입장에서는 그 분들은 옛 맛이 아닌 추억을 찾는 것이라고 생각합니다.

옛날에는 집집마다 장독에 춘장을 만들어 재웠는데, 과거 산동식 짬뽕은 빨갛지 않았습니다. 있는 채소와 고기, 해산물 등을 넣어 만들어 먹었고, 특정한 짬뽕재료는 없었어요. 과거의 거의 모든 중식요리 재료들은 제철채소를 사용해서 만들거나, 저장해둔 갖갖이 채소들을 사용하여 만들었습니다. 오징어 철이 아닐 때에는 돼지고기를 채썰기 해서 짬뽕에 넣었어요. 나가사끼 짬뽕은 뼈를 고아 짬뽕육수로 사용한다고 하네요. 짬뽕이 빨개진 것도 시대에 따른 변형이 지 특별한 이유가 없습니다. 다시 말해 자장면, 짬뽕의 재료는 특정된 것이 없다는 것입니다.

자장면의 시초는 부둣가에 일하던 노동자들이 불을 피우고 물을 끓여 집에서 만든 춘장과 즉석에서 뽑은 면, 파를 썰어서 비벼 먹은 것에서 탄생한 것입니다. 자장면을 판매하는 사람들은 리어카를 끌고 다니면서 장사를 하며 돈을 벌었어요. 이렇게 돈을 버는 장면을 보면서 화교들은 너도나도 장사를 시작했던 것이지요. 가게들마다 다른 가게와 차별성을 두어 장사를 했습니다. 어느 가게는 돼지비개를 넣어 자장면을 만들었고, 또 어느 가게는 고기를, 어느 가게는 비싼 채소를 사용하여 요리했어요. 이렇게 경쟁을 해서 자장면의 종류가 다양해진 것입니다. 옛날자장이라며 자장면에 감자를 넣어서 판매하는 자장면 집은 일종의 판매법이지요. 옛날 자장은 각 집에서 만들었던 춘장을 사용하여 만든 것이지, 이 외의 것들은 옛날 자장이 아닌 상술이에요.

(문) 처음부터 밑반찬을 단무지로 내놓았나요?

(답) 그건 일본식이에요. 일제 강점기 때 일본식 중국 요리점에서 내갔습니다. 초기에 단무지는 '다꾸앙'이라고 불렀어요. 초창기 밑반찬으로 춘장을 낼 때는 대파를 썰어서 내놓았어요. 산동성(山東省)의 춘장은 '春'이 아닌 '葱'이었어요. 그래서 원조는 '춘장(春醬)'이 아닌 '총장(葱醬)'이었어요. 또 하나의 양념이 있는데 바로 면장(面醬)이에요. 면을 끓여서 남은 물에 소금을 넣어 젓고, 그 물을 춘장 독에 부어 저어서 만든 것이 면장이에요.

(문) 자장면과 간자장의 차이점은 무엇인가요?

(답) 내가 운영하는 음식점에서는 오로지 양파만 사용합니다. 양배추를 사용해도 되지만 쓴 맛을 갖고 있어 양파만 사용합니다. 이렇게 자장면은 춘장, 고기, 양파를 사용하여 만든 것이고, 간자장은

이 자장양념에 전분 가루를 풀어 만든 것이에요. 자장면을 먹을 때 물이 생기는 것은 사람들의 침과 전분가루가 만나 생기는 현상입니다.

(문) 현재 경영하고 있는 중화루, 태화원, 자금성의 역사에 대해 말씀해 주세요.

(답) '자금성'은 18년, '태화원'은 15년 되었습니다. '중화루'는 110여 년 전 설립되었어요. 7년 전에 내가 무리해서 중화루를 매입했어요. 화교협회의 회장이자 중화루의 공동 경영자인 양 회장이 오랜 역사를 지닌 간판을 내리기에 많은 아쉬움이 있다고 하셨습니다. 그래서 나는 이러한 상황을 받아들여 간판을 그대로 걸고 있습니다. 미국으로 이민 간 화교들조차 중화루를 알아요. 이곳에서 결혼식도 많이 거행했습니다. 차이나타운의 상징적인 곳입니다. 그래서 무리해서 중화루를 매입했던 것이지요.

(문) 인천차이나타운과 달리, 대림 차이나타운은 중국 본토음식이 대부분이고, 많은 사람들이 중국음식을 먹기 위해 인천 차이나타운이 아닌 대림 차이나타운에 갑니다. 이 점에 대해 어떻게 생각하시나요?

(답) 정말 좋은 질문입니다. 인천 차이나타운도 대림과 같이 중국의 기술자(요리사)들을 불러 중국 특색의 요리를 팔고 싶었습니다. 나는 배운 요리가 자장면과 같은 평범한 요리들뿐이기 때문에 중국에서 주로 먹는 음식들을 요리할 수 없었습니다. 중구청이 인천차이나타운에서도 중국 본토의 특색 있는 요리를 판매할 수 있도록 중국 요리사를 불러올 수 있도록 건의 했었어요. 하지만 출입국

관리사무소가 허가해주지 않아 실현되지 못했습니다.

대림 차이나타운은 중국인 입맛에 맞는 음식들을 많이 해요. 동북요리(東北小菜)와 같은 고향 맛을 낼 수 있는 조선족 교포들 혹은 한국인과 결혼에서 한국으로 온 중국인들이 대림에서 주로 장사를 하고 있습니다. 게다가 음식 값 또한 비교적 저렴하여 중국인들이 부담 없이 먹을 수 있게 잘 되어있고요.

차이나타운을 활성화시키기 위해선 인구가 매우 중요합니다. 인구가 받쳐줘야 발전이 될 수 있거든요. 인천 차이나타운은 역사가 깊지만, 한국인들 위주로 장사하기 때문에 대림에 비해 관광객 수가 적습니다. 한 가지 중요한 것은 대림 차이나타운은 중국인 입맛에 맞춰 요리하기 때문에 한국인들이 가서 식사를 하는데 무리가 있을 수 있다고 생각이 드네요.

한편 10여 년 전에 인천시에서 송도 신도시를 구상할 때 그 매립지 중 20만평의 땅에 차이나타운을 조성하려 했었어요. 이 사업을 내가 맡아서 했으면 한다고 부탁을 받았는데, 나는 할 수 없다고 했습니다. 차이나타운을 운영하기 위해선 역사와 인구가 밑바탕이 되어야 합니다. 인천차이나타운도 제대로 되지 않는 상황에서 송도 신도시에 차이나타운을 조성하자는 것은 말도 안 된다고 했어요. 우선 인천차이나타운을 활성화 시키는 것이 우선이에요. 사실 인천차이나타운에는 학교, 협회, 역사가 있어요. 화교는 자기가 산 터전을 쉽게 떠나지 못해요.

인천차이나타운이 발전되기 위해선 대림 차이나타운과 같이 규제가 적어야 합니다. 너무 청결해서도 안돼요. 물론 지저분해도 안되지만. 대림 차이나타운의 위생이 더럽다고 할 수 없습니다. 행정 당국은 인천차이나타운의 간판 규격, 건물 형태조차 규제를 가해요. 그래서 조금 심심하고 따분한 곳으로 되어버렸어요. 어느 나라의 차이나타운은 규제가 별로 없고, 자유롭게 간판제작을 합니다. 이러한 많은 규제 속에 있는 인천차이나타운이 다른 곳보다 장사가 잘 안 되는 것은 이런 이유들 때문입니다. 나는 이 문제를 해결하려면 중국인들을 위한 시설이 마련돼야 한다고 생각해요. 예를 들어, 중국노래가 마련되어 있는 노래방, 중국풍의 술집과 같이 술 한 잔 마시고 흥에 취해 노래도 부르고, 고향에 있는 술집과 같은 곳에서도 술을 마시면 얼마나 기분이 좋겠습니까?

(문) 신포시장은 어떻게 탄생하였나요?

(답) 신포시장의 역사는 매우 유구합니다. 신포시장에서 많은 중국인들이 채소, 생필품을 파는 장사를 많이 했어요. 신포시장은 인천 차이나타운과 많은 연관이 있습니다. 차이나타운에 거주하던 주민들은 농사를 지어 생활에 필요한 것들을 자급자족하며 살았습니다. 그리고 직접 재배한 것들을 신포시장에 내다 팔며 돈을 벌기도 했고요. 이러한 점에서 신포시장과 차이나타운은 많은 연관이 있었습니다. 그리고 나는 중구청에 동대문, 남대문과 같이 신포시장을 잘 활용하여 중국인에게 인기 많은 상품들을 판매하면 좋겠다고 건의했습니다.

(문) 인천 차이나타운은 과도하게 중국식 고풍으로 꾸며져 있는데 중국인들은 이러한 점에 대해 많은 반감을 갖고 있어요. 이 점에 대해 어떻게 생각하십니까?

(답) 이전에 "인천에서 제일 변함이 없는 곳이 차이나타운이다"라는 말이 있었어요. 이 말은 차이나타운의 발전이 없다는 말과 같은 소

리입니다. 요새는 많은 가게들이 인테리어를 하면서 변화하려는 모습을 보이고 있어요. 하지만 동사무소와 같은 관공서들은 변화할 필요가 없다고 생각합니다. 그리고 구청이 기왓장으로 꾸며놓으면 다른 곳 또한 기왓장으로 꾸며놓습니다. 이러한 행태들 때문에 이와 같은 질문이 나온 것 같습니다.

그리고 나는 중구청에 옛 건물을 파괴하지 말고, 그대로 놔두면서 보수공사를 하길 요청했어요. 이제야 구청에서 깨달아 오래된 건물들을 보수하며 보존하려고 하고 있습니다. 나는 차이나타운의 역사를 유지하기 위해서는 공무원들이 관리해서 안 된다고 생각합니다. 그들은 차이나타운에 대한 지식이 많지 않습니다. 그래서 차이나타운을 관리할 수 있는 전문가가 필요하다고 생각합니다.

(문) 다음은 인천차이나타운상가번영회에 대해 질문 드립니다. 번영회 조직은 무엇을 하는 곳입니까?

(답) 제가 2004년에 번영회를 만들어 초대 회장을 했습니다. 2대 회장은 다른 젊은 친구를 시켰어요. 그런데 2대 회장이 많이 미숙해서 제가 다시 회장을 연임하여 4년 동안 맡았어요. 저는 통틀어서 6년 동안 회장직에 있었습니다. 두 번째 회장을 하고 나서 다른 분에게 회장직을 넘겼습니다. 이 분은 3년 넘게 회장직을 맡았는데 미숙한 운영으로 번영회 회원이 많이 줄었어요. 결국 번영회 기능은 2014년 9월 말에는 약화되어 차이나타운 내의 문제점을 해결할 수 없게 되었어요. 나는 번영회 회장직을 경험하면서, 회장직이 결코 쉽지 않은 것을 알고 있습니다. 우선 차이나타운에 입점한 음식점의 업종이 거의 유사하기 때문에 다른 곳의 번영회와 차이가 있어요.

중구청은 인천차이나타운 번영회의 중요성을 알고 있기 때문에 조직에 힘을 실어주었고, 나는 번영회의 필요성을 느껴 회장직을 연임하게 되었습니다. 나는 번영회를 이끌어 나가되 차이나타운의 음식점들만 가입하지 말고, 항구 근처의 상점들까지 회원에 포함시키자고 주장했어요. 이렇게 주장한 이유는 차이나타운의 번영을 위해서는 모든 가게들이 화목해야하기 때문이지요. 화목하지 않으면, 번영회를 운영하는데 어려움이 큽니다. 그래서 공화춘의 이현대 사장과 같이 한국 가게와 화교 가게 모두 번영회에 가입시켜 이끌어 나가고 있습니다. 번영회 회장은 나와 '이현대 사장님'이 공동으로 맡게 되었습니다.

번영회는 2014년 11월 정식으로 출범했습니다. 번영회 회원에는 총 73개의 가게가 가입되어 있습니다. 번영회 조직은 운영위원 32명, 일반회원 41명으로 구성되어 있습니다. 번영회는 운영위원 3만원, 규모가 큰 음식점은 2만원, 소규모 가게는 1만원의 회비를 받아 운영됩니다. 현 번영회는 새롭게 시작한 초기단계에 있습니다. 번영회는 앞으로 법인체를 만들어 축제 또는 회비지출 시 세금혜택을 받을 수 있도록 하려 합니다. 나는 2년 동안만 번영회 회장을 맡으려 합니다. 회장에 걸맞은 젊은 인재를 키워 그에게 회장을 물려주려 합니다.

일본의 차이나타운 번영회는 조직의 역사의 오래됐고, 차이나타운 내의 절(관우묘) 또한 번영회가 짓는 등 사회에 많은 공헌을 하고 있습니다. 자금이 많이 들어가는 사업은 요코하마 시로부터 대출을 받고, 이자는 시가 내준다고 합니다. 대출금은 '15년 상환제도'로 15년 안에 빌린 돈을 갚으면 되는 제도를 시행하고 있습니다. 이처럼 요코하마시(橫濱市)와 번영회 사이의 신뢰는 매우 두텁습니다. 물론 중구청에서도 관심을 많이 가져주고 있지만, 요코하마, 미국 샌프란시스코 차이나타운에 비해 중구청은 인천차이나타운에 문제가 발생했을 때 적극적으로 해결하지 못하고 있는 것이 안타깝습니다.

2. 한정화(韓正華) 사장 부인

· 풍미(豊美) 중화요리점 경영
· 인터뷰 일자: 2015년 1월 8일
· 인터뷰 장소: 풍미
· 인터뷰 질문: 1조

(문) '풍미'는 인천 차이나타운에서 가장 오래된 중화요리집이라고 들었
　　습니다. '풍미' 라는 중화요리점의 상호명을 어떻게 짓게 되셨나요?
(답) 6.25 때 저희 시아버님이 처음엔 조금한 장사부터 시작했어요. 그
　　때 지은 이름이 '풍미'라서 그 이름을 대대로 쓰고 있어요. 풍년
　　(豊)에 아름다울(美)를 씁니다. 풍미는 1957년에 개업 했어요.

(문) 풍미는 이 자리에서만 장사를 하신건가요?
(답) 네, 이 자리에서 계속해서 해오고 있습니다.

(문) 풍미 중화요리점을 개업한 경위를 설명해주세요.

(답) 남편의 할아버지 되시는 한봉명(韓鳳鳴)께서 이곳에 동순동(同順東)이라는 큰 무역회사를 세웠어요. 전쟁으로 이 회사를 그만두고 시아버지 한성전(韓聖殿)께서 자장면 장사를 시작한 겁니다.

(문) 초창기의 자장면, 짬뽕은 어떤 모습이었는지 궁금합니다.

(답) 옛날의 장(醬)은 집에서 담가서 사용했어요. 그러다 자장면을 먹는 사람이 많아지면서 춘장을 만드는 회사에서 사서 만들게 된 것입니다.

(문) 지금과는 다른 재료를 사용했나요.

(답) 옛날은 다 재료를 자연산으로 했어요. 제철에 나는 재료를 넣어 요리했습니다. 요즘은 냉장고가 있어 냉동 보관할 수 있잖아요. 그래서 다양한 재료를 넣어 요리할 수 있게 된 것이지요.

(문) 풍미를 경영하면서 어려운 것은 없었나요.

(답) 요즘 세대 차이라고 할 수 있죠. 암만해도 옛날과 지금은 세대가 다르고 안 맞으니까요. 말하자면 젊은 학생들이 그전에는 어른들이 많으면 얼른 먹고 일어나는데 요즘 학생들은 버젓이 앉아서 화장하면서 수다 떨어요. 위아래 없이. 내 돈 내고 먹었으니까 누릴 수 있다고 생각는 것 같아요. 이해심도 약간 부족한 것 같고요.

(문) 이전 인천차이나타운의 모습은 어떠했나요?

(답) 옛날에는 이곳이 항구에서 가까우니까 요리점도 여인숙도 많았어요. 80년대 화교가 이곳을 많이 떠났어요. 서울로 일하러 가는 사

람도 많았지요. 장사가 잘 안 되니까요. 이 동네는 '유령도시'라 할 정도로 분위기가 정말 안 좋았어요. 풍미도 장사가 잘 안되니까 만두도 하고 빵도 했어요.

(문) 한국의 중화요리점은 단무지를 밑반찬으로 주잖아요. 중국 친구들 말을 들어봐도 그렇고 중국에 가 봐도 그렇고 단무지는 볼 수가 없는데 왜 한국에선 단무지를 주는지 이유를 아시나요?

(답) 한국에선 단무지를 밥집에서 밑반찬 주는 것처럼 주게 된 것 같아요. 옛날에 어렸을 때는 집에서 단무지를 직접 담그곤 했어요. 그때 당시는 다들 사는 게 힘들어서 담근 것을 서로 나눠먹고 그랬어요.

(문) 그러니까 한국의 음식문화에 맞춰서 단무지를 낸 거라는 거죠?

(답) 그렇죠. 한국은 밑반찬 문화가 있으니까 한식집가면 반찬이 나오잖아요. 중국은 그런 게 없거든요. 원래는 단무지가 아니고 파를 썰어서 주곤 했대요. 대파를 썰어서. 중국요리지만 한국에서 장사를 하다보니까 기본 반찬 주는 것처럼 주게 된 것 같아요.

(문) 제가 들어보니까 옛날 자장면, 짬뽕은 색깔이 하얗다고 하던데요.

(답) 짬뽕은 하얀 짬뽕이고, 자장면은 지금처럼 진하지 않았어요. 갈색의 카레색에 가까웠지요. 진한건 장으로 조절을 한 것이에요. 옛날 짜장면은 진짜 맛있었어요. 왜냐하면 냉동을 안 쓰고 아침에 시장에 나가서 생고기를 사다가 만들었어요. 근데 지금은 냉동을 전부 쓰니까 예전같이 맛이 나지 않아요. 왜 중국가면 고기가 맛있잖아요. 냉동을 안 하기 때문에 그래요.

인천, 대륙의 문화를 탐하다 - 제2부 인천차이나타운, 우리 안에 품다!

(문) 짬뽕에 돼지고기가 들어가는 건 원래 그랬나요?

(답) 옛날에는 해산물이 귀해서 돼지고기를 볶아서 넣었어요. 지금은 해산물을 쉽게 구할 수 있으니까 이것저것 넣을 수 있게 된 거예요. 그 때 당시는 다 이런 식이었어요. 시대에 따라 변화해 온 거예요.

(문) 차이나타운의 발전을 위한 의견이 있으면 부탁드립니다.

(답) 저는 인천방송 개국할 때도 얘기했지만 내가 자장면 장사하기 때문에 짜장면 장사 허가를 주라마라 말할 수는 없어요. 단지 내가 하고 싶은 말은 이 동네를 발전시키려면 여기 오는 모든 사람들이 눈으로 보고, 배우고, 즐기고 그런 게 있어야 해요. 지금 상황에는 보시다시피 전부 짜장면 집이니까. 저는 수없이 이런 얘기를 했어요. 제가 샌프란시스코 차이나타운도 가봤지만 거기 같은 경우에는 중국 천 같은 거 파는 곳도 있고, 야채가게, 찻집도 있어요. 이런 걸 여기에 정착을 시켜서 사람들을 오게 해야지 이건 너무 짜장면 집만 있으니까. 그러니까 중구청에서 어느 정도 지원 해줘야 해요. 사람들이 와서 쉴 수도 있고, 쇼핑도 하고 해야지 그런 곳을 만들어야 합니다.

3. 이현대(李鉉大) 사장

· 공화춘(共和春) 경영, 한국인
· 인터뷰 일자: 2015년 1월 14일
· 인터뷰 장소: 공화춘 중화요리점
· 인터뷰 질문: 1조

(문) 공화춘은 원래 화교가 설립한 중화요리점이라 들었습니다. 1983년
　　 문을 닫은 공화춘을 인수하여 경영하는 한국인 사장님 맞습니까.
(답) 네 그렇습니다.

(문) 여기서 터를 잡고 시작하신 거죠?
(답) 그렇죠.

(문) '공화춘' 상호로 중화요리점을 시작한 계기가 있나요?
(답) (어떤)계기...라기 보다도 '공화춘'이란 브랜드 자체가 사실은 굉장

히 가치가 있는 거잖아요. 그게 활용되지 않고 버려져 있는 것이 좀 안타까웠어요. 공화춘의 브랜드의 가치를 다른 사람은 못 봤지만 나는 그것을 알고 있었어요. 여기 차이나타운 조성 당시 컨셉이 맞아서 이곳에 들어와 건물을 지었어요. '공화춘'이라는 네임을 달아서 장사를 한 것이지요. 내가 이 가게를 오픈하기 전까지 공화춘의 역사에 대한 의미를 다들 모르고 있었어요. 요즘 세계는 브랜드전쟁이라고 하는데 이 브랜드가치가 대단한 겁니다. 이러한 브랜드의 가치를 볼 수 있는 시야를 가지고 있었기 때문에 상표등록을 했지요. 사실 중국사람 상표인데, 내가 이제 주인이 된 것이지요. 그래서 지금의 장사를 하게 된 것이지. 한 10년 정도 됐어요. 2004년부터 시작해서.

(문) GS편의점에서 파는 컵라면(공화춘)도?

(답) 맞아요. 그때 당시 PR이 안되어서 한국 야쿠르트에서 만들어 GS마트에서 독점 판매하게 된 것입니다.

(문) 자장면 가게 이전에는 어떤 일을 하셨나요?

(답) 월미도에서 '미투라'는 커피숍을 운영했었어요. 지금도 하고 있습니다.

(문) '공화춘'이라는 상표의 브랜드가치를 볼 수 있었다고 하셨는데, 어떠한 점에 그런 가치가 있나요.

(답) 우선 역사성이 있어요. 전통도 있고. 우리가 지금 와서 자장면의 근원지라고 알고 있었지만 그전에는 그러한 PR자체가 묻혀있었어요. 자장면이 어디서 출발했는지 누구도 모르고 있었잖아요. 내가

그러한 식견이 있어서 볼 수 있었어요. '아 분명 이 브랜드는 가치가 있는 것이다'라고 인식했던 거지요.

(문) 공화춘의 브랜드 가치 이외에 공화춘은 어떤 특징이 있나요. 예를 들면 요리는 어떠한지요.

(답) 말 그대로 공화춘하면 자장면의 근원지 아닙니까. (한국) 중식의 근원지예요. 일반 자장면 하면 돼지고기가 들어가 볶으면 느끼하다는 생각을 해요. '공화춘'만의 자장면이 있어요. 그것은 돼지고기, 육류가 하나도 안 들어가고 해물과 야채만 사용해요. 그래서 양념 자체가 걸쭉해요. 다른 집과는 다르지요. 그것이 지금 유명세를 타고 있어요. 우리 집만의 자장면으로. GS에 판매하는 '공화춘 자장'을 먹어봤는지 모르지만 그 맛이 바로 이 맛이에요.

(문) 그러면 공화춘에서 짜장면이 제일 맛있다는 건가요?

(답) 아닙니다. 코스 요리도 있어요.

(문) 첨엔 시샘도 많이 받았다고 들었습니다.

(답) 그렇지. 시샘뿐만이 아니었습니다. 나의 길을 가로막고 그랬어요. 그런데 지금은 번영회 공동회장을 맡을 정도로 그 사람들에게도 신임을 많이 얻고 있어요.

(문) 지금 차이나타운에는 자장면 가게가 너무 많아요. 문제점은 없나요?

(답) 구청장님께 요구하는 사항인데요. 규제가 완화되어야 합니다. 왜 완화되어야 하냐면, 여기서 뭐라도 하려면 규제가 많아서 자장면

인천, 대륙의 문화를 탐하다 · 제2부 인천차이나타운, 우리 안에 품다!

집밖에 할께 없어요. 여기는 중국거리로서 중국 전통 마사지 집도 들어와서 장사를 할 수 있는 조건이 되어야 하는데, 규제가 너무 많아요. 식당에서 일하는 것으로 입국 비자가 나오지만 그 이외로는 들어올 수 있는 비자가 없어요. 업종이 다양화 되려면 우선은 규제를 완화해야 합니다.

예를 들어 제주도 같은 곳은 노 비자이기 때문에 정말 많은 중국 사람들이 찾아요. 말이 차이나타운이 '관광특구'지 특구의 역할을 할 수 있는 조건이 아무것도 없어요. 그렇기 때문에 그러한 기술을 가진 사람들이 들어와서 장사를 할 수 있는 여건을 만들어준다면 이곳에 다양한 업종이 생겨날 것이고 번창할 것입니다. 법률적인 해석이 있어야 하는 거긴 하지만 쉽지가 않은 것 같습니다. 진정한 차이나타운이 되기 위해서는 이러한 규제가 완화가 되어서 다양한 업소가 들어와서 작은 중국이 될 정도로 변화가 되어야 합니다. 현재는 요리사 이외에 다른 전문 기술자를 초청할 수 없습니다. 이러한 부분의 많은 규제를 완화해 주기를 바랍니다.

(문) 번영회 공동회장으로서 차이나타운 발전을 위해 어떤 노력을 하실 생각이세요?

(답) 상인과 지역주민 간의 소통이 중요합니다. 한마음 한뜻이 되어서 지역을 위해 희생할 수 있어야 합니다. 장사꾼의 이권만을 위해 주위도 둘러보지 않는 것은 진정한 것이 아닙니다. 서로 단합이 안 된다면 아무것도 할 수 없어요.

(문) 차이나타운에 화교들이 많잖아요. 차이나타운에 한국인 경영 중화 요리점은 몇 개나 되나요.

(답) 한국인 중화요리점은 2개 있어요.

(문) 두개밖에 안 되나요?
(답) 예. 거의다가 중국 사람의 것이에요.

(문) 번영회 공동회장을 맡고 계시는데 어떤 업무를 처리하고 계시나요.
(답) 이곳에 상권이 형성되어 있으니까 서로 win-win 할 수 있게 하는
    것과, 지역 발전을 위한 업무를 추진하고 있습니다.

(문) 차이나타운이 발전하려면 좋은 축제를 개최해야 하지 않나요?
(답) 늘 있으면서 고민거리가 그거에요. 그게 숙제인데. 내가 한동안 차
    이나타운 문화축제위원회 위원장으로서 주말축제를 했었어요. 거
    리축제를. 중국 전통 혼례를 보여주는 것도 있고 해서 정말 인기
    가 좋았어요. 그런데 잘 하다보니깐 그걸 시샘하는 사람이 많더라
    고요. 한국 사람이다 보니 그런 것들이 많아서 결국 다 놔두고 나
    왔어요. 결국 지금은 그게 중단됐어요. 가장 인기 있는 볼거리였
    는데 지금은 없어졌어요. 차이나타운의 특색 있는 이색적인 볼거
    리를 제공을 해야 하는데 현 번영회가 가장 고민하고 있는 것 중
    의 하나입니다.

4. 김영아(金榮娥) 지배인

· 북경장(北京莊) 중화요리점
· 인터뷰 일자: 2015년 1월 11일
· 인터뷰 장소: 북경장
· 인터뷰 질문: 1조

(문) '북경장'을 영업한지 얼마나 되었나요?

(답) 약 13년 정도 됐어요.

(문) 다른 요리점과 비교했을 때, 역사가 비교적 짧은 것 같습니다.

(답) 그렇지 않아요. 지금 북경장을 운영하는 사장님은 화교 2세대이시
고, 사장님 전 세대부터 인천차이나타운에서 장사를 했어요.

(문) 인천차이나타운에서 가게를 운영하게 된 이유가 있나요?

(답) 방금 말했듯이 현 사장님 전 세대부터 인천 차이나타운에서 거주를 하고, 장사를 하셨고, 현 사장님께서 차이나타운의 발전에 이바지하고 싶어 북경장을 경영하고 있어요.

(문) 인천차이나타운의 개선할 점은 없나요?

(답) 인천차이나타운은 편의시설, 즉 공공시설이 많이 부족해요. 예를 들어 차이나타운 먹자골목에서 바로 현금을 뽑을 수 있는 ATM기가 많이 부족해요. 그리고 공용 화장실, 길거리 쓰레기통이 너무 부족고요. 지금 공용화장실은 '북성동 동사무소'와 공용주차장의 화장실 2개밖에 없어요. 차이나타운을 관람하다가 급하게 화장실을 가야할 때, 먼 곳에 있는 공용화장실에 가서 이용할 수밖에 없다는 점이 많이 아쉬워요. 안타깝게도 가게들은 자신들의 가게 영업에만 신경 쓰고 정작 중요한 공공시설 투자에는 관심이 없어요.

(문) 인천 차이나타운의 장점은 무엇일까요?

(답) 인천 차이나타운을 찾는 손님들이 먹고 싶은 음식들, 그리고 사고 싶은 물건들을 한 곳에서 선택할 수 있는 기회가 많다는 것이 장점이라고 생각해요.

(문) 다른 가게와 다르게 북경장 내부의 구조가 '훠궈(火锅)'(샤브샤브 요리)를 주로 파는 음식점 같습니다. 훠궈(火锅)를 중점적으로 파는 이유가 있나요?

(답) 북경장의 사장님은 훠궈(火锅)기술을 갖고 있었어. 처음 북경장을 개업했을 때부터 지금까지 훠궈와 양꼬치를 중점적으로 판매했어요. 그 이후로 한국에서 먹기 힘든 중국의 대중음식을 팔았어요.

(문) 처음 개업할 때부터 중국인 입에 맞는 중국음식들을 판매하였는데, 북경장의 주요고객들은 중국인인가요?

(답) 아무래도 그렇지. 우리가게는 중국어 메뉴판과 한국어 메뉴판이 있어요. 한국인뿐만 아니라 중국인들에게 많이 환영을 받고 있어요. 한국에 처음 왔거나, 혹은 한국 사람들이 처음 중국음식을 접할 때, 두 가지 언어의 메뉴판이 있어 쉽게 주문할 수 있지요. 모든 종업원들이 음식에 대해 능숙히 설명할 수 있지요. 많은 손님들이 입소문을 듣고 찾아오고, 예약도 많이 받고 있어요. 이곳에서 판매하는 음식들 중 중국 맛을 내는 음식들이 많아서 중국인 단골들이 대부분이에요. 특히 중국에서 관광하러 온 고객이 중국의 가정에서 반찬으로 먹던 감자볶음(土豆丝), 가지볶음(茄子丝), 띠싼씨엔(地三鲜, 감자·가지·피망으로 만든 음식)을 판매하여 큰 인기를 끌고 있어요.

(문) 북경장에서 내세울 수 있는 장점이 있다면 무엇이 있을까요?

(답) 다른 가게와 달리, 중국 본연의 음식을 맛볼 수 있다는 것이 장점이라고 생각해요.

(문) 중국 손님, 한국 손님이 좋아하는 메뉴가 다른가요.

(답) 먼저 한국 손님에 대해 말하면, 중국문화를 잘 모르는 손님은 주로 양장피, 팔보채, 자장면, 짬뽕, 탕수육을 주문합니다. 중국문화를 조금이라도 접한 손님들은 '꿔바로우(锅包肉, 중국식 탕수육)', 어향육슬(鱼香肉丝, 고기채소볶음)을 주문해요. 젊은 층의 고객은 매운 요리나 가게 내의 사진들을 보고 호기심이 생겨 사진의 메뉴를 추가하는 경우도 많아요. 노인은 술안주가 될 수 있는 양장피,

팔보채, 유산슬을 많이 시키지요. 중국 사람들은 주로 막창, 고기류, 양고기 볶음, 그리고 고향생각에 감자볶음(土豆丝), 가지볶음(茄子丝), 띠싼씨엔(地三鲜), 배추볶음(炒白菜), 토마토계란볶음(西红柿炒鸡蛋)을 주로 주문합니다.

(문) 중국 사람은 해외여행 갈 때 어떤 음식을 가지고 갑니까.

(답) 물론 있어요. 대부분 중국 사람들은 다 잘 먹는다고 생각하는데 또 그렇지도 않아요. 중국에서 음식을 할 때 주로 '씨앙차이(香菜)'를 많이 사용하는데 씨앙차이를 못 먹는 중국인들도 많아요. 어쨌든 중국인들은 해외로 나갈 때 주로 가져가는 음식 중 하나가 '취두부'(臭豆腐, 썩은 두부, 마오쩌둥이 좋아했다고 함)가 있어요. 취두부는 차이나타운에서 판매하고 있어요. 그러나 중국의 취두부 맛과 많이 달라서 고향에서 가져오는 경우가 대다수예요.

(문) 번영회의 회원으로서 번영회에 바라는 점이 있습니까?

(답) 사실 중국인들은 개인주의적 성향이 강해요. 특히 인천차이나타운에서 장사를 하는 사람들은 심하지요. 서로 간의 왕래가 극히 드물고, 교류가 없어요. 다른 가게의 사장들은 자신의 가게만 신경 쓰고, 다른 것에 대해서는 전혀 신경 쓰지 않아요. 학생이 말한 것처럼 서로 간의 교류가 있어야 차이나타운에 대한 불만들을 토로하고 해결할 수 있다고 생각하는데. 이번에 번영회가 새로 조직되고 큰 액수는 아니지만, 번영회에 회비를 내게 되면서 어떤 소속감을 가지게 됐어요. 번영회를 통해 다른 가게와 교류가 많아지기를 바라고 그것이 차이나타운의 발전으로 이어지기를 바라고 있어요.

5. 손승종(孫承宗)

· 인천화교학교 교장, 1959년생, 1981년 부임
· 인터뷰 일자: 2014년 12월 26일
· 인터뷰 장소: 인천화교학교 교장실
· 인터뷰 질문: 2조 및 이정희 교수

(문) 인천화교학교의 학생 인원은 어떻게 됩니까?

(답) 학생 수는 약 300명 정도예요. 유치원, 초등학교, 중고등학교 모두
합해서 300명입니다. 선생님은 총 26명입니다.

(문) 학교의 교과과정이 궁금해요. 교과서는 어느 나라의 교과서를 사
용하나요.

(답) 타이완의 교과서를 사용합니다.

(문) 그러면 번체자(繁體字)를 사용하겠네요.

(답) 예 그렇습니다.

(문) 이 학교는 법적으로 어떤 위치에 있습니까?

(답) 현재 교육부로부터 '각종학교'로 인정받고 있습니다. 저도 '각종학교'가 어떤 의미의 학교인지 잘 모르겠습니다.

(문) 한국 정부로부터 어떤 지원을 받고 있습니까?

(답) 지원을 못 받고 있습니다. 타이완으로부터도 지원 못 받고 있습니다. 완전히 학비를 가지고 운영하고 있습니다. 가끔 타이완에서 보조해주지만 금액은 매우 적어요. 요즘 들어서는 구청에서 지방에 따라서 약간의 지원이 있는데 매우 금액이 적어요. 그래서 운영하기가 힘들어요. 완전히 학비로 운영해야 하니까.

타이완은 학생들의 교과서를 지원해 줍니다. 완전히 무상으로. 그런데 운송비는 저희가 부담해요. 화교 학교마다 각각 틀리지만 저희 학교는 학생에게 운송비 명목으로 약 2천원 받고 있어요. 지금 책값이 천 원 하는 데가 어디 있습니까? 또 한 푼도 안 받으면 문제가 뭐냐면, 애들이 잃어버리기 쉬우니까. 수량이 한정되어 있어요. 학생 수에 따라서 많아봤자 다섯 권 열 권밖에 지원이 안돼요. 해마다 보고를 해야 해요. 이런 걸 얘기하면 창피스러워요.

어쨌든 화교들이 응원해주고 협조해주서 여태까지 학교는 아무 문제없이 운영 되어 왔습니다. 근데 선생님들의 수입이 적어요. 완전히 희생하고 있다는 뜻 이예요. 제가 30여 년 전에 왔을 때만 해도 괜찮았었는데. 한국은 노사분규다 뭐다, 저거 뭐야 물가도 오르고 월수입도 많이 올랐잖아요. 근데 저희가 그걸 따라갈 수가 없어요.

왜냐하면 화교의 생활수준이 경제활동 측면에서 그것을 따라갈 수 없어요. 제가 볼 때는 이전보다 오히려 생활이 더 곤란해진 것 같아요. 왜냐하면 아이들의 부모님이 다 일을 해야 되잖아요. 근데 애들을 보살펴 줄 시간이 별로 없어요. 그니까 제일 큰 문제가 그거예요. 다 그렇지는 않고 잘 사는 분들도 계시겠지만. 제가 생각하는 건데요. 이전은 중국 사람들이 자장면을 만들어 팔면 되는데 배달까지 해 줘야 한다는 거부터 힘든 거예요. 갖다 놓고 또 그릇 찾아와야 하고. 그렇지 않아요? 더블로 일 하는 거 같더라고. 옛날서부터. 지금은 한국 음식점 누가 배달해줍니까. 그래서 한국 화교의 생활이 힘들다고 느끼는 거예요. 예전에는 잘 몰랐습니다. 요새 생활이 좋아지니까 여태까지 배달을 해주고 그러지 않습니까?

(문) 교장선생님이 이 학교에 언제 부임했나요?

(답) 1981년도에 왔습니다. 타이완에서 대학 졸업하고 바로 왔습니다.

(문) 30년 전과 비교해 화교 학교의 변화된 모습은 무엇인가요.

(답) 아이들의 변화죠. 왜냐하면 그때만 해도 아이들이 중국말을 잘했었어요. 지금 요 한 10년 안팎, 십 년 정도 되었습니다. 아이들이 한국말을 많이 해요. 중국말을 잘 못하고 있습니다. 동화되어서. 요새 환경, 매스컴 같은 것 때문에. 또 부모님께서 아이들한테 한국말을 많이 하니까. 제 소견인데, 저희들 어렸을 때 집에서 다 중국말을 했거든요. 한국말은 지금도 서툴지만 옛날에 더 서툴렀어요. 한국말을 전혀 할 줄 몰랐었습니다.
그런데 그 때 당시 어머니, 아버지가 애들 데리고 나갈 때 중국말을 하니까, 한국 사람들이 놀렸었습니다. 그 때 부모님 시절에 그런 흉을 당했으니까 자기 아이들이 혹시나 그런 흉을 당할까봐.

데리고 나가면 한국말로 직접 얘기하잖아요. 괜히 중국 사람이라고 자기가 그렇게 인식해왔으니까. 어려서부터. 그래서 그렇게 된 것이 아닌가, 저는 그렇게 생각하고 있습니다.

(문) 교장선생님은 타이완에서 유학했나요. 이 학교가 모교인가요?

(답) 에 그래요. 여기서 태어났습니다. 타이완에 가서 기계공학과를 나왔어요. 돌아와서 인하대학교 야간 대학원을 다니려 했는데 마침 학교에 빈자리가 생겼어요. 수학하고 물리 가르치는 사람이 없었어요. 그 때 교장선생님이 이전 저의 담임이었어요. 고등학교 때. 여기 와서 학비 좀 벌어라 했어요. 그러고 보니까 인하대 공대는 대학원에 야간이 없더라고요. 시간을 못 맞춰가지고. 그래서 이 학교에 들어와 30년간 근무했어요. 나중에 2003년도, 4년도인가, 5년도에 여유가 생겨서 교육대학에 들어갔습니다. 전공은 기계지만은.

(문) 교장선생님이 되신 건 언제부터 입니까?

(답) 작년에. 2013년부터.

(문) 그러면 수업은 중국어로 하는데 아이들끼리 말 할 땐 한국어로 하나요?

(답) 제가 부임하고 나서, 애네 들에게 학교에서 한국말 하지 말라고 그렇게 강제로 할 수 없어요. 저기. 캠페인 식으로. 일단 중국말을 많이 해야 되니까. '我爱中国话', '我爱说中国话' 이런 말을 써 붙여놓고 있어요. 한국말 하려면 여기 학교 다닐 필요가 없잖아요. 한국학교 다니면 되요. 그런 면에서 많이 타이르죠.

근데 만약에 한국말을 전혀 못해도 힘들어요. 왜냐하면 지금 아이들이 고등학교를 졸업하고 나서 타이완에도 갈 수 있고 한국에 남을 수도 있단 말이에요. 근데 얘네 들이 양면성이 있어요. 타이완에 가면 한 반년이면 중국어에 완전히 능숙해져요. 완전히. 또 한국대학교를 들어가면 금방 또 한국어에 익숙해지고. 그러니까 양쪽에 다 가도 괜찮아요. 또 중국에 가도 말이죠. 중국에도 중국말이 있지 않습니까. 발음이 또 틀리잖아요. 타이완하고. 그걸 또 금방 배워서 들어와요. 그런 좋은 점은 또 있더라고요. 완전히 금지하는 건 안돼요.

(문) 한국의 대학에 진학하는 학생하고 중국의 대학, 타이완의 대학에 진학하는 비율은 어떻게 됩니까?

(답) 옛날 같은 경우는 타이완이 좀 많았습니다. 저 같은 경우엔 공부를 좀 잘해야 타이완에 갔고 그랬어요. 왜냐하면 타이완에 들어가면 시험을 치르고 그래야 되니까. 근데 요새 와서는 한동안에 저희가 타이완에 들어갔을 때는 타이완에선 신분증 같은 걸 줬었습니다. 주민등록, 호적까지 올려줬었습니다. 중화민국 국민이니까. 근데 한 90년 정도, 94-5년 정도 대만의 법이 바뀌었어요. 중화민국 국민이라 해도 거기가면 화교잖아요. 타이완 가서 공부는 할 수 있지만 호적에 올려주지 않아요. 그리고 애들이 타이완에서 졸업 후 많이 남으니까 정부가 하나의 방안으로 그렇게 했는지 모르겠지만 일단은 호적에 안올려주니까 타이완에 유학하는 학생이 많이 줄어든 거예요. 지금은 졸업생의 한 삼분의 일 밖에 안돼요. 지금 한 반에 한 30명이면 한 열 명밖에 지원 안 해요.

(문) 그럼 나머지 20명은 어떻게 하나요?

(답) 한국대학에 지원해요.

(문) 중국 본토에 가는 학생은 없습니까?

(답) 중국 본토에 가려면 시험을 봐야 되요. 지원하고 나서 나중에 가오카오(高考)라는 것이 있습니다. 4년 동안 가오카오 점수만 있으면 되는데. 중국의 정책이 어떻게 되는지 저도 잘 몰라요. 갔다 온 학생도 있긴 있습니다. 근데 애들이 중국 가서 한의학(중의)를 공부하는데 한국에선 그것을 인정해주지 않아요. 그러니까 흐지부지 되버렸어요. 배우기는 많이 배웠는데 한국에 들어와서 쓸모가 없고 인정을 안 해주니까. 그래서 지금 완전히 뭐 이러지도 저러지도 못하는 상황입니다. 다른 공부를 하면 괜찮습니다.

어떤 추세라는 것이 있어요. 저희가 볼 때 타이완에 가는 게 점점 적어져요. 저희 같은 경우에는 타이완에 다 호적이 있습니다. 아이가 타이완에 가 있어도 호적에 다 올릴 수 있어요. 근데 우리 아이가 이 학교에서 타이완대학(臺灣大學)에 합격을 했어요. 합격하고 아이가 또 인터넷 보더니 연세대에도 지원을 하라고 말이죠. 그래서 물어 보더라고. 타이완에 가야 되냐 아니면 한국에 남겠느냐. 나한테 물어보더라고. 그래서 한번 지원해보라 했습니다. 나중에 둘 다 합격했어요.

왜 이런 말을 하냐면 지금 젊은 사람들의 심정을 얘기해 주는 거예요. 근데 나중에 다 붙었으니까 어디 가야 되느냐. 저는 애가 타이완에 가길 바랐어요. 왜냐하면 타이완은 학비가 싸요. 많이 싸요. 근데 한국에 남게 되면 저희가 고생을 할 것 같아서. 하하. 근데 아이가 자기는 한국을 좋아한다고 했어요. 그래서 그냥 한국에 남게 되었습니다. 그래서 연세대학교에 들어갔어요.

그니까 요새 젊은 애들이 오히려 한국을 더 좋아 한단 말이 예요. 그렇게 볼 수 있습니다. 뭐 2002년도에, 저희 아이가 2003년도에 여기를 졸업했거든요. 2002년이 한국 월드컵이 열린 해였어요. 그 때 개가 고2였거든요. 자기나라가 월드컵을 개최한다는 심정으로 말이죠. 자기 나라라고 생각하고 있어요. 그러니까 내 아이지만 세대차가 느껴진다는 거죠.

(문) 그럼 요즘 젊은이들은 스스로를 중국인이라고 생각하지 않게 된 것인가요?

(답) 첫째로 제가 볼 때 중국이란 나라의 개념이 애매해요. 자기가 '중화민국' 국민인데 세계 쪽으로 볼 때 중화민국을 인정하는 나라가 없지 않습니까. 그렇죠. 타이완으로 인정하고.

또 중국에 대해 잘 몰라요. 그렇습니다. 저 같은 경우도 그렇습니다. 옛날에 86년도 그전에 82년도에 졸업하고 교편을 잡고 있을 때 한국의 기업이 계속 저를 데려가려 했어요. 왜냐하면 중국과 교류를 시작하려고. 더군다나 공대를 나왔으니까. 저를 임용하겠다고 말이죠.

대우전자가 저를 보고 푸젠성(福建省)에서 대우 냉장고 공장을 지으려 하는데 저보고 가서 중간 역할을 하라는 거예요. 그때 당시 저는 세뇌교육을 많이 받았어요. 왜냐하면 그 때 장개석 총통, 박정희 대통령하고 똑같은 시절이에요. 김일성이 나쁜 사람이다 그런 거지 않습니까. 저희도 모택동이 나쁜 사람이다 그렇게 보고 있었어요.

대우전자가 중국에 들어가라 해서 저는 한참 생각했어요. 가도 되느냐. 잘못하면, 아무래도 공산당이니까. 어떻게 계속 그렇게 배워 왔으니까. 대우빌딩가서 인사처 발령 나온 거 있잖아요. 그거 사인만 하면 들어가는 건데 거기 가서 안 되겠다 싶었어요. 그래서 포기해 버렸어요.

(문) 86년이면 아직 한중 국교가 없던 시절이네요.

(답) 네. 그때 완전히 개방하지 않았을 때 등소평 시절. 그때 막 개방한 시절이니까. 그때 당시에는 중국이 어떻게 돌아가는지도 몰랐어요. 중국에 가는 건 완전히 모험이랄까. 그러니까 요즘은 중국 자유롭게 왔다 갔다 하지만 우리 세대는 들어가기가 참 힘들었었어요.

(문) 지원이 없어서 학비가 다른 학교보다 비쌀 텐데요?

(답) 그렇게 비싸지 않아요. 저희 학교가 고등학교 같으면 1년에 한 270-280만 원. 일 년 학비가. 그럼 한 학기당 한 130-140만 원 정도 되요. 근데 부산 화교학교는 더 비싸요. 서울 같은 경우에는 정확히 한 백만 원 더 비싸요. 일 년 학비가.

(문) 그건 왜 그렇죠?

(답) 우리는 학비 적게 내고 선생님들이 적게 받아서 그래요. 또 한 가지는 서울과 부산은 교장이 하나 더 있잖아요. 교장이 한 명 있으니까 거기서 임금이 많이 줄어들죠. 부산은 다 따로 따로 있어요. 서울도. 내가 아주 고생이에요. 조회시간에 올라가면 아주 힘들어요. 대상을 중고등학교 해야 할지 초등학교 해야 할지 맞추기가 참 힘들어요.

(문) 지난번 쌍십절 행사를 거창하게 개최하던데요?

(답) 국가 행사 중에 가장 큰 거죠. 쌍십절 같은 경우에는 지금 말하자면 또 의미가 없어 진거죠. 무슨 말씀인지 아시죠?

(문) 쌍십절 행사 때 학생들이 용춤을 추는 것을 보고 감동했어요. 동아리가 있나요?

(답) 예전에 가르치는 선생이 있었어요. 체육선생님이신데. 전문이 아니시고 열심히 학생들을 가르쳐 주었어요. 연구를 해서 가르친 것입니다. 애들이 이렇게 배워서 계속 이어서 내려왔죠. 근데 작년에 선생님이 퇴임했어요. 연세도 많으시고. 학생들이 직접 배워서 한 거예요. 지난번 행사는.

(문) 학생들이 자기들끼리요?

(답) 예. 선생님들도 잘 몰라요. 일단 용을 사왔어요 중국에서. 비디오나 유튜브 보고 스스로 배운 거예요. 그걸 보고 한 동작 한 동작 배운 거예요. 애들은 좀 힘들어요. 무겁더라고 그게 애들한테는.

인천화교학교의 쌍십절 행사(2014.10.10.)

(문) 화교 부모들이 한국학교에 보내지 않고 화교학교에 보내는 이유가 있나요?

(답) 지금 다 동화되었는데 왜 화교학교에 보내야 하느냐 생각할 수 있어요. 그러나 저는 책임감이 있어요. 왜냐 하면, 일단 학교의 교장이라 학생들이 이 화교학교에 다닐 수 있게 하는 것이 제 책임이니까요. 지금은 제 손자를 볼 나이인데 손자를 한국 학교에 보내야 될지 아니면 화교학교에 보내야 될지.

화교 가운데 자녀를 화교 학교에 안 보내는 이유는 설비가 잘 안 되어 있어요. 시설이 노후 되어 있어요. 그래서 재임기간에 일단 시설의 근대화를 제일 먼저 생각하고 있어요. 제일 중요한 게 또 선생님들의 근대화. 옛날에 가르치는 방법으로 하면 안 되겠더라고요.

그래서 제가 교장이 된 후 교실마다 컴퓨터 넣고 인터넷 통하도록 했어요. 교과서가 타이완 거니까 애들이 뭐가 뭔지 몰라요. 타이완에 있는 과일이라고 얘기하면 한국에선 볼 수 없잖아요. 몰라요 뭔지도. 일단 그걸 보여줘야 되지 않을까 생각해요. 시설을 확충해서 학부형들한테 만족 시켜줘야 되지 않을까 그렇게 보고 있어요.

애들이 한국 학교에 왜 안 가느냐 말씀 하신 거잖아요. 제가 말씀 드릴게요. 일단 한국 학교가 어떻게 되는지 모르겠지만 시설도 좋지 않습니까. 근데 지금은 제가 볼 때는요. 한국말의 어원이 중국말이에요. 그렇지 않아요? 고등학교에 들어가게 되면 국문이란 과목이 있지 않습니까. 일단 한자를 알면 한국 뜻은 다 이해할 수 있을 것 같아요. 그래서 중국어는 한국어 한 단계 위라고 제가 보고 있습니다. 그래서 중국말만 잘하면 한국말도 어느 정도 할 거라고 그렇게 보고 있습니다. 그래서 이 사람들이 화교학교를 선택하는 이유라고 봅니다.

(문) 정체성 이런 것 때문이 아니라 필요성에 의해서 말입니까?

(답) 예. 일단 제가 보기엔 그렇습니다. 지금 정체성보다도 자기 나라 개념이 투철하지 않잖아요. 저도 타이완대표부든지 중국대사관이든지 와서 화교들의 국가 개념을 투철하게 만들어 줬으면 하는데. 둘이 서로 다른 이념이다 보니까 우리 중간에서 힘들어요. 그래서 한국 국적으로 귀화하는 화교들이 많습니다. 자기가 어디에 속하는지 모르겠더라고요. 저도 그렇고요. 지금 타이완에 들어가면 저를 보고 한국 사람이라 하고 중국의 산동(山東, 한국화교 대부분의 고향)에 들어가면 저희가 하는 말과 똑같으니까, 먹는 음식도 똑같으니까 고향이라는 느낌이 들어요.

사실은 저희 학교에 길림성(吉林省)에서 온 중국의 조선족 학생이 많아요. 우리 화교가 한 이만 명밖에 안 되는데 한 백만 명 되더라고요. 그것도 화교죠. 민족은 조선 민족이지만 국적은 중국이잖아요.

(문) 그럼 조선족 자제분들도 학교에 입학할 수 있나요?

(답) 예. 왜 오냐면 일단 발판이 됩니다. 중국에 조선족 학교가 어디든지 있는 거 다 알지 않습니까. 자기가 사는 고장에 조선족 학교가 없으면 한족 학교 다녀야해요. 그렇게 되면 아이가 한국말을 할 수 없어요. 학교에 와서 한국 학교를 다니면 말을 못 알아들어요. 근데 우리 학교에 들어오면 저희 학교에서 일단 배울 수 있으니까, 공부를 계속 할 수 있으니까 좋아요. 그런데 한 가지 문제가

뭐냐면 조선족 부모가 한국으로 귀화를 하는 거예요. 한국 국적으로 귀화를 하면 아이가 우대를 받을 수 없어요. 대학을 갈 때.

(문) 대학 입학 할 때 말인가요. 외국인 특례라든지.

(답) 예. 부모님이 한국 국적으로 다 바꿨을 때 자기가 설사 외국인이어도 부모님이 외국인이 아니잖아요. 귀화한 지 얼마 안 됐으니까. 그래서 혜택을 못 받습니다.

(문) 화교 학교 들어오는 것은 괜찮습니까?

(답) 저희 학교 들어오는 것은 관계없습니다. 일단 한국 국적을 갖고 있어도 외국에서 한 삼 년 있으면 저희 학교는 들어올 수 있어요. 근데 대학교 가는 혜택이 없으니까 장래성이 없어요. 장래가 없으면 어떻게 됩니까? 공부를 안 하게 되죠. 비행 학생이 될 수밖에 없어요. 나중에 사회문제가 될 수 있다는 말이에요.

그래서 제가 금년 3월 달에 시장님이 오셨을 때 건의를 했어요. 조선족 학생들한테 혜택을 줄 수 없냐고요. 지금은 법적으로 안 됩니다. 시장님께 이런 사정을 말씀드렸어요. 시장님은 인천대학교에서 어떻게 시작 한 번 해볼까 라고 그랬었는데 어떻게 되는지 모르겠습니다.

제가 시장님께 말씀드렸을 때 옆에 있는 사람들도 큰 문제라고 했어요. 이게 숫자가 적은 게 아니에요. 나중에 사회 치안이나 사회 문제가 될 수 있어요. 저희 학교 학생들이니 제가 노력해봐야죠. 할 수 있는데 까지.

(문) 화교학교 학생들은 대학 졸업 후 어떤 분야에서 활약합니까?

(답) 학생들이 두 가지 언어를 할 수 있어요. 타이완에는 현재 한국 기업이 많기 때문에, 타이완에서 대학 졸업한 학생은 그 쪽에서 일합니다. 한국 대학을 졸업한 학생은 중국과의 교류에 기여를 합니다. 한국도 좋고, 타이완도 좋아요. 예전에 한국의 기업체가 중국에 많이 들어갔었을 때 화교가 많이 필요했었어요. 애들이 선호하는 것은 의과 예요. 일단 안정적이니까.

(문) 쌍십절 행사 보니까 예전에 한국 학교가 가지고 있던 좋은 것을 많이 간직하고 있어 좋았어요. 그런데 한국 학교는 너무 빠르게 변해요. 일본 학교도 중요한 기본은 변하지 않아요.

(답) 교육은 백년대계(百年大計)잖아요. 교육부장관이 바뀌면 많이 바뀌고. 타이완도 그래요. 제 생각인데 직선제 대통령이니까 일단은 공약을 내 놓아야 되잖아요. 학부형들이 제일 관심 많은 게 뭐예요. 교육이에요. 그래서 자주 바뀌는 게 아닌가 싶어요. 타이완도 그래요.

(문) 학교의 교훈은 무엇입니까?

(답) 예의염치(禮義廉恥). 화교학교는 모두 교훈이 똑 같아요. 근데 우리 학교는 그 이외에 성실을 교훈으로 하고 있어요.

(문) 교장 선생님의 개인적인 의견을 여쭙고 싶은데, 차이나타운이 화교 사회에 어떤 의미가 있고 어떤 영향을 주고 있다고 생각하시나요?

(답) 우리 학교 입장에서 차이나타운은 좀 불편해요. 학교는 좀 조용해야 하지 않습니까. 하우, 시끄럽다고요. 어떤 기자가 와서 이곳은 학교가 아닌 줄 알았데요.

6. 강대위(姜大衛)

· 인천중화기독교회 목사, 한국인
· 인터뷰 일자: 2014년 12월 22일
· 인터뷰 장소: 인천중화기독교회
· 인터뷰 질문: 2조

(문) 교회는 언제 생겼나요?

(답) 1917년 6월 첫째 주일(일요일)입니다.

(문) 교회를 설립한 분은 누구입니까?

(답) 더밍(Derming) 여사라는 미국 분이었어요. 감리교 선교사의 사모
님입니다. 그 분이 중국에서 선교사의 딸로 태어났어요. 그래서
중국어를 잘 하신거지. 중국에서 미국으로 돌아갔는데 남편이 선
교사라 다시 중국으로 갔어요. 한국에 와보니까 중국 사람들은 있
는데 교회가 없어서.

(문) 그 당시에 기독교를 믿는 중국인들이 많이 계셨나요?

(답) 별로 없었어요.

(문) 처음 생겼을 때 다니는 교인은 많았나요.

(답) 처음에는 별로 없었어요. 그런데 점차 증가해서 많을 때는 백 명이나 됐데요. 화교들이 많이 떠난 사건들이 있었잖아요. 화폐개혁이라든지 화교 차별정책이라든지. 그때 화교들이 많이 떠나면서 교회도 많은 영향을 받았던 거예요.

화교들이 한국을 엄청 떠났어요. 상처를 많이 받고. 내가 5년 전 인천에 와서 한 음식점을 갔어요. 이야기를 해보니 사장이 나와 나이가 같아. 그분이 57세정도 된 사람인데, 그 분 이야기가 내 나이 이상 된 사람 중에 한국사람 좋아하는 사람은 한 명도 없을 거라고 했어요.

내가 목사니까 맘 놓고 이야기 해주었던 거지요. 상처들이 많은 거지. 한국 사람들한테 음식은 팔지만 기쁨으로 파는 것이 아니야. 우리들 돈이 필요한 거지. 그때 엄청 충격을 받았어요. 내가 외국에서도 화교교회 목사를 했거든요. 그런데 한국 화교들처럼 자기들이 사는 나라를 그렇게 싫어하는 것을 못 봤어요.

내가 어제 화교들과 식사하는데 처음 들었어요. 어려움을 많이 당했대. 재산도 많이 잃고. 상처받고 떠나고. 젊은 사람들은 모르지. 화교들도. 얘기만 들었지. 50대 중반 넘은 사람들은 본인들이 상처가 있고, 마흔 살 인데도 그런 내용들을 알고 있어.

(문) 기독교가 화교사회에 어떤 영향을 주셨다고 생각하시나요?

(답) 어떤 종교나 마찬가지로 힘들고 어려울 때 위로가 되어주지요. 화

교들이 한국에서 신분이 안정적이고 존경받는 위치가 아니었잖아요. 하역작업하고 농사짓고 식당하고 이러면서 살았어요. 그 사람들이 힘들고 어렵고 한국에서 인종차별 어려움을 당할 때 교회 와서 위로를 받아야겠다는 생각을 했어요. 교회는 영적으로 자신들의 집이나 마찬가지지요. 지금도 그런 게 있어요.

화교들이 교회를 자기들 집보다 더 귀하게 생각해요. 여기는 자기들의 공간이잖아요. 한국 교회를 안 가는 이유가 그거지. 한국 교회에 가면 또 거기 안에서 소수잖아. 여기는 자기들의 공간이니까 자유롭고 편하고.

기독교의 목사로서 말하자면 저들이 교회 안에서 위로를 받을 뿐만 아니라 신앙생활하면서 굉장히 복을 많이 받았어요. 어려운 사람들이 잘되고, 하나님께 기도해서 응답받고 그랬어요.

(문) 교회에서 한국어를 써요? 중국어를 써요?

(답) 내가 왔을 당시는 100% 중국어만 썼어요. 그런데 언어에는 힘이 있어요. 난 언어에 상당히 민감하거든. 선교사니까. 또 그러한 공부를 해서 언어로 세상이 어떻게 돌아가는지 이해를 해요. 영어가 한국에서 공용어가 아닌데도 영어 못하면 출세하는데 어려움이 많잖아요. 학교 진학하는데도. 이런 게 상당히 불합리 한 거라고. 그렇죠?

한국에서는 대학원까지 영어 몰라도 잘 할 수 있어. 그러니까 영어시험은 그냥 예를 들면 기본적으로 여러 과목 중에 하나로 아니면 선택과목으로 해야 돼. 나는 그런 관점에서 사회를 보고 단체, 조직을 봐요. 우리 교회를 보니까 한국 사람이 상당수 있는데, 전체의 거의 절반 정도를 차지해요. 근데 중국어만 해. 중국어로 컨

트롤 하는 거야. 한국 사람들이 꼼짝 못 하는 거지. 중국어를 못하
니까. 그렇잖아요.

그런데도 한국 사람들은 와. 중국어 배우려고. 또 괜히 좋아서 오
고. 하나님이 인도하셔서 오고. 한국 사람들이 여기서는 소수민족
이야. 그리고 소외당하고. 언어만 같이 쓰면 되는데, 언어를 풀지
않아. 내가 2년 동안은 한국말 한 마디도 안했어요. 중국어로 설
교하고, 기도하고, 회의하고 다 했어.

그러다가 교인들을 가르치지 시작했어. 화교들을. 여기서 우리가
앞으로 중국말만 쓰면 이 교회는 퇴보하고 나중에는 문을 닫는다.
지금 화교들 40세 이하는 한국말이 편해요. 내가 중국말로 설교하
면 잘 못 알아들어. 성경에 어려운 말들 많이 있잖아. 지금 집안에
서도 40세 이하 자녀들하고는 다 한국말을 해. 할머니들도 한국말
해. 손자들하고 다 한국말 해. 중국말 안 해.

그러면 아이들 2세, 3세들이 다 한국말을 하는데 교회에서 중국말
하면 중국 애들이 와서도 못 알아들어요. 그리고 미국에 있는 화
교교회는 주일학교를 다 영어로 하거든요. 한국 교회도 영어로 하
고. 우리는 한국교회니까 한국말만 해야 된다, 이러면 다 문닫는
거예요. 여기 화교들은 그런 개념이 없어서 내가 가르쳐줬어요.
한국말도 같이 써야 합니다. 내가 설교할 때 2-3분씩 한국말로 설
교하고, 어떨 때는 한국말로 설교해요. 화교들도 알아듣거든. 중
국 사람들 때문에 중국말로 통역해요. 그래서 중국어, 한국어를
공용으로 하게 되었어요.

지금은 한국말 해. 화교들이 한국말을 하고. 나는 화교들하고 한
국말을 해요. 서로 대화할 때. 한국 화교들하고는 한국말하고 타
이완, 중국에서 온 사람들한테는 중국말해요. 화교들을 위해 중국

말 안 해요. 이렇게 해서 이 교회가 하나가 되었어요. 언어 정책을 내가 일부러 폈지요. 내 이전의 목사님은 화교 청년들이 한국말 쓰면 야단쳤어요. 여기는 화교교회인데 왜 한국말 하느냐 이거지요. 근데 나는 달라요. 나는 다른 나라에서 화교 교회를 보고 언어를 전공하고 언어의 힘 관계를 알고 있기 때문이에요. 이 교회의 장래를 생각해서 언어 정책을 바꿔버린 거지요.

(문) 인천 화교 중 기독교를 믿는 사람은 얼마나 되나요.

(답) 정확한 것은 몰라요. 화교 가운데 한국 교회도 많이 다녀요. 화교들끼리 서로 잘 알잖아. 그러니까 자기를 너무 잘 아는 사람들 가운데 있고 싶지 않은 거지요. 자기들의 문화를 싫어하는 사람들도 있잖아. 그래서 한국 교회도 다니고. 퍼센트는 아무도 몰라요.

7. 강수생(姜樹生)

· 의선당(義善堂) 관리인
· 인터뷰 일자: 2014년 12월 23일
· 인터뷰 장소: 의선당
· 인터뷰 질문: 2조

(문) 의선당에 모셔진 신들을 소개해주세요?

(답) 좌상에 앉아있는 신들이 다섯 분이라 생각하는데 사실 굉장히 많
아요. 중국의 토속신앙, 민간신앙이라고 그러죠. 중국은 굉장히
발달되어 있죠. 어느 지역에 어떤 분, 어디에 어떤 분. 사실 한국
도 민간신앙이 굉장히 발달한 나라였어요. 그런데 지금 서양 문화
가 많이 들어오면서 다 없어져 버렸어요. 하다못해 옛날의 할머니
들이 시험 볼 때 보면 물 떠놓고 빌고 그랬지요. 그런 것들이 다
토속 신앙이에요. 중국은 그런 민간신앙을 많이 보존하고 있어요.
이리로 오세요. 인천의 의선당을 얘기하게 되면 가운데 있는 분이

마조에요. 마조. 빨리 적으세요. 그거는 인터넷 가서 찾고. 마조, 타이완에서 굉장히 섬겨요. 바다의 여신 배타는 분들 풍파 같은 거 만나지 말라고 보호하시는 분이에요.

그리고 여기를 보면 다섯 분 있어요. 누구냐 하면 마마신, 옛날에 수두 많았죠? 옛날엔 의학이 발달하기 전에 아프면 저분한테 와 기지고 빌었어요. 그다음을 보시면 삼신할머니 계시죠? 애기 안고 있는 분. 애기 점지해주시는 분이에요. 한국으로 말하자면 삼신할머니죠. 저 안쪽에 들어가면 눈 안 좋으신 분, 그리고 저 끝에 계신 분은 귀 안 좋으신 분, 요것만 다섯 분이에요.

그 다음에 관우 계시고 양 옆에~, 학생들이니깐 정확히 얘기 해줄게요. 관우 옆은 누구 같아요? 잘 보시면, 잘 보세요. 삼국지 떠올리면 안돼요. 어떤 사람들 오면 장비와 유비라고 생각하는데 절대 아니에요. 왜 아니냐?! 관우가 의형제를 맺을 때는 두 번째에요. 그담에 장비가 막내 유비가 큰형이죠. 그럼 둘째가 앉아 있을 수 없다고 그럼 누구냐? 주창하고 관평입니다. 아들하고 양아들. 중국에서 의리를 중요시 여기는 신. 토속신앙으로 말하자면 재물신. 의와 재를 주관하는 신이에요. 이분이 책을 들고 있느냐, 오월도를 들고 있느냐.

카메라는 찍지 마세요. 찍는 거 싫어하세요. 그다음은 관세음 보살님. 뭐 어떤 분들은 이런 얘기 많이 해요. 왜 한국하고 틀리냐? 기준을 한국에 두면 안돼요. 초상이라는 거는 다 사람이 만들어 내는 거예요. 약간 철학적인 얘기지만 초상은 다 사람이 만들어 낸 거예요. 관세음보살님도 어떨 때는 여성 같기도 하고, 남성 같기도 하고, 어떤 분들은 중성이란 얘기를 해요. 사실 이 분은 형태가 없는 분이에요. 누구나 힘들 때 옆에 와서 도와주시는 분. 그리

고 양옆에 있는 보살은 우리가 추리하기가 굉장히 어려워요. 지장
보살이냐 보현보살이냐 이런 얘기도 있지만. 추리하기가 굉장히
어려워요.

이게 다 청나라 때 넘어 온 거거든요. 중국에 남아 있었다면 사회
주의혁명 때 다 없어 졌을 거예요. 모택동의 사회주의혁명 때
1966년부터 1976년까지 10년 동안 사회주의혁명 일어났잖아요.
모든 지식 이란 거나 책 이란 거를 모두 다 없애버렸죠. (중국에서
도 찾기 어려운거겠네요?) 어렵죠. 이거는 흙으로 빚은 거예요. 보존은
굉장히 잘되 있어요.

그리고 이분 굉장히 크시죠? 용왕님, 중국에서 넘어 올 때 분명히
배타고 왔을 거예요. 용왕님한테 항상 빌겠죠? 지역은 모르겠지만
용왕제를 많이 하잖아요. 그 다음에 여기 신이 또 계세요. 약사
신, 호리병을 들고 있어요. 중국의 신이 호리병을 들고 있으면 그
분은 병을 고쳐 주는 분이예요.

그리고 이건 재물 신, 중국에 신들이 굉장히 많아요. 이분이 제일
신령하신 분. 이 사람은 신까지 못 올라갔어요. 성(聖)까지 올라갔
어요. 대한민국의 성철스님 아시죠? 그 대사의 경지에서 더 올라
가면 성까지는 거예요. 불교는 계급이예요. 맨 처음에는 불자지
만, 도를 얼마나 닦느냐, 참회를 얼마나 하느냐에 달려 있어요. 그
러니깐 본인들도 덕을 많이 쌓고 하게 되면, 하다못해 이 자리에
앉을 수 있어요. 이 자리에 앉으면 500년 동안 향을 피워 줄 수
있어요. 중국의 5대 신선 중에 한분인데 이 사람이 전설에 의하면
여우라는 말도 있어요.

(문) 화교에게 의선당은 어떤 의미를 가지나요?

(답) 100년 전에 사람들이 화합을 했다는 거예요. 제일 중요한건~! 학생들이 잘 들어야 돼, 누가 누가 뭐했다 이러면 재미가 없잖아요. 우리의 모든 역사는 생각을 하고 추리를 해야 한다는 거예요. 객관적인 얘기도 있고 주관적인 얘기도 있지만 제가 의선당 관리하면서 얻은 게 뭐냐면 이런 거예요.

한국도 요새 통합진보당 없어졌죠? 한나라당 있죠, 민주당 있죠? 화합이 안됐죠? 하다못해 100년 전에 중국에 있는 거의 모든 신들이 여기에 있는 거예요. 그 사람들에겐 종교의 벽이 없었던 거예요. 벌써 그때 다 화합이 되었던 거지요. 이 공간을 통해. 벽이 없다는 것은 옳고 틀린 게 없다는 거, 누구나 옳다는 거.

(문) 중국에선 이런 신들 모시지 않나요?

(답) 안 모시죠. 따로 따로 다 모셔요. 지역마다 다 틀리죠. 차이나타운만의 특성이 머냐면 이 지역만큼은 신의 화합이 됐다는 거예요. 어느 지역 어느 출신 안 따지고. 굉장히 의미 있는 것이죠. 그거하나 배워 가세요. 어떤 신들은 뭐 뭐 해준다 이런 거 의미 없어요. 화합이 이루어졌다는 거. 그것이 중요해요.

(문) 의선당은 언제 제사를 지내나요?

(답) 구정 때 해요. 의선당은 소승불교에요. 소승불교랑 대승 불교의 차이가 뭔지 아세요? 적으세요. 소승과 대승, 대승이라는 거는 한국은 축소 불교에요. 석가모니만, 사실 부처의 밑에 18보살이 있어요. 엄청 많아요. 지장보살도 있고 대세지보살도 있고 엄청 많잖아요?

기독교도 아마 그럴 거예요? 저는 기독교에 대해 잘 모르지만, 형제가 많잖아요. 예수의 아버지, 어머니 하면서, 아브라함이 있고 길이 많잖아요. 거기에 알라신도 있죠. 누가 이 밧줄을 잡으면 이쪽 믿고 누가 이쪽 잡으면 이쪽 믿고 거기에 알라신도 있죠, 알라신도 기독교랑 똑같아요. 단지 형제가 그 잡은 게 다른 것 뿐 이죠. 사람이 다 만들어 낸 거예요.

그럼 대승불교가 뭐냐? 한국은 축소 불교에요. 주지 스님을 통해 같이 깨닫는 것이지요. 같이 깨닫고, 같이 가는 거예요. 한국이 그래요. 그다음에 소승불교가 뭐냐? 우리가 절에 가면 깨닫게 된다는 거예요. 그래서 우리 불교가 나쁜 단점이 머냐면, 약간 개인주의적인 성향이 있어요. 내가 절에 가서 혼자 깨달아. 본인이 가서 깨달아. 사회에 나오면 자신만 옳다고 하지. 그래서 티벳 같은데 가면 다 소승불교에요. 우리 절도 마찬가지에요. 누구나 와서 기도하고, 스님 없어요.

뭐 그러니깐 행사 이런 거는 전에는 있었겠지만 여기서 주지 스님이 있다는 거가 족보를 하나 만드는 거예요. 그런 족보는 없고 사실 관세음 보살님만 따져도 책만 해도 엄청난데 몇 대에 누구누구, 하다못해 일관도라는 것이 있어요. 거기서 얘기하는 거는 미륵보살이 지금 이 세상을 다스린다고 해요. 석가는 물러나고 미륵보살이 세상을 다스린다. 그니깐 내가 어렵게 얘기하는지 몰라도 이런데 와서 얻어가는 것은 100여 년 전 사람들은 종교의 벽을 허물고 화합했다는 것 그거예요.

(문) 화교 분들이 의선당에 얼마나 오시고 믿고 의지하고 계신가요?
(답) 거의 다 믿죠. 자기네 나라 건데, 자기 할아버지 할머니가 다 여기... 그니깐 이게 믿는 거 하고 틀려요. 단지 중국인들은 이런 거

를 하나의 문화라고 생각하지. 다른 사람들에게 이걸 종교라고 말하지 않아요. 하나의 문화라든지 풍습이에요. 뭐 동짓달 되면 한국 사람들 팥죽 먹죠? 하나의 풍습이지 거기에 맹신 하는 거 아니잖아요.

인천차이나타운 개선을 위한 설문조사 항목

본 설문은 인천대학교 중국학술원에서 주관하는 것으로 인천차이나타운의 개선방향을 모색하고 발전시키려는 목적으로 실시하고 있습니다. 솔직한 답변 부탁드리며 귀하의 정보는 조사목적으로만 사용됨을 알려드립니다.

■ 기본정보

1. 귀하의 연령대는 어떻게 되십니까?

① 10대　② 20대　③ 30대　④ 40대　⑤ 50대　⑥ 60대 이상

2. 귀하의 사는 곳은 어디입니까?

· 한국　① 인천 ② 서울 ③ 경기도 ④ 강원도 ⑤ 충청남도 ⑥ 충청북도 ⑦ 전라남도 ⑧ 전라북도 ⑨ 경상남도 ⑩ 경상북도 ⑪ 제주도 및 섬 지역

· 외국　① 일본 ② 중국 ③ 미국 ④ 유럽 ⑤ 동남아 ⑥ 그 외 나라

3. 귀하의 성별은 무엇입니까?

① 여자　　　② 남자

■방문 정보

4. 인천 차이나타운에 몇 번 와보셨습니까?

① 처음 ② 2번 ③ 3번 ④ 4번 이상 ⑤ 차이나타운 거주

4-1. 두 번 이상 방문하셨다면 재방문하게 된 계기는 무엇입니까?(복수 응답 가능)

① 중국 문화를 체험하기 위해

② 중국 음식을 먹고 싶어서

③ 주변 관광지를 들렸다가 근처에 있어서 한 번 들러봄

④ 인천시나 학교에서 주관한 프로그램으로 인해

⑤ 중국 물품을 사려고

⑥ 친구나 가족, 주변 사람들의 권유

⑦ 대중매체를 통해서

⑧ 기타 (   )

4-2. 인천 차이나타운을 처음 방문하게 된 계기는 무엇입니까?

만약 두 번 이상 방문하셨다면 처음 방문했을 때의 목적은 무엇이었습니까? (복수 응답 가능)

① 중국 문화를 체험하기 위해

② 중국 음식을 먹고 싶어서

③ 주변 관광지를 들렸다가 근처에 있어서 한 번 들러봄

④ 인천시나 학교에서 주관한 프로그램으로 인해

⑤ 중국 물품을 사려고

⑥ 친구나 가족, 주변 사람들의 권유

⑦ 대중매체를 통해서

⑧ 기타 (   )

5. 중국 문화 중 가장 흥미로운 것은 무엇입니까? (복수 응답 가능)

① 음식 ② 역사 ③ 옛 이야기(고전) ④ 중국의 생활풍속 ⑤ 중국어
⑥ 중국 의상 ⑦ 기타 (   )

■ 차이나타운 평가

6. 인천 차이나타운에서 아쉬운 점은 무엇입니까? (복수 응답 가능)

① 장소가 좁음

② 중국적인 분위기가 없음

③ 중국음식이 다양하지 않음

④ 중국식 문화시설이 없음

⑤ 중국만의 볼거리가 부족함

⑥ 위치가 별로임

⑦ 중국 식료품점이 부족함

⑧ 옛날 중국 느낌인 빨간색이 과함

⑨ 체험이나 프로그램이 부족함

⑩ 기타 (   )

7. 인천 차이나타운이 어떻게 발전했으면 좋겠습니까? (복수 응답 가능)

① 중국음식의 다양화

② 중국 방송을 틀어줌 (중국 음악, 중국 라디오 등)

③ 다양한 기념품 (중국적인 물건)

④ 차이나타운 역사 소개 (팜플렛이나 박물관 등을 통해)

⑤ 중국 문화 체험 (의상, 놀이, 중국어 등)

⑥ 일정한 시간마다 가이드 (중국 역사, 중국 물품 소개 등)

⑦ 기타 (   )

8. 재방문하실 의향이 있습니까?

① 예   ② 아니오

9. 인천 차이나타운을 주변 사람들에게 소개시켜 줄 의향이 있습니까?

① 예   ② 아니오

10. 인천 차이나타운에 대한 만족도를 표시해주세요.

① ② ③ ④ ⑤ ⑥ ⑦ ⑧ ⑨ ⑩

매우만족   보통   매우 불만족

글쓴이

〈제1부〉

권기영	인천대학교 중어중국학과 교수
이동렬	인천대학교 중어중국학과 4학년
이현창	인천대학교 중어중국학과 4학년
표건택	인천대학교 중어중국학과 3학년
남호영	인천대학교 중어중국학과 3학년
김지훈	인천대학교 중어중국학과 4학년
김건호	인천대학교 경영학부 4학년
안정우	인천대학교 중어중국학과 3학년
김윤경	인천대학교 중어중국학과 3학년
김에스더	인천대학교 중어중국학과 4학년
유예진	인천대학교 중어중국학과 2학년
홍지원	인천대학교 중어중국학과 4학년
이선아	인천국제교류재단 환태평양팀 과장

〈제2부〉

이정희	인천대학교 중국학술원 교수
이하영	인천대학교 중어중국학과 4학년
장용대	인천대학교 중어중국학과 4학년
최주란	인천대학교 중어중국학과 3학년
장야핑(張亞平)	인천대학교 무역학부 3학년
김도희	인천대학교 중국통상학과 4학년
김원섭	인천대학교 중어중국학과 3학년
오은경	인천대학교 중어중국학과 3학년
왕홍웬(王宏元)	인천대학교 경영학부 2학년
김학래	인천대학교 산업경영공학과 4학년
최지예	인천대학교 중어중국학과 3학년
김대연	인천대학교 창의인재개발학과 3학년
주옌윈(朱艷雲)	인천대학교 일어일문학과 1학년
첸량(錢良)	인천대학교 무역학부 3학년

중국문화답사기 ❶

인천, 대륙의 문화를 탐하다

초판 인쇄 2015년 5월 15일
초판 발행 2015년 5월 27일

국립인천대학교 중국학술원 · 중어중국학과 공동기획

편   저 | 권기영 · 이정희 편
펴 낸 이 | 하운근
펴 낸 곳 | 學古房

주   소 | 서울시 은평구 대조동 213-5 우편번호 122-843
전   화 | (02)353-9907   편집부(02)353-9908
팩   스 | (02)386-8308
홈페이지 | http://hakgobang.co.kr/
전자우편 | hakgobang@naver.com,   hakgobang@chol.com
등록번호 | 제311-1994-000001호

ISBN   978-89-6071-524-0   94980
         978-89-6071-523-3   (세트)

값 : 20,000원

이 도서의 국립중앙도서관 출판시도서목록(CIP)은 서지정보유통지원시스템 홈페이지
(http://seoji.nl.go.kr)와 국가자료공동목록시스템(http://www.nl.go.kr/kolisnet)에서 이용하
실 수 있습니다.(CIP제어번호: CIP2015014246)